新工科建设·电子信息类系列教材

嵌入式系统原理与应用
——基于 STM32 硬件和 Proteus 仿真

周银祥　主　编
聂　芳　吴红雪　副主编

电子工业出版社·

Publishing House of Electronics Industry

北京·**BEIJING**

内 容 提 要

本书第 1 章主要讲解嵌入式系统概述、ARM 处理器概述及 STM32 微控制器概述；第 2 章主要讲解 STM32 开发工具软件、STM32 开发/实验板及 STM32 的库函数；第 3 章主要讲解 STM32 的 GPIO、STM32 的实验过程与现象、STM32 的复位与时钟、STM32 的中断与事件及 STM32 的串口通信；第 4 章主要讲解 LCD 显示和 STM32 的 FSMC、STM32 定时器、STM32 的 I2C 总线、STM32 的 SPI 及 STM32 的 ADC；第 5 章主要讲解嵌入式实时操作系统 RT-Thread 及嵌入式图形界面 LVGL；第 6 章是一个实训项目，主要讲解大学生电子设计竞赛控制类题目中常见的智能巡线小车的设计。

本书的程序设计部分同时使用了 STM32 的标准库和 HAL 库，实验例程同时涵盖了 STM32 硬件实验和 Proteus 软件仿真 STM32 实验，旨在帮助读者在学习过程中迅速、高效地全面理解和掌握硬件设计和软件设计的相关知识。

本书可以作为高等院校电子、自动化等电类专业的单片机与嵌入式系统应用相关课程的教材，也可以作为相关领域工程技术人员的学习资料或参考用书。

图书在版编目（CIP）数据

嵌入式系统原理与应用 ：基于 STM32 硬件和 Proteus

仿真 / 周银祥主编. -- 北京 ：电子工业出版社，2025.

7. -- ISBN 978-7-121-50655-0

Ⅰ．TP332.021

中国国家版本馆 CIP 数据核字第 2025BY3924 号

责任编辑：张天运

印　　刷：三河市君旺印务有限公司

装　　订：三河市君旺印务有限公司

出版发行：电子工业出版社

　　　　　北京市海淀区万寿路 173 信箱　　　邮编：100036

开　　本：787×1092　　1/16　　印张：14　　字数：359 千字

版　　次：2025 年 7 月第 1 版

印　　次：2025 年 7 月第 1 次印刷

定　　价：49.80 元

凡所购买电子工业出版社图书有缺损问题，请向购买书店调换。若书店售缺，请与本社发行部联系，联系及邮购电话：（010）88254888，88258888。

质量投诉请发邮件至 zlts@phei.com.cn，盗版侵权举报请发邮件至 dbqq@phei.com.cn。

本书咨询联系方式：（010）88254172，zhangty@phei.com.cn。

序一

电子科技大学成都学院周银祥教授/正高工等编写的《嵌入式系统原理与应用——基于 STM32 硬件和 Proteus 仿真》教材是电子信息类新工科建设教材,全面、详细地叙述和讲解了基于 Cortex-M3 的 STM32 的理论知识、实验内容及步骤和实验现象,以及 STM32 的实训项目,适合应用型本科教学。

该教材政治立场正确,内容价值取向符合中国特色社会主义理论体系和社会主义核心价值观的要求。

教材具有以下三个特色:第一是程序设计同时使用了 STM32 的标准库和硬件抽象层库(HAL);第二是不仅配套设计制作了 STM32 硬件实验板,且全面使用了 Proteus 仿真 STM32 实验;第三是具有全国大学生电子设计竞赛中的巡线小车实训项目。

同时,作者提供了丰富的教学资源,如教学大纲、进度表、教案,PPT 课件、教学实验板和范例程序、Proteus 仿真工程,以及学习通网络教学资源和实验教学视频,便于教学使用。

何建新

成都信息工程大学校长 教授 博士生导师
教育部高等学校电子信息类专业教学指导委员会委员

序二

  本教材是由较早开设 STM32 课程的老师编写的。在 2010 年，作者就编写了讲义和设计制作了实验板，开始基于 Cortex-M3 的 STM32 的教学；STM32 后来逐步取代 MCS-51 单片机和基于 ARM7 的微控制器，成为主流微控制器；作者早期的 STM32 的教学工作，体现了工程教学的前瞻性和正确选择。

  本教材是作者十几年 STM32 教学的结晶。教材分为 STM32 的理论知识、实验和实践等内容，历经多次的修改完善，力求理论知识够用并详简适当、实验设计注重全面技能培养、实践项目实用和完整。其中，实践内容选取特别，将全国大学生电子设计竞赛的控制类题目中的智能巡线小车的工作原理、硬件设计、软件程序及分析等写入了教材作为实训。因此，本教材不仅可以为学生参加电子设计竞赛提供指导，也可以满足学生今后从事工程研发所需的基础知识和技能的需求，是一本少有的理论和实践相结合的教材。

  本教材作者不仅自行设计和制作了配套硬件实验板，更是结合了软件仿真，创造性地使用 Proteus 软件全面仿真 STM32 实验教学，填补了国内外高校软件仿真 STM32 实验教学方面的空白。本教材将"硬件实验+软件仿真"二者结合，方便了实验教学，可提高教学效果。

  该教材思想先进，保证中国的工程技术教育先进不落伍；同时，该教材价值取向正确，注重培养学生热爱工程技术和为社会主义建设贡献力量的精神，不仅适合嵌入式课程教学，也可作为全国大学生电子设计竞赛的参考书籍。

李玉柏

电子科技大学 教授

全国大学生电子设计竞赛四川赛区专家组 组长

前　言

采用 ARM 技术知识产权（Intellectual Property，IP）核的处理器，即我们通常所说的 ARM 处理器，已经广泛应用于工业控制、消费类电子产品、通信系统、网络系统、无线系统等各类产品市场。ARM 已成为嵌入式系统的代名词，学习嵌入式系统实际上就是学习 ARM 处理器。

ARM 公司于 1985 年开发了全球第一款 RISC 处理器，随后在 1993 年推出了 ARM7，并陆续推出了 ARM9、ARM11 等系列，这些产品均得到了广泛应用。到 2004 年，ARM 公司开始推出更新的系列产品，如 Cortex-M3、Cortex-R4、Cortex-A8 等，这些产品逐渐取代了早期的 ARM7、ARM9 和 ARM11 系列。

Cortex-M3 是基于 ARMV7-M 架构的首款处理器，也是行业领先的 32 位处理器。它特别适用于对功耗和成本敏感的嵌入式应用，如微控制器、汽车车身系统、工业控制系统和无线网络等。该处理器的设计简化了可编程性，降低了复杂性，使 ARM 架构成为各种应用方案的理想选择。

笔者从 2010 年开始使用基于 Cortex-M3 的 STM32 进行教学，并于 2011 年 9 月编写了讲义，当时使用 STM32 的 2.0.1 版固件库，这个版本简洁易懂，非常适合初学者入门。为了紧跟技术的发展和变化，本书采用了 STM32 的 3.5.0 版标准库和 1.8.5 版 HAL 库。在软件环境方面，使用了 STM32CubeMX 与 MDK5 的组合。在编程应用实验中，采用 STM32 硬件实验与 Proteus 软件仿真 STM32 实验相结合的方式，硬件与软件仿真实验教学的优势互补，在方便教学的同时提升了实验效果。

为了更好地进行嵌入式教学，积极进行实验和实践是非常重要的。笔者在 2010 年 3 月设计了基于 STM32F103VB 的 AS-05 型 STM32 实验板，并在 2013 年 9 月设计了基于 STM32F103VE 的 AS-07 型 STM32 实验板，随后在 2021 年进行了更新。如果需要本书中的配套实验板和程序，以及电子教案、教学大纲、电子课件等教学资源，请登录华信教育资源网下载。本书的入门实验部分配有视频资源（学习通"嵌入式系统应用开发"课程），在教材的相关章节可使用手机扫码观看或使用计算机打开配套网络课程观看。

在本书的编写过程中，广州市风标电子技术有限公司提供了 Proteus 软件，汪伟捷工程师为本书中 Proteus 软件仿真 STM32 实验提供了指导；上海睿赛德电子科技有限公司提供了 RT-Thread 软件，罗齐熙先生为 RT-Thread 的应用提供了指导。在此，对他们的帮助表示感谢。

余远飞、杨敦文等学生参与了稿件的核校工作，在此表示感谢。

周银祥

2025 年 7 月

目　　录

第 1 章　概述

随着嵌入式技术的发展，ARM Cortex-M 系列处理器逐渐取代了传统的 MCS-51、MSP430、AVR 等传统单片机。同时，ARM Cortex-A 系列处理器在手机、自动售货机和人工智能等领域也取得了巨大的成功。

STM32 是基于 ARM Cortex-M 的 32 位微控制器，STM32 被广泛应用于各个领域，为嵌入式系统提供了强大的支持。

本章的主要内容包括嵌入式系统概述、ARM 处理器概述及 STM32 微控制器概述等。

1.1　嵌入式系统概述

1946 年，世界上第一台电子数字计算机 ENIAC 问世。然而，由于 ENIAC 体积庞大且价格昂贵，因此只有极少数科技人员能够在机房中使用。直到 1971 年，Intel 4004 微处理器的出现，才使计算机得以小型化并降低制造成本。1981 年，国际商业机器公司（IBM）使用 Intel 8088 微处理器制造出了第一台个人计算机（Personal Computer，PC），其小型化、低价格和高可靠性等特点，使个人计算机的应用范围迅速扩大。

由于 PC 体积小，因此常被称为微机。当微机嵌入系统中以实现自动化甚至智能化的控制时，此类系统被称为嵌入式系统。因此，计算机可以分为两大类：通用计算机和嵌入式专用计算机。通用计算机具有运算速度快、性能高、功能强大的特点，而嵌入式专用计算机则以满足特定系统的控制要求为首要目标。

1.1.1　嵌入式系统的定义

嵌入式系统是以应用为核心，以计算机技术为基础，软硬件可裁剪，且适用于应用系统对功能、可靠性、成本、体积、功耗有严格要求的专用计算机系统。

通俗地说，嵌入式系统就是将计算机的硬件和软件嵌入应用系统（如消费电子、仪器仪表、网络通信、计算机外围设备、军事装备等产品）中，构成具有自动控制甚至智能控制的系统。

1.1.2　嵌入式系统的组成

嵌入式系统由硬件和软件两部分组成，通常包括嵌入式处理器、嵌入式外围设备、嵌入式操作系统和嵌入式应用软件 4 个主要组成部分，其结构如图 1-1 所示。这些组成部分共同协作，可以实现对其他设备的控制、监视和管理等功能，从而实现自动化甚至智能化。

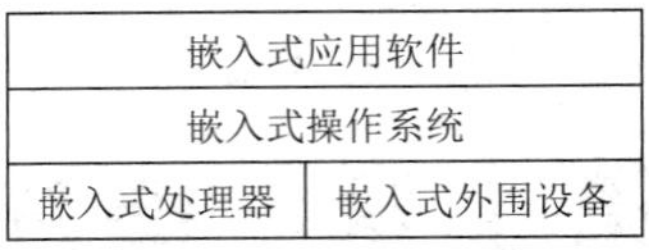

嵌入式应用软件	
嵌入式操作系统	
嵌入式处理器	嵌入式外围设备

图 1-1　嵌入式系统的结构

1．嵌入式处理器

嵌入式处理器的种类繁多，分成下面几类。

1）嵌入式微处理器

嵌入式微处理器（Embedded Microprocessor Unit，EMPU）需要运行嵌入式操作系统，对性能、功耗和可靠性等要求较高，目前主要有 ARM、RISC-V 等架构。

嵌入式微处理器的典型产品有 S3C2410、S3C6410、Exynos4412 和 RK3128 等。

2）微控制器

微控制器（Microcontroller Unit，MCU）在我国传统上称为单片机，是一种将多个功能集成在一块集成电路中的设备。它通常包括中央处理器（Central Processing Unit，CPU）、时钟电路、只读存储器（Read-Only Memory，ROM）、随机存储器（Random Access Memory，RAM）、定时/计数器、中断电路、并行输入/输出端口、串行通信端口和看门狗等必要的功能电路，以及模数转换器和脉冲宽度调制器等扩展的功能电路。

微控制器的典型产品有 AT89S51、MSP430F149 和 STM32F103C8 等。

3）数字信号处理器

数字信号处理器（Digital Signal Processor，DSP）在系统结构和指令集上进行了特殊设计，使其能够实时进行数字信号处理。它广泛应用于图像处理、数字滤波、频谱分析等领域，如应用在摄像头、对讲机等产品中。

DSP 的代表产品有 TMS320F28335 等。

4）片上系统

随着半导体工艺的发展，使用 VHDL 或 Verilog HDL 等硬件描述语言，可以在现场可编程门阵列（Field Programmable Gate Array，FPGA）上实现较为复杂的系统，这就是片上系统（System on Chip，SoC）。

2．嵌入式外围设备

在一个嵌入式硬件系统中，除嵌入式处理器以外，还包括传感器、数据存储器、通信模块、显示设备等，这些设备统称为嵌入式外围设备（简称外设）。

3．嵌入式操作系统

嵌入式操作系统（Embedded Operating System，EOS）是一种支持嵌入式系统应用的操作系统软件，它是嵌入式系统的重要组成部分。嵌入式操作系统通常包括与硬件相关的底层驱动软件、系统内核、设备驱动接口、通信协议、图形界面等。

常见的嵌入式操作系统有 Linux、μClinux、Android、iOS、μC/OS-Ⅱ、FreeRTOS、VxWorks、Nucleus、RT-Thread 等。

4．嵌入式应用软件

嵌入式应用软件是用于实现特定功能的程序软件，包括网络浏览器、文字处理软件、多媒体应用软件及各种行业应用软件等，如手机上使用的 QQ、微信等 App（Application，应用程序）。

1.2　ARM 处理器概述

ARM 是 Advanced RISC Machines 的缩写，它既可以指代一家公司，也可以指代一类微处理器，还可以被视为一种技术的代名词。

1.2.1　ARM 公司

1978 年，一家名为 CPU（Cambridge Processing Unit）的公司在英国剑桥成立，其主要业务是为当地市场供应电子设备。1979 年，该公司更名为 Acorn。

1985 年，Acorn 研发出了一款采用精简指令集的新处理器，并将其命名为 ARM（Acorn RISC Machine），也被称为 ARM1。1990 年，Acorn 与 Apple 及 VLSI Technology 公司合资成立了现在的 ARM 公司。2016 年 7 月，ARM 公司被日本软银集团收购。

ARM 是全球领先的 IP 技术提供商。ARM 的商业模式主要涉及 IP 的设计和许可，它不直接生产和销售实体半导体芯片。ARM 通过向合作伙伴授予 IP 许可，使其能够利用 ARM 的设计并生产制造芯片。

目前，ARM 处理器已经广泛应用于各种电子设备中，并渗透到我们生活的各个方面。

1.2.2　ARM 处理器

ARM 处理器是目前主流的嵌入式处理器，下面简单介绍一下 ARM 处理器的架构、历史和分类。

1．ARM 处理器架构

自 1985 年第一款 ARM1 芯片问世以来，ARM 处理器架构取得了显著进步。ARM 处理器采用共享的通用指令集，并具有一定程度的向后兼容性。ARM 处理器架构和处理器家族列表如表 1-1 所示。

表 1-1　ARM 处理器架构和处理器家族列表

处理器架构	处理器家族
ARMV1	ARM1
ARMV2	ARM2、ARM3
ARMV3	ARM6

续表

处理器架构	处理器家族
ARMV4	ARM7TDMI、ARM9TDMI
ARMV5	ARM9E、ARM10E、XScale
ARMV6	ARM11
ARMV7	Cortex-M3、Cortex-R4、Cortex-A8
ARMV8	Cortex-A32、Cortex-R82、Cortex-M23
ARMV9	Cortex-X925、Cortex-A725、Cortex-A78

2．ARM 处理器的历史

1985 年，Acorn 公司开发出了全球第一款 RISC 处理器——ARM1。

1998 年，ARM 公司开发出了可综合的 ARM7TDMI 核心版本，并取得了巨大的成功。

1999 年，ARM 公司发布了可综合的 ARM9E 处理器，该处理器提高了信号处理能力。

2002 年，ARM 公司发布了 ARM11 高性能处理器。

2004 年，ARM 公司发布了基于 ARMV7 架构的 Cortex-M3 系列处理器。随后有许多公司推出基于 Cortex-M3 的微控制器产品，如 Luminary Micro［于 2009 年被 TI（德州仪器）公司收购］的 Stellaris 系列和（意法半导体）ST 公司推出的 STM32F1 系列等。

2005 年，ARM 公司发布了 Cortex-A8 处理器。

2007 年，ARM 公司发布了 Cortex-A9 处理器。

2010 年，ARM 公司发布了 Cortex-M4 处理器。

2011 年，ARM 公司发布了 Cortex-A7 处理器。

之后，ARM 公司陆续发布了更多更新的 Cortex-A、Cortex-R、Cortex-M 系列处理器。

3．ARM 处理器的分类

ARM 处理器可以划分为 3 个主要类别，分别是经典 ARM 处理器（Classic ARM Processor）、嵌入式 Cortex 处理器（Embedded Cortex Processor）和应用 Cortex 处理器（Application Cortex Processor）。

（1）经典 ARM 处理器包括 ARM7、ARM9 和 ARM11 3 个系列。经典 ARM 处理器具有多样化的特性、卓越的性能表现和广泛的应用范围，适用于低成本的解决方案，但目前已经不再应用。

（2）嵌入式 Cortex 处理器和应用 Cortex 处理器。

继 ARM11 系列以后，ARM 的产品改用 Cortex 命名，并分成 Cortex-M、Cortex-R 和 Cortex-A 3 个系列，旨在为各种不同的市场提供服务。

嵌入式 Cortex 处理器包括 Cortex-M 和 Cortex-R 两个系列；应用 Cortex 处理器为 Cortex-A 系列。

Cortex-M 系列即 Cortex 微控制器，专为小型化、低功耗、高效能的设备而设计，主要是针对微控制器领域开发的。

　　Cortex-R 系列即 Cortex 实时微控制器，针对具有实时需求的系统进行优化，面向嵌入式实时应用，平衡了低功耗、良好的中断行为、卓越性能，以及与现有平台的高兼容性等需求。

　　Cortex-A 系列即 Cortex 应用微处理器，提供了所有架构系列的最高性能，为承担复杂计算任务的设备提供了一系列解决方案，比如支持丰富的操作系统平台和多种软件应用程序，主要应用包括手机、数字电视、网络设备等。

背景知识

　　RISC 的全称是 Reduced Instruction Set Computer，即精简指令集计算机。RISC 支持的指令比较简单，所以功耗低、价格便宜，特别适用于嵌入式系统。

　　CISC 的全称是 Complex Instruction Set Computer，即复杂指令集计算机。CISC 结构复杂，指令全面，功能强大，更适用于通用计算机。

1.3　STM32 微控制器概述

　　ST 公司的 STM32 是基于 ARM Cortex-M 的 32 位微控制器，旨在为用户提供新的开发自由度。STM32 系列产品集高性能、实时响应、数字信号处理、低功耗和低电压操作，以及无线或有线通信连接等特性于一身，且保持了高集成度和易于开发的特点。

1.3.1　STM32 微控制器的分类

　　STM32 微控制器广泛应用于多个领域，满足了不同应用的需求。

　　STM32 微控制器分为 STM32 主流微控制器、STM32 无线微控制器、STM32 超低功耗微控制器及 STM32 高性能微控制器。其中，STM32 主流微控制器包含 STM32C0 系列、STM32F0 系列、STM32F1 系列、STM32F3 系列、STM32G0 系列及 STM32G4 系列。

　　在上述系列中，STM32F1 系列微控制器满足了工业、医疗和消费类市场的各种应用需求。STM32F1 系列包含 STM32F100、STM32F101、STM32F102、STM32F103 及 STM32F105/107 子系列，它们的引脚、外设和软件均兼容。

　　在上述子系列中，STM32F103 微控制器采用 Cortex-M3 内核，CPU 最高主频可达 72MHz。按照引脚数量和内部存储器容量大小分类，STM32F103 分为 29 种型号（STM32F103 加后缀 xx 分别表示不同的型号，具体命名规则参见 1.3.5 节），如图 1-2 所示。

　　STM32F103 子系列（或产品线）的各型号之间在引脚分布和软件程序都实现了完全兼容。这个子系列按片内 Flash 容量可分为三大类：小容量（16KB 和 32KB）、中容量（64KB 和 128KB）和大容量（256KB、384KB 和 512KB）。在数据手册中，STM32F103x4 和 STM32F103x6 归为小容量产品，STM32F103x8 和 STM32F103xB 归为中容量产品，STM32F103xC、STM32F103xD 和 STM32F103xE 归为大容量产品。

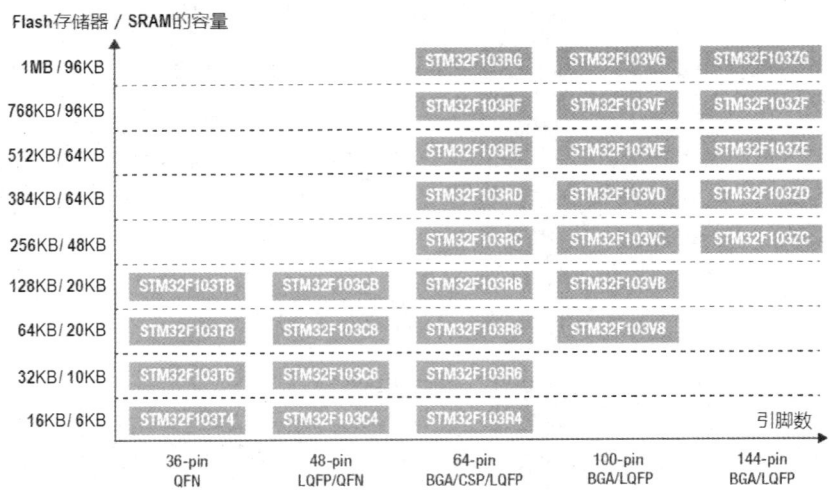

图 1-2　STM32F103 微控制器

1.3.2　STM32F103 微控制器的内部结构

图 1-3 所示是 STM32F103xC、STM32F103xD 和 STM32F103xE 微控制器的内部框图。它主要由以下部分构成。

（1）Cortex-M3 CPU。

（2）SRAM（Static Random Access Memory，静态随机存储器）和 Flash（有时不翻译，有时翻译为"闪存"，它具有 ROM 和 RAM 的优点，在通电时可以读写，断电后存储的数据不会丢失，用于存储程序代码或应用数据）。

（3）DMA（Direct Memory Access，直接存储器访问）。

（4）FSMC（Flexible Static Memory Controller，灵活的静态存储控制器）。

（5）SDIO（Secure Digital Input/Output Interface，安全数字输入/输出接口）。

（6）NVIC（Nested Vectored Interrupt Controller，嵌套向量中断控制器）和 EXTI（External Interrupt/Event Controller，外部中断/事件控制器）。

（7）RTC（Real-Time Clock，实时时钟）和 BKP（Backup Registers，备份寄存器）。

（8）CAN（Controller Area Network，控制器局域网）。

（9）GPIO（General-Purpose Input/Output，通用输入/输出）、TIM（Timer，定时器）、USART（Universal Synchronous/Asynchronous Receiver Transmitter，通用同步/异步收发器）、I2C（Inter-Integrated Circuit，因为无法准确表达，所以不翻译，缩写为 IIC、I²C 或 I2C[①]，读作"I 方 C"）、SPI（Serial Peripheral Interface，串行外设接口）、USB（Universal Serial Bus，通用串行总线）、ADC（Analog-to-Digital Converter，模数转换器）、DAC（Digital-to-Analog Converter，数模转换器）等。

---

① 本书中应使用 I²C 表示 I2C，但为了与图片保持一致，这里不做修改。

（10）JTAG（Joint Test Action Group，联合测试工作组）调试接口和 SW（Serial Wire，串行线）调试接口。

（11）STM32 的内部总线为 AMBA（Advanced Microcontroller Bus Architecture，高级微控制器总线架构），包括 AHB（Advanced High-Performance Bus，高级高性能总线）、APB（Advanced Peripheral Bus，高级外设总线）和 AHB to APB 桥。APB 分为 APB1 低速外设和 APB2 高速外设总线，AHB to APB 桥分为 AHB2APB1 和 AHB2APB2。

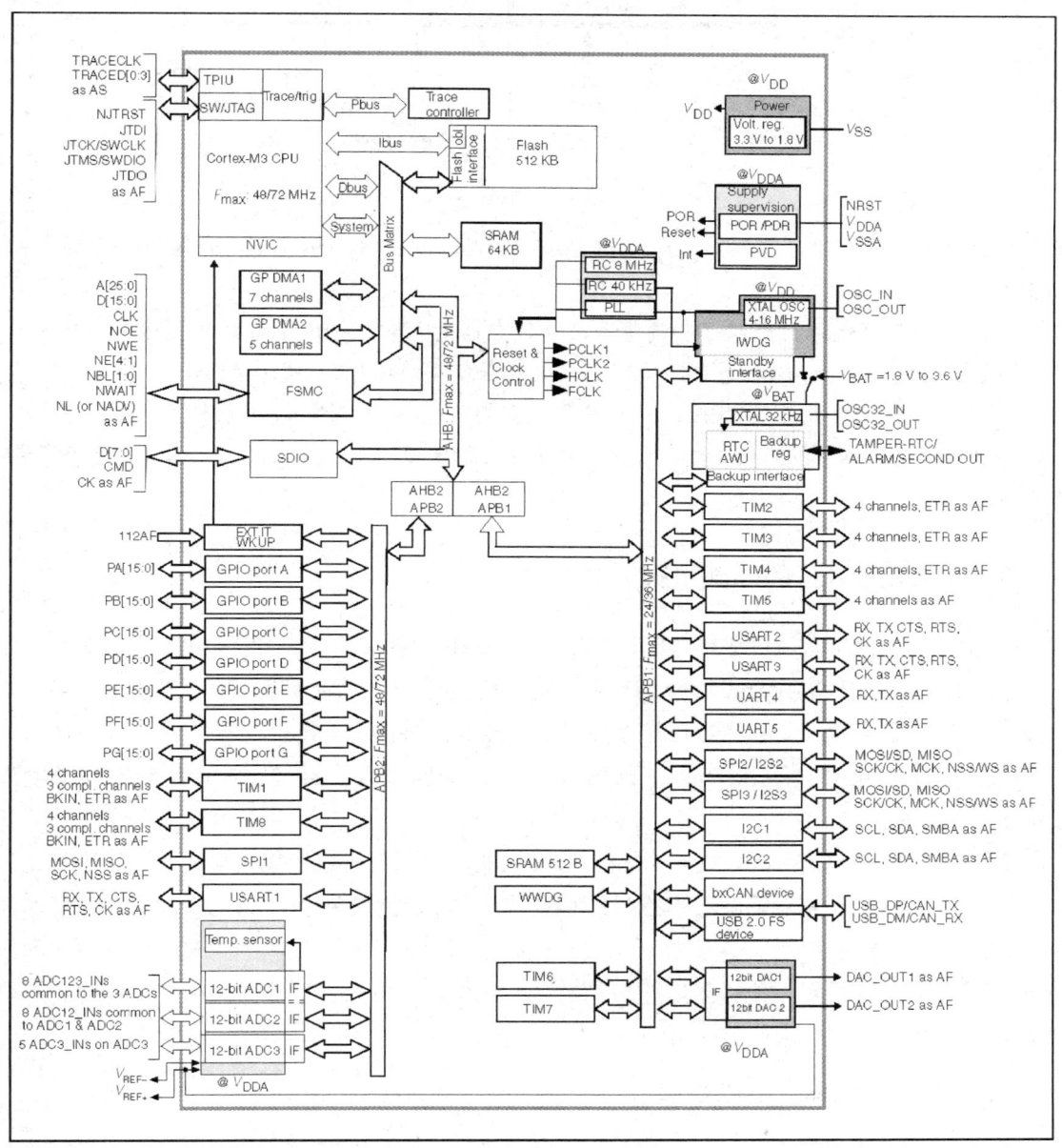

图 1-3　STM32F103 微控制器的内部框图

背景知识： AMBA

ARM 的 AMBA 是用于 ARM 架构系统芯片设计的一种总线架构，如图 1-4 所示。

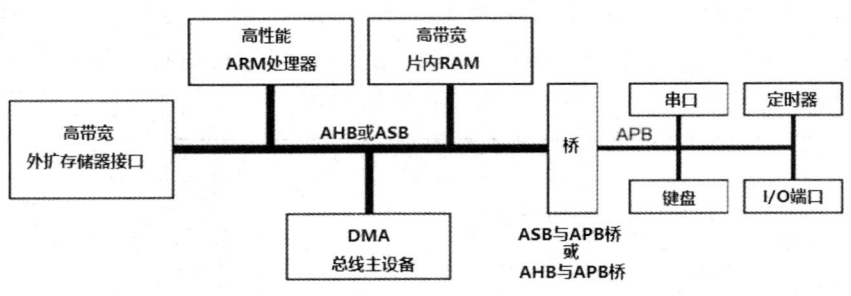

图 1-4　AMBA

AMBA 标准定义了三组总线：AHB、ASB（Advanced System Bus，高级系统总线）和 APB。

AHB 用于高性能、高频率和高带宽的功能电路的互联，构成了系统的高速主干总线。

ASB 是第一代 AMBA 系统总线。目前，一般使用 AHB，不使用 ASB。

APB 是本地二级总线，主要用于满足不需要高性能或高带宽的功能电路的互联。

APB 通过桥接连接 AHB 或 ASB，并完成 AHB 或 ASB 与 APB 之间的连接和信号转换。

1.3.3　STM32F103 的外部引脚

STM32F103xC、STM32F103xD 和 STM32F103xE 的封装主要有如下几种。

（1）BGA（Ball Grid Array，球栅阵列）具有封装面积小、功能密集、引脚数量多、在 PCB 板熔焊时能自我居中、易上锡、可靠性高、电性能好、整体成本低等特点。

（2）LQFP（Low-profile Quad Flat Package，薄型四边扁平封装）是指封装本体厚度为 1.4mm 的 QFP 封装。

（3）WLCSP（Wafer Level Chip Scale Packaging，晶圆片级芯片规模封装）不同于传统的 IC 封装方式，它是在整片晶圆上进行封装和测试，然后切割成单个 IC 颗粒，因此封装后的体积与 IC 裸晶的原尺寸相同。WLCSP 不仅有效缩小了封装体积，还因为封装时电路布线的线路粗短，所以提升了数据传输的速度与稳定性。此外，在散热特性方面，由于没有传统密封的塑料或陶瓷外包装，因此 IC 工作时的散热效果也更佳。

1. STM32F103xx 引脚分布图

在大容量 STM32F103xx 系列中，以 STM32F103VE 为例，其 LQFP100 封装的引脚分布如图 1-5 所示。

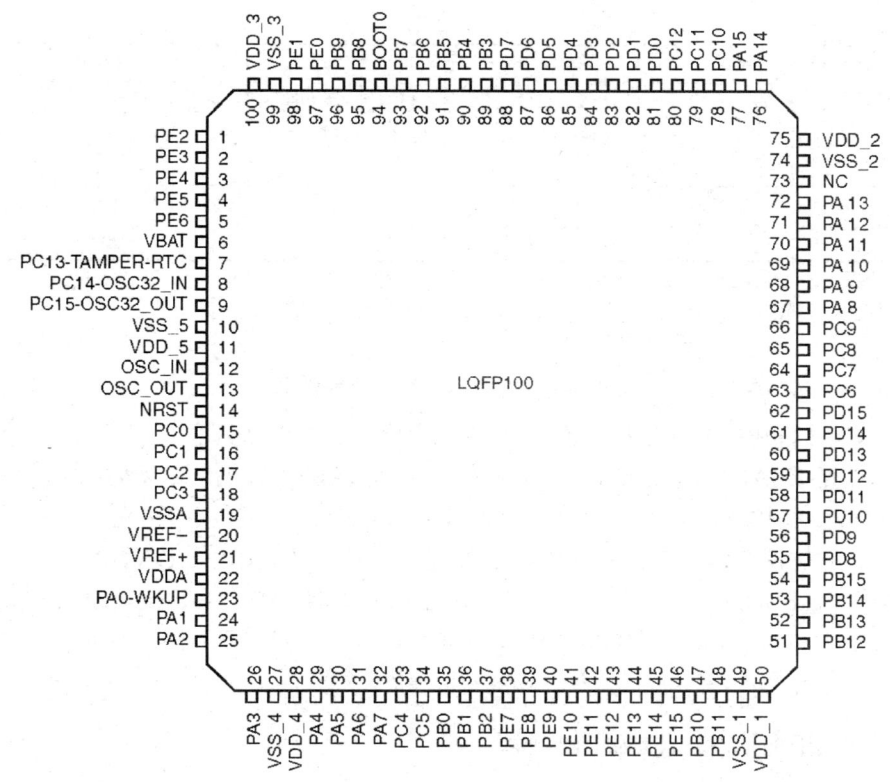

图 1-5　LQFP100 封装的引脚分布

2. STM32F103xx 引脚定义

大容量 STM32F103xx 的部分引脚定义如表 1-2 所示。

表 1-2　大容量 STM32F103xx 的部分引脚定义

引脚						引脚名称	类型①	I/O电平②	主功能③（复位后）	复用功能	
BGA144	BGA100	WLCSP64	LQFP64	LQFP100	LQFP144					默认复用	重映射复用
G12	F10	E1	37	63	96	PC6	I/O	FT	PC6	I2S2_MCK/TIM8_CH1 SDIO_D6	TIM3_CH1
F12	E10	E2	38	64	97	PC7	I/O	FT	PC7	I2S3_MCK/TIM8_CH2 SDIO_D7	TIM3_CH2
F11	F9	E3	39	65	98	PC8	I/O	FT	PC8	TIM8_CH3/SDIO_D0	TIM3_CH3
E11	E9	D1	40	66	99	PC9	I/O	FT	PC9	TIM8_CH4/SDIO_D1	TIM3_CH4
E12	D9	E4	41	67	100	PA8	I/O	FT	PA8	USART1_CKTIM1_CH1④/MCO	
D12	C9	D2	42	68	101	PA9	I/O	FT	PA9	USART1_TX④/TIM1_CH2④	

续表

引脚						引脚	类型[①]	I/O	主功能[③]	复用功能	
BGA144	BGA100	WLCSP64	LQFP64	LQFP100	LQFP144	名称		电平[②]	（复位后）	默认复用	重映射复用
D11	D10	D3	43	69	102	PA10	I/O	FT	PA10	USART1_RX[④]/ TIM1_CH3[④]	

① I 表示输入（Input），O 表示输出（Output）。

② FT 表示容忍或耐受（Tolerant，容忍）电压 5V。

③ 有些功能仅在部分型号芯片中支持。

④ 这些复用功能可以由软件配置重映射到其他引脚上（如果相应的封装型号有此引脚）。

举例说明：LQFP100 封装中，序号为 68 的引脚名称是 PA9，主功能是 I/O，容忍电压是 5V，复用功能是 USART1_TX 或 TIM1_CH2；序号为 69 的引脚名称是 PA10，主功能是 I/O，容忍电压是 5V，复用功能是 USART1_RX 或 TIM1_CH3。

关于重映射的说明：表 1-2 中的 PC9 引脚复位后是主功能通用 I/O（GPIO），对应复用功能中的 TIM8_CH4/SDIO_D1，表示该引脚可被配置成复用功能 I/O（Alternate Function I/O，AFIO），用于 TIM8_CH4 或/SDIO_D1。此外，PC9 还可以通过重映射配置成 AFIO 的 TIM3_CH4。

1.3.4　STM32F103 的 I/O 端口特性

高、低电平是指电压范围，以下给出部分相关参数。

1. 通用输入/输出特性

表 1-3 所示为 STM32F103xx 的 I/O 静态特性，所有 I/O 端口都兼容 CMOS 和 TTL 标准。

表 1-3　STM32F103xx 的 I/O 静态特性

符号	参数	条件	最小值	典型值	最大值	单位
V_{IL}	标准输入低电平电压	—	−0.3	—	$0.28×(V_{DD}-2)+0.8$	V
	IO FT[①]输入低电平电压		−0.3	—	$0.32×(V_{DD}-2)+0.75$	V
V_{IH}	标准输入高电平电压	—	$0.41×(V_{DD}-2)+1.3$	—	$V_{DD}+0.3$	V
	IO FT[①]输入高电平电压	$V_{DD}>2\text{ V}$	$0.42×(V_{DD}-2)+1$	—	5.5	V
		$V_{DD}≤2\text{ V}$			5.2	

① FT=5V 耐受电压。为了维持高于 $V_{DD}+0.3$ 的电压，必须禁用内部上拉/下拉电阻。

通常 V_{DD} 的范围为 2~3.6V，典型值为 3.3V。若 V_{DD}=3.3V，则高、低电平的电压范围如下。

（1）标准输入低电平 V_{IL} 的范围是−0.3~+1.164V。

（2）IO FT 输入低电平 V_{IL} 的范围是−0.3~+1.166V。

（3）标准输入高电平 V_{IH} 的范围是+1.833~+3.6V。

（4）IO FT 输入高电平 V_{IH} 的范围是+1.546~+5.5V。

2．输出驱动电流

GPIO 引脚可以吸收或输出高达±8mA 的电流，且在不严格的 V_{OL}/V_{OH} 条件下，吸收或输出高达±20mA 的电流（PC13、PC14 和 PC15 除外，它们可以吸收或输出高达±3mA 的电流）。

在实际应用时，必须保证 I/O 引脚的驱动电流不超过其绝对最大额定值。

（1）所有 I/O 端口从 V_{DD} 上获取的电流总和加上 MCU 在 V_{DD} 上获取的最大电流不能超过绝对最大额定值 $I_{V_{DD}}$ =150mA。

（2）所有 I/O 端口吸收并从 V_{SS} 上流出的电流总和加上 MCU 在 V_{SS} 上流出的最大电流不能超过绝对最大额定值 $I_{V_{SS}}$ =150mA。

3．输出电压

输出电压的特性如表 1-4 所示。请注意，表 1-4 列出的参数均是在标准的环境温度和 V_{DD} 供电电压的条件下测量得到的，除非有特别的注明。此外，所有 I/O 端口都是兼容 CMOS 和 TTL 标准。

表 1-4　输出电压的特性

符号	参数	条件	最小值	最大值	单位
V_{OL}[①]	输出低电平，8 个引脚同时吸收电流	TTL 端口，$I_{I/O}$ = +8mA	—	0.4	V
V_{OH}[②]	输出高电平，8 个引脚同时输出电流	$2.7V < V_{DD} < 3.6V$	V_{DD}-0.4	—	
V_{OL}[①]	输出低电平，8 个引脚同时吸收电流	CMOS 端口，$I_{I/O}$ = +8mA	—	0.4	V
V_{OH}[②]	输出高电平，8 个引脚同时输出电流	$2.7V < V_{DD} < 3.6V$	2.4	—	
V_{OL}[①]	输出低电平，8 个引脚同时吸收电流	$I_{I/O}$ = +20mA	—	1.3	V
V_{OH}[②]	输出高电平，8 个引脚同时输出电流	$2.7V < V_{DD} < 3.6V$	V_{DD}-1.3	—	
V_{OL}[①]	输出低电平，8 个引脚同时吸收电流	$I_{I/O}$ = +6mA	—	0.4	V
V_{OH}[②]	输出高电平，8 个引脚同时输出电流	$2V < V_{DD} < 2.7V$	V_{DD}-0.4	—	

① 芯片吸收的电流 I_{IO} 必须始终遵循绝对最大额定值 150mA，同时 $I_{I/O}$ 的总和（所有 I/O 引脚和控制引脚）不能超过 $I_{V_{SS}}$。
② 芯片输出的电流 I_{IO} 必须始终遵循绝对最大额定值 150mA，同时 I_{IO} 的总和（所有 I/O 引脚和控制引脚）不能超过 $I_{V_{DD}}$。

1.3.5　STM32 系列产品的命名规则

STM32 系列产品的命名规则如图 1-6 所示。

例如，STM32F103VET6 表达了如下型号信息：引脚数目是 100 脚、Flash 存储器容量是 512KB、封装是 LQFP，以及工作温度是-40～85℃等。

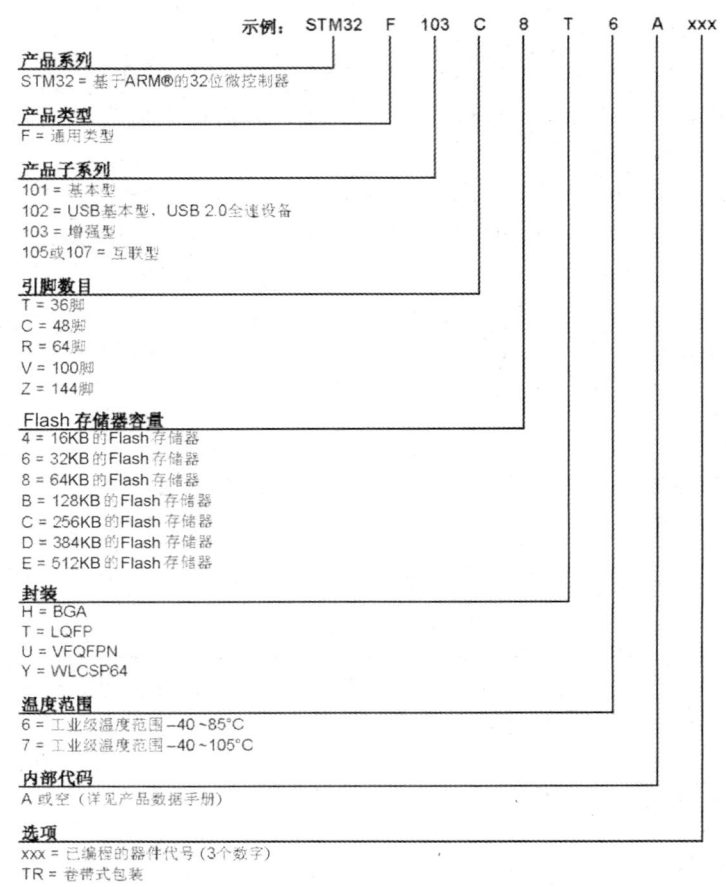

图 1-6　STM32 系列产品的命名规则

1.4　思考与练习

（1）嵌入式系统的定义是什么？请结合具体产品进行说明。

（2）到 ARM 公司官方网站查阅有关 ARM 处理器的资料，了解 ARM 处理器的情况。

（3）到瑞芯微公司官方网站查阅基于 ARM 的嵌入式处理器的相关产品。

（4）画出 STM32F103VE 的内部框图的简化图，并简述其内部结构。

（5）简述 ARM 的总线 AMBA 的架构。

（6）简述 STM32F103VE 的外部引脚定义。

（7）简述 STM32F103VE 的输入/输出的高、低电平。

（8）理解 STM32F103xx 的命名规则，举例说明 STM32F103R6T6、STM32F103C8T6、STM32F103RCT6 和 STM32F103ZET6 命名的含义。

第 2 章 STM32 开发环境

嵌入式系统设计包括硬件设计和软件编程，需要相应的开发工具。

对于 STM32 系列微控制器的开发，所需的工具包括 STM32 开发/实验板、ST-LINK 仿真/下载器、开发环境（如 RealView MDK、EWARM 或 STM32CubeIDE 等）、STM32CubeMX 图形化工具软件和 Proteus 仿真软件等。使用 STM32 库函数可以帮助简化编程过程，快速实现功能开发。

本章将首先讲解如何安装 STM32 开发工具软件，然后简单介绍几种 STM32 开发/实验板，最后介绍 STM32 的库函数。

2.1 STM32 开发工具软件

在进行 STM32 的开发时，需要先将开发工具软件安装到计算机上。

利用计算机开发嵌入式系统时，计算机被称为上位机，MCU 被称为下位机或目标机。

2.1.1 MDK 的安装

RealView MDK（RealView Microcontroller Development Kit）简称 MDK，是由德国 Keil 公司开发的微控制器集成开发环境，它集成了编辑、编译、仿真、下载等多种功能。该软件可以从 Keil 官方网站下载。ST 官方的 STM3210E-EVAL 评估板配套的 STM32 例程使用了 5 种集成开发环境软件，其中的 MDK-ARM 文件夹中的工程文件是 Project.uvproj，需要使用 MDK 打开。

扫码看视频

（1）MDK 安装时，选择安装路径并设置用户信息，如图 2-1 和图 2-2 所示，建议将 MDK（安装文件名为 MDK536.exe）安装到 D:\Keil_v5 路径下。

图 2-1　选择安装路径　　　　　　　　　图 2-2　设置用户信息

（2）为了兼容之前版本的 MDK 工程，需要安装扩展器件支持包（安装文件名为

MDKCM5.25.exe），如图 2-3 和图 2-4 所示。

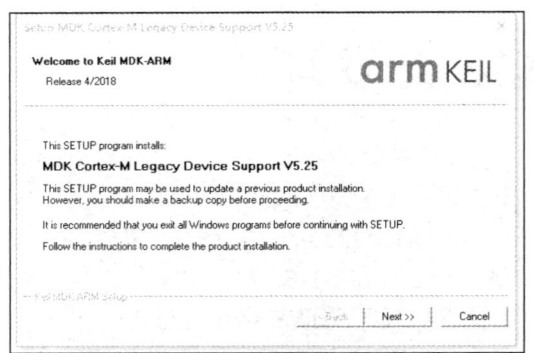
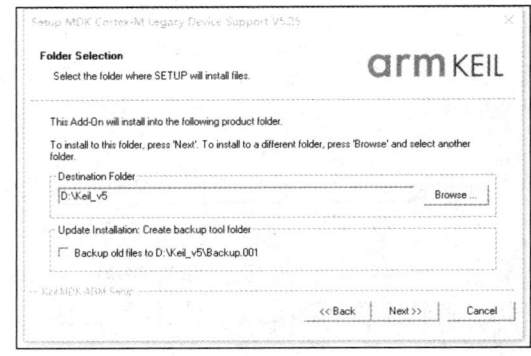

图 2-3　开始安装 MDKCM5.25　　　　　　　　　图 2-4　选择安装路径

（3）在线安装器件包，如图 2-5 所示；也可以离线安装器件包（安装文件名为 Keil.STM32F1xx_DFP.2.3.0.pack），如图 2-5 和图 2-6 所示。

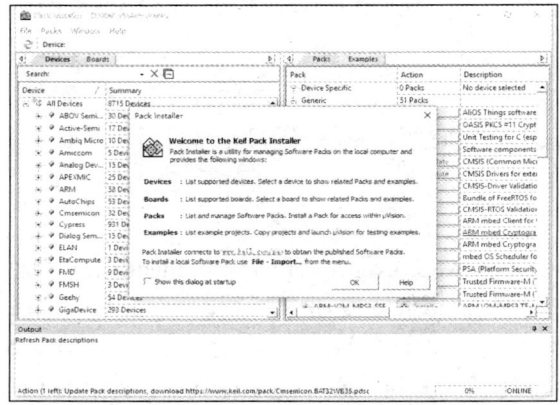

图 2-5　在线安装器件包

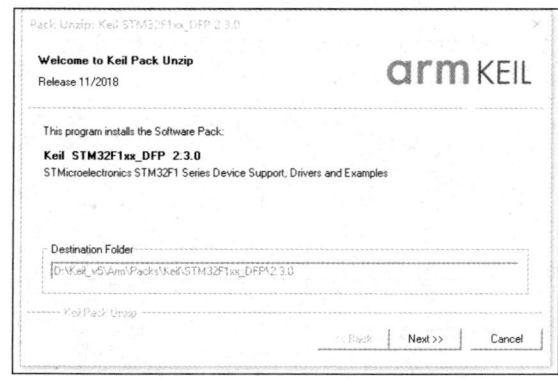

图 2-6　离线安装器件包

（4）MDK 界面和输出信息。

找到"D:\Keil_v5\ARM\Boards\ST\STM3210E-EVAL\Blinky"路径下的工程文件"Blinky.uvproj"

并双击打开，就可以开始体验使用 MDK 的集成开发环境了。MDK 的集成开发环境界面如图 2-7 所示，主要包括菜单栏、快捷图标、项目管理区（窗口）、源代码区（窗口）、输出信息区（窗口）等部分。

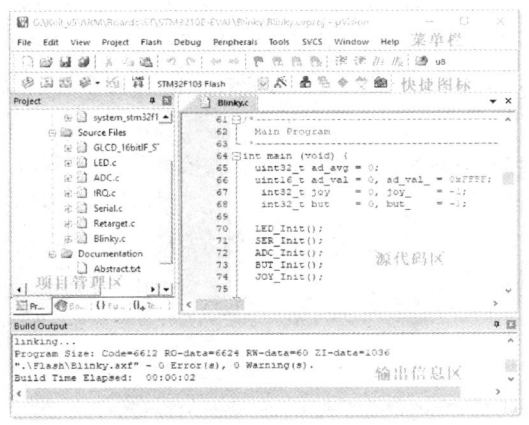

图 2-7　MDK 的集成开发环境界面

2.1.2　STM32CubeMX 的安装

扫码看视频

STM32CubeMX 和 HAL 库是 ST 官方目前主推的 STM32 软件开发工具和库函数。建议先学习使用 STM32 的标准外设库和工程模板，再进一步学习如何使用 HAL 库和 STM32CubeMX 建立工程。

STM32CubeMX 是一个图形化工具软件，通过逐步配置，可以自动生成 STM32 微控制器和微处理器的初始化 C 代码并建立工程。

STM32CubeMX 支持多种常用的开发环境，如 MDK-ARM、EWARM 和 STM32CubeIDE 等工具链。

用户可以从 ST 官网免费下载 STM32CubeMX 软件，该软件可以在 Windows、Linux 和 macOS 等操作系统中运行，或者通过 Eclipse 插件运行。

安装 STM32CubeMX（安装文件名为 SetupSTM32CubeMX-6.4.0-Win.exe）的过程如图 2-8 和图 2-9 所示。

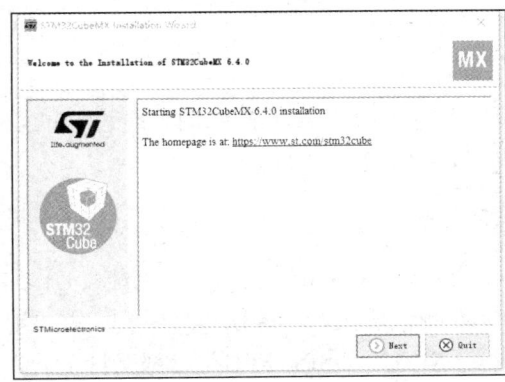

图 2-8　STM32CubeMX 安装向导

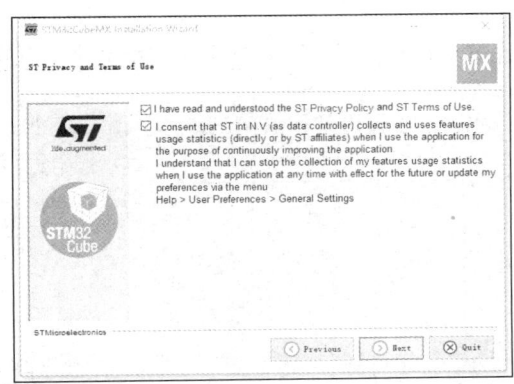

图 2-9　同意隐私和使用条款

2.1.3 Proteus 软件的安装

Proteus 是由英国 Labcenter Electronics 公司开发的一种功能强大的电子设计自动化软件。它提供了原理图设计、微控制器编程、系统仿真和 PCB 设计等功能，最大的特色是可以使用软件进行嵌入式系统的仿真实验。通过结合 STM32 硬件实验与 Proteus 软件仿真 STM32 实验的方式，能够实现优势互补，不仅便于实验，还能有效提高学习效果。

扫码看视频

用户可以在官网下载 Proteus 软件，也可以联系该软件的中国总代理——广州市风标电子技术有限公司来获取软件。

双击"proteus8.16.SP3.exe"执行文件，开始安装 Proteus 8.16 版。首先，选择本地 License 文件，如"RUTPJBJ_27-21921-364.lxk"，然后单击"打开"按钮，如图 2-10 所示，之后的详细操作步骤如图 2-11 所示。

图 2-10　浏览、选择并打开本地 License 文件

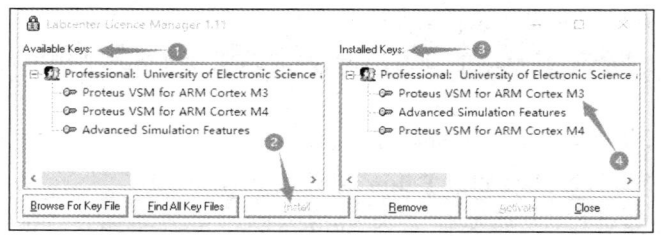

图 2-11　安装本地 License 文件

2.1.4 STM32 仿真器及驱动程序的安装

STM32 可以使用 ST-LINK/V2 仿真/下载器来下载程序执行文件和仿真调试程序。ST-LINK/V2 仿真/下载器实物图如图 2-12 所示。

1. JTAG 简介

JTAG（Joint Test Action Group，联合测试工作组）是一种国际标准测试协议，兼容 IEEE 1149.1，主要用于芯片内部测试。MCU、DSP、FPGA 等都支持 JTAG 协议，通常用于程序下载和仿真调试。

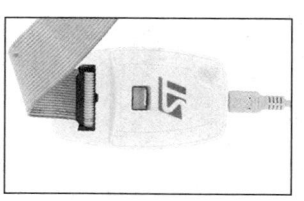

图 2-12　ST-LINK/V2 仿真/下载器实物图

JTAG 接口使用 4 线或 5 线连接：TDI（Test Data Input，测试数据输入）、TDO（Test Data Output，测试数据输出）、TMS（Test Mode Select，测试模式选择）和 TCK（Test Clock Input，测试时钟输入），以及一个可选引脚 TRST（Test Reset Input，测试复位输入引脚）。

2．ST-LINK/V2 简介

ST-LINK/V2 通过 JTAG 或 SWD（Serial Wire Debugging，串行线调试）接口与目标板上的 STM32 微控制器通信，并通过 USB 全速接口与计算机连接。在计算机上运行 MDK 时，ST-LINK/V2 可用于下载和仿真 STM32 器件。

3．使用 ST-LINK/V2 对 STM32F103 下载和仿真

在 STM32F103 与外接 ST-LINK/V2 硬件连接进行程序下载和仿真调试时，如果使用 JTAG 接口，那么需要使用 20 引脚、2.54mm 间距的 2×10P 的排针和排母连接器。实际上，必需的引脚只有 7 个：STM32F103 的 PA13/JTMS/SWDIO 引脚、PA14/JTCK/SWCLK 引脚、PA15/JTDI 引脚、PB3/JTDO 引脚、PB4/JNTRST 引脚、电源引脚和地引脚。

在 STM32F103 与外接 ST-LINK/V2 硬件连接进行程序下载和仿真调试时，如果使用 SWD 接口，那么只需要 4 个引脚：STM32F103 的 PA13/JTMS/SWDIO 引脚、PA14/JTCK/SWCLK 引脚、电源引脚和地引脚。这种接口方式少占用了 3 个 STM32F103 的引脚，也节省了硬件电路板的占用空间。

扫码看视频

4．ST-LINK/V2 驱动的安装

在"D:\Keil_v5\ARM\STLink\USBDriver"文件夹中双击"dpinst_amd64.exe"执行文件，开始安装 ST-LINK/V2 调试器和编程器的驱动程序，如图 2-13 所示。

说明：对于 32 位 Windows 系统，应选择 dpinst_x86.exe 进行安装。

安装完 ST-LINK/V2 的驱动程序后，将 ST-LINK/V2 连接到计算机，Windows 操作系统的设备管理器会自动识别该设备，并显示为"STM32 STLink"，如图 2-14 所示。

图 2-13　ST-LINK/V2 驱动程序安装　　　　　图 2-14　ST-LINK/V2 设备

2.1.5 USB 转串口驱动的安装

由于目前的计算机已不再配备传统的 RS-232 串口，而 STM32 实验板需要与计算机进行串行通信，因此一种简便的解决方案是使用 USB 转串口，实际上就是使用专用 PL-2303、CP2102、CH340G 等 USB 转串口的专用集成电路，通过 USB 接口来虚拟出 USART，从而实现串行通信。

扫码看视频

若 STM32 开发/实验板使用了 CH340G USB 转串口集成电路，则双击"CH341SER.EXE"执行文件，开始安装驱动，如图 2-15 所示。

安装完 CH340G 的驱动程序后，将实验板的 USB 转串口和计算机的 USB 接口连接，Windows 操作系统的设备管理器中将显示"USB-SERIAL CH340(COM2)"虚拟串口，如图 2-16 所示。

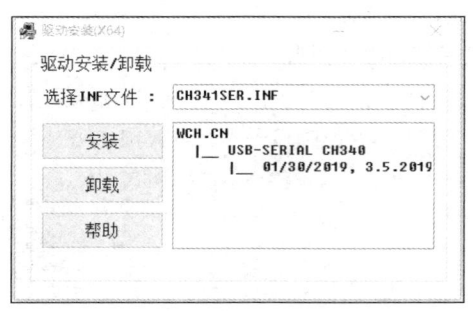

图 2-15 安装 CH341SER 驱动程序

图 2-16 虚拟串口 COM2

2.2 STM32 开发/实验板

本节将介绍 STM32 最小系统板、STM32 Nucleo 开发板、STM3210E-EVAL 评估板，以及 AS-07 型 STM32 实验板。

最小系统板是最简单的电路板；开发板是为通用开发设计的电路板，供技术人员使用；评估板是厂家推出新的 MCU 时，供用户评估该 MCU 的性能指标和功能等设计的电路板；而实验板则配置了更多外设，支持更多实验，甚至可以设计为实验箱或实验台，供学校教学使用。

2.2.1 STM32 最小系统板

最小系统板是指最简单、最基本的工作电路。

基于 STM32F103C8T6 的 STM32 最小系统板包括 MCU、电源电路、时钟电路、启动引导电路、复位电路和下载调试电路，还可以包含 LED 电路等，其电路原理图如图 2-17 所示，其实物图如图 2-18 所示。

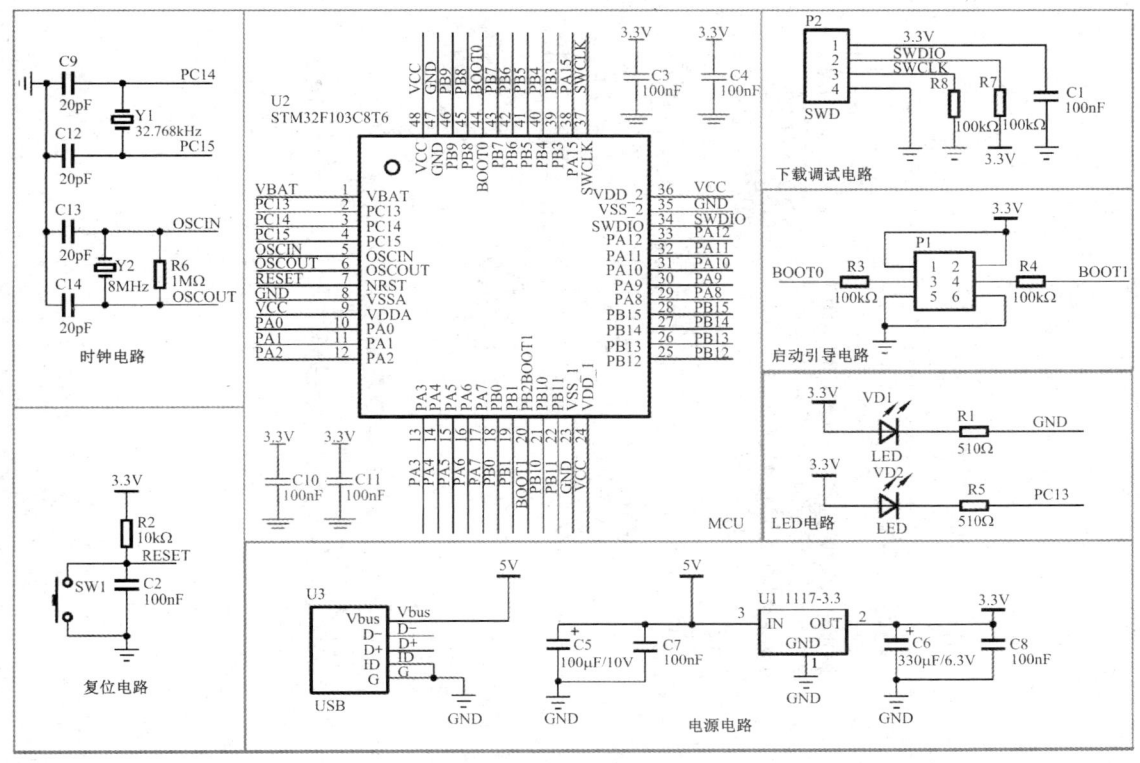

图 2-17　基于 STM32F103C8T6 的 STM32 最小系统板的电路原理图

图 2-18　基于 STM32F103C8T6 的 STM32 最小系统板的实物图

2.2.2　STM32 Nucleo 开发板

ST 的 STM32 Nucleo 开发板板载 ST-LINK/V2，支持 SWD 下载和调试，电路原理图、PCB 文件及配套范例程序等完全开源。

STM32 Nucleo 开发板有多种型号，MCU 采用 STM32F103RB 的 NUCLEO-F103RB，开发板的实物图如图 2-19 所示。

通过 Arduino 连接器和 ST morpho 扩展插头，STM32 Nucleo 开发板可以轻松地和与多种应用相关的附加硬件进行扩展。

STM32 Nucleo 开发板用户可以免费使用 Mbed 官网上的在线编译器和 C/C++ SDK，并访问开发者社区。开发者仅需几分钟就可以生成一个完整的应用程序。

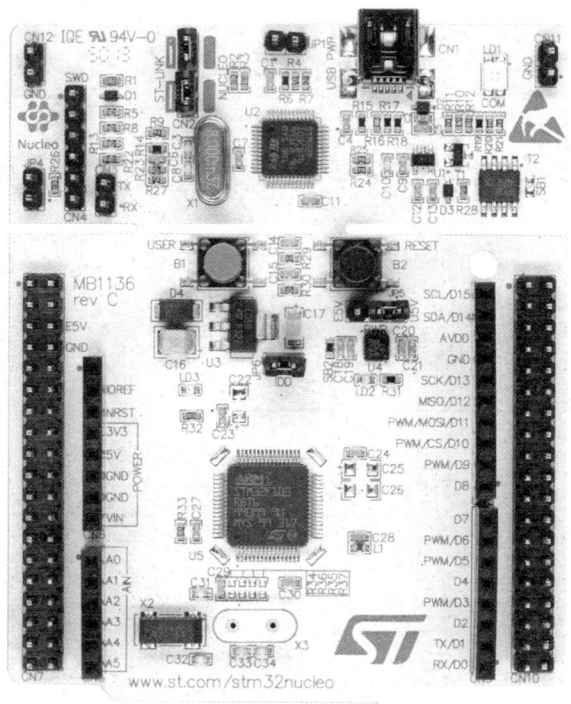

图 2-19　NUCLEO-F103RB 开发板的实物图

2.2.3　STM3210E-EVAL 评估板

ST 最早推出的评估板是 STM3210E-EVAL，该评估板的 MCU 采用 STM32F103ZGT6T，板载硬件资源丰富，电路原理图、PCB 文件及配套范例程序等完全开源，是学习的理想选择。本书配套的 AS-07 实验板就是参考了此评估板，并进行了精简。STM3210E-EVAL 评估板的实物图如图 2-20 所示，其硬件组成框图如图 2-21 所示。

图 2-20　STM3210E-EVAL 评估板的实物图

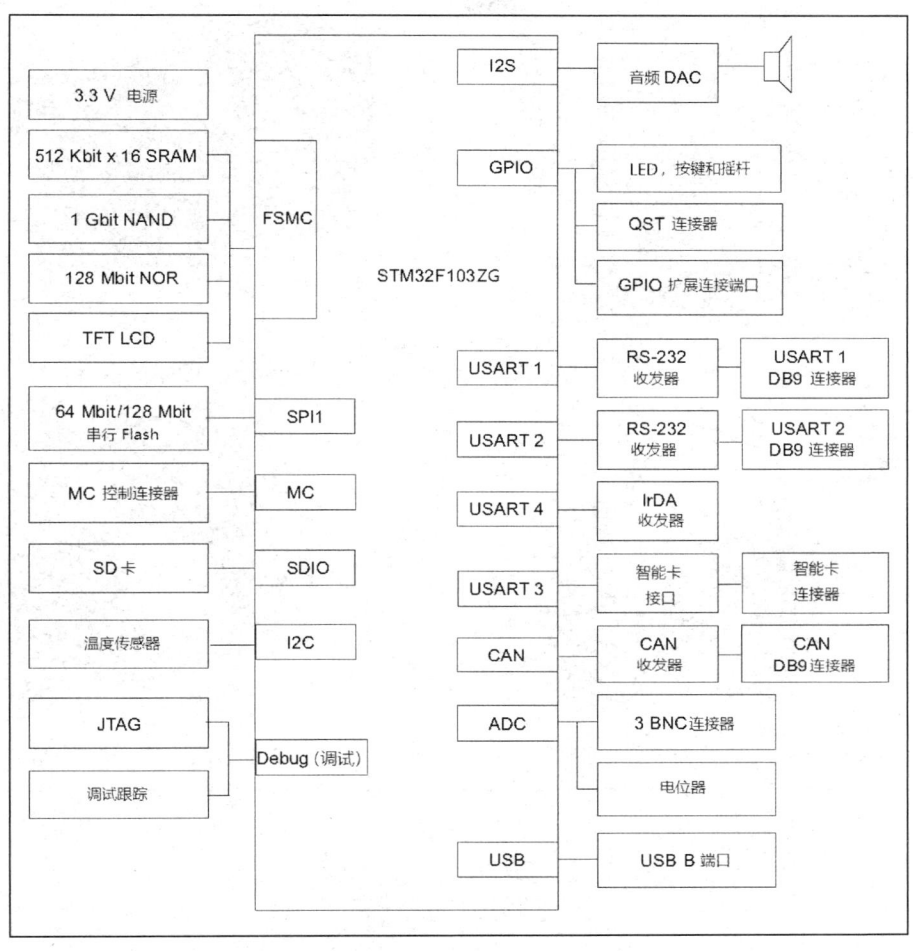

图 2-21　STM3210E-EVAL 评估板的硬件组成框图

2.2.4　AS-07 型 STM32 实验板

在 2010 年，笔者设计并制作了 AS-05 型 STM32 实验板，MCU 采用 STM32F103VBT6，可以完成 STM32 学习的大部分实验，支持 LCD 显示、VS1003B MP3 播放器、OV7660 或 OV7670 摄像头实验。AS-05 型 STM32 实验板的实物图如图 2-22 所示。

在 2013 年，笔者又设计并制作了 AS-07 型 STM32 实验板，MCU 采用 STM32F103VET6，AS-07 型 STM32 实验板的显著特点是兼容当时流行的开源硬件 Arduino 和 Maple，同时兼容最新的 STM32 Nucleo 开发板。2021 年，AS-07 型 STM32 实验板更新为 AS-07 V4.0 版（以下简称 AS-07 实验板），其实物图如图 2-23 所示。

AS-07 实验板通过 Arduino 兼容接口，可以连接 GPS 和 GPRS 模块（见图 2-24），以及机智云模块（见图 2-25）等。

AS-07 实验板的电路原理图如图 2-26～图 2-28 所示。图 2-26 实际上也是 STM32F103VET6 最小系统板原理图。

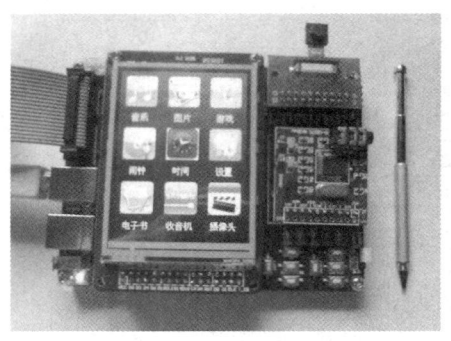

图 2-22 AS-05 型 STM32 实验板的实物图

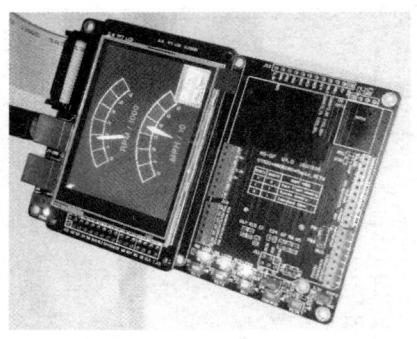

图 2-23 AS-07V4.0 版 STM32 实验板的实物图

图 2-24 AS-07 扩展 GPS 和 GPRS 模块

图 2-25 AS-07 扩展机智云模块

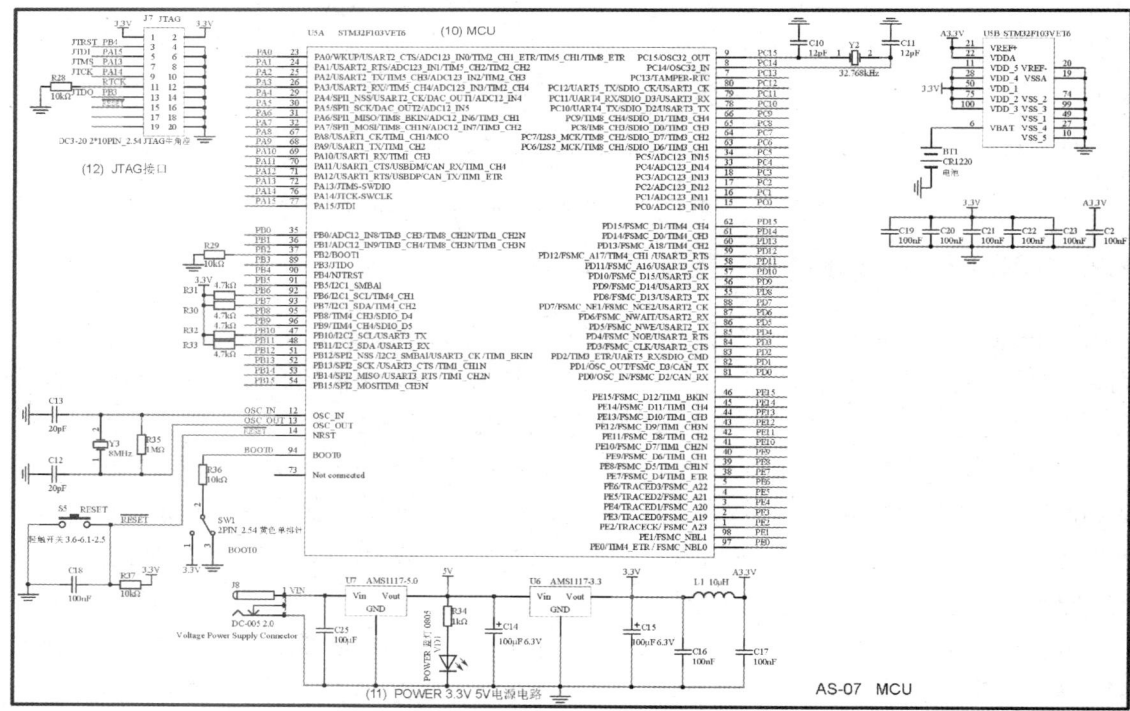

图 2-26 AS-07 实验板的 MCU、JTAG 和电源电路原理图

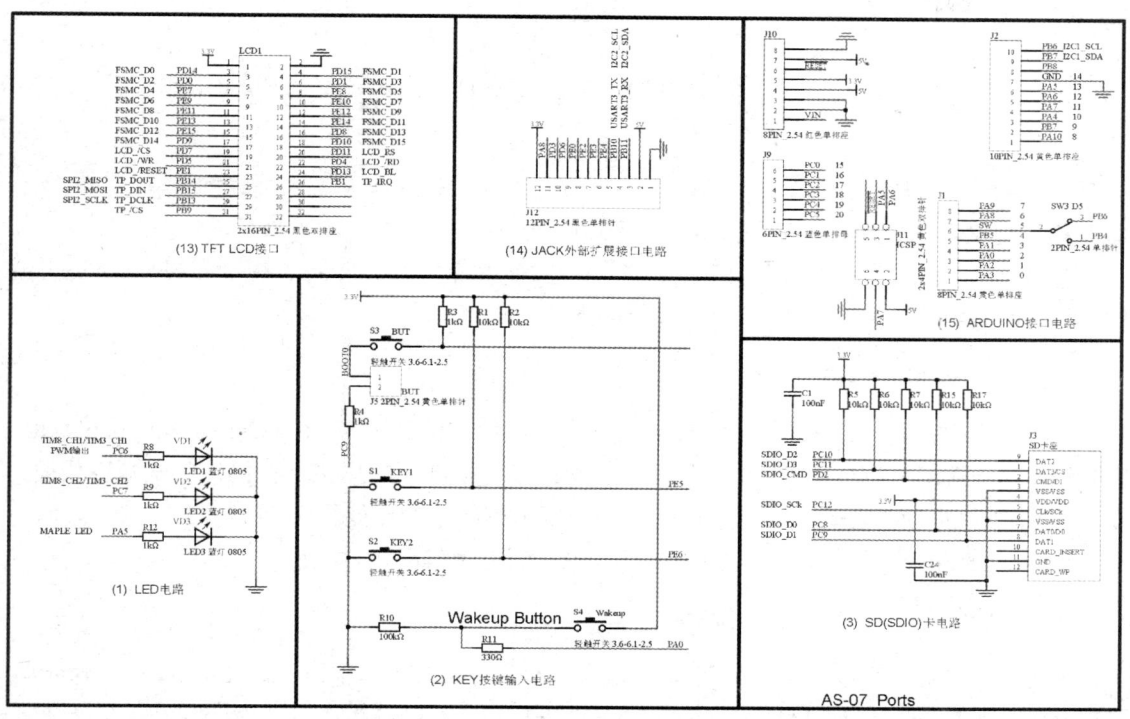

图 2-27　AS-07 实验板的接口电路原理图 1

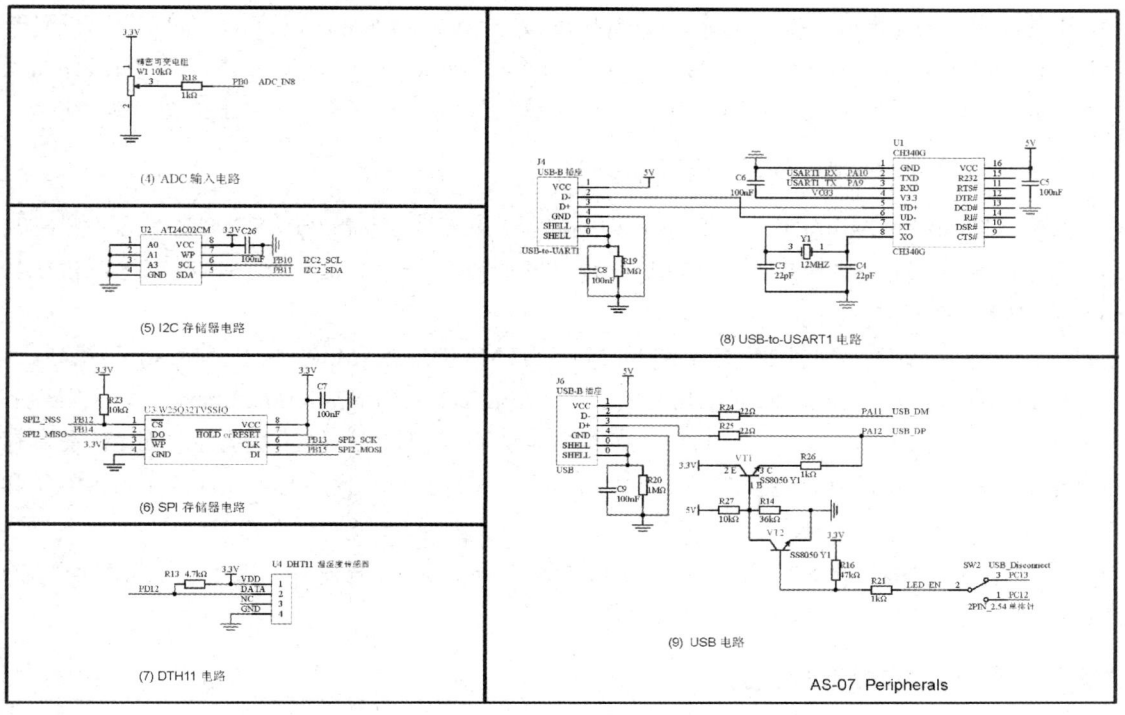

图 2-28　AS-07 实验板的接口电路原理图 2

2.3　STM32 的库函数

STM32 的库函数提供了简便的代码编程方法，使我们无须了解 STM32 底层复杂的寄存器名称、定义、功能等硬件知识，而可以将更多精力集中于程序功能的开发上。

目前，STM32 的库函数主要分为三类，分别是 STM32 Snippets、标准外设库（Standard Peripherals Library）、STM32Cube HAL 和 STM32Cube LL。

1．STM32 Snippets

STM32 Snippets 是高度优化的代码范例集合，使用符合 CMSIS（Cortex Microcontroller Software Interface Standard，Cortex 微控制器软件接口标准）的直接寄存器访问来减少代码开销，从而最大限度地提高 STM32 MCU 在各种应用程序中的性能。

STM32 Snippets 目前只提供 STM32F0 和 L0 的范例代码包。

2．Standard Peripherals Library

STM32 的固件库或标准外设库版本繁多。早期的版本称为固件库（Firmware Library，FWLib），典型版本包括 2007 年发布的 STM32F10xxx FWLib V1.0，以及 2008 年发布的 STM32F10xxx FWLib V2.0、STM32F10xxx FWLib V2.0.1 和 STM32F10xxx FWLib V2.0.3。2009 年，固件库升级为标准外设库（Standard Peripherals Library，StdPeriph_Lib），发布了 STM32F10x StdPeriph_Lib V3.0.0，2011 年更新为 STM32F10x StdPeriph_Lib V3.5.0，2012 年在图形界面软件 STemWin 中更新为 V3.6.1，2021 年 11 月 17 日又升级为 V3.6.2，就停止更新升级。

3．STM32Cube HAL 和 STM32Cube LL

HAL（Hardware Abstraction Layer，硬件抽象层）库支持 STM32F0、STM32F1、STM32F2、STM32F3、STM32F4、STM32F7、STM32G0、STM32H7、STM32L0、STM32L1、STM32L4、STM32MP1、STM32WB 等系列。

LL（Low-Layer，底层）库支持 STM32F1、STM32F2、STM32F4、STM32F7 等系列。

HAL 库提供高层次、面向应用功能的 API（Application Programming Interface，应用程序接口），具有良好的可移植性，它们对最终用户屏蔽了 MCU 和外设的复杂性。而 LL 在寄存器级别提供底层 API，具有更好的优化性能，但可移植性较差，使用时需要深入了解 MCU 和外设。

STM32Cube HAL 和 STM32Cube LL 与 STM32CubeMX 工具软件结合，可助力 STM32 的开发。

2.3.1　STM32 的标准外设库

STM32 的标准外设库是由程序、数据结构和宏组成的。

每个外设驱动都由一组函数组成，这组函数覆盖了该外设的所有功能。每个器件的开发都由一个通用的 API 驱动，这个 API 对该驱动程序的结构、函数和参数名称都进行了标准化。

表 2-1 所示为库函数文件描述。

表 2-1　库函数文件描述

文件名	描述
stm32f10x_conf.h	库配置文件，通过取消注释/添加注释，以启用/禁用外围头文件
main.c	主函数文件
stm32f10x_it.h	头文件，包含所有中断服务函数的原型
stm32f10x_it.c	中断服务函数文件。 用户可以加入自己的中断程序代码。对于指向同一个中断向量的多个不同中断请求，可以利用函数通过判断外设的中断标志位来确定准确的中断源
stm32f10x.h	CMSIS Cortex-M3 微控制器外设访问层头文件。 该文件包含存储器映像和所有寄存器物理地址的声明
system_stm32f10x.h	CMSIS 的 Cortex-M3 内核外设访问层头文件
system_stm32f10x.c	CMSIS 的 Cortex-M3 内核外设访问层源文件
stm32f10x_ppp.c	由 C 语言编写的外设 PPP 的驱动源程序文件
stm32f10x_ppp.h	外设 PPP 的头文件。包含外设 PPP 函数的定义和这些函数使用的变量
core_cm3.h	CMSIS 的 Cortex-M3 内核访问层头文件
core_cm3.c	CMSIS 的 Cortex-M3 内核访问层源文件
misc.h	此文件包含其他库函数的原型（CMSIS 功能的附加组件）
misc.c	此文件提供了所有其他库函数（CMSIS 功能的附加组件）。如果用户使用了 NVIC 中断 IRQ 设置和 SysTick 时钟源设置，那么应当在用户项目中加入文件 misc.c
startup_stm32f10x_hd.s	ARM 编译器大容量产品启动文件
startup_stm32f10x_md.s	ARM 编译器中容量产品启动文件
startup_stm32f10x_ld.s	ARM 编译器小容量产品启动文件

2.3.2　STM32 的 HAL 库函数

HAL 驱动程序提供面向应用的角度可移植的 API，它们向用户隐藏了 MCU 和外设的复杂性。每个驱动程序都由一组函数组成，这些函数涵盖了最常见的外设。每个驱动程序的开发都由一个通用的 API 驱动，该 API 标准化了驱动程序的结构、函数和参数名。

HAL 驱动程序如表 2-2 所示。

表 2-2　HAL 驱动程序

文件	描述
stm32f1xx_hal_ppp.c	主外设/模块驱动程序文件。 它包括所有 STM32 设备的通用 API。 示例：stm32f1xx_hal_adc.c、stm32f1xx_hal_gpio.c 等
stm32f1xx_hal_ppp.h	主驱动程序 C 文件的头文件。 它包括公共数据、句柄和枚举结构、定义语句和宏，以及导出的通用 API。 示例：stm32f1xx_hal_adc.h、stm32f1xx_hal_gpio.h 等
stm32f1xx_hal_ppp_ex.c	外设/模块驱动程序的扩展 C 文件。 它包括指定的型号或系列的特定 API，以及新定义的 API，如果内部流程以不同的方式实现，那么这些 API 将覆盖默认的通用 API。 示例：stm32f1 xx_hal_adc_ex.c、stm32f1xx_hal_gpio_ex.c 等

续表

文件	描述
stm32f1xx_hal_ppp_ex.h	扩展 C 文件的头文件。 它包括特定的数据和枚举结构、定义语句和宏，以及导出的设备部件号的特定 API。 示例：stm32f1xx_hal_adc_ex.h、stm32f1xx_hal_gpio_ex.h 等
stm32f1xx_hal.c	此文件用于 HAL 初始化，包含 DBGMCU（Debug MCU、调试 MCU）、基于 SysTick API 的重映射和延时
stm32f1xx_hal.h	stm32f1xx_hal.c 的头文件
stm32f1xx_hal_msp_template.c	要复制到用户应用程序文件夹的模板文件。 它包含用户应用程序中使用的外围设备的 MSP（MCU Specific Package，MCU 特定包）初始化和反初始化/重置（主例程和回调）
stm32f1xx_hal_conf_template.h	允许为给定应用程序自定义驱动程序的模板文件
stm32f1xx_hal_def.h	公用 HAL 资源，如公用定义语句、枚举、结构和宏

HAL 用户程序如表 2-3 所示。

表 2-3 HAL 用户程序

文件	描述
system_stm32f1xx.c	此文件包含 SystemInit 函数，它在复位后、启动时和跳转到主程序之前被调用。它不会在启动时配置系统时钟（与标准库相反），而是由用户在文件中调用 HAL API 来完成。 它允许在内部 SRAM 中重新定位向量表
startup_stm32f1xx.s	这是包含复位处理程序和异常向量的工具链的启动文件。 对于某些工具链，它允许调整栈/堆的大小以满足应用程序的需求
stm32f1xx_flash.icf (optional)	这是 EWARM 工具链的链接器文件，它允许调整栈/堆的大小以满足应用程序的需求
stm32f1xx_hal_msp.c	此文件包含用户应用程序中使用的外设的 MSP 初始化和反初始化（主例程和回调）
stm32f1xx_hal_conf.h	此文件允许用户自定义特定应用程序的 HAL 驱动程序。 修改此配置不是必需的，应用程序可以使用默认配置而不进行任何修改
stm32f1xx_it.c/.h	此文件包含异常处理程序和外设中断服务例程，并定期调用 Hal_IncTick 函数以增加用作 HAL 时基的本地变量（在 stm32f1xx_hal.c 中声明）。默认情况下，此函数在 SysTick ISR 中每毫秒调用一次。 若应用程序中使用了基于中断的进程 PPP_IRQHandler，则必须调用 HAL_PPP_IRQHandler
main.c/.h	此文件是主程序文件，主要包含以下程序：调用 HAL_Init、assert_failed 实现、系统时钟配置、外围设备 HAL 初始化和用户应用程序代码

2.4 思考与练习

（1）下载并安装 MDK 5.36。

（2）下载并安装 STM32CubeMX 6.5.0 或更高版本。

（3）下载并安装 Proteus 8.13 或更高版本。

（4）使用电子电路设计软件（如 Protel 99SE、Altium Designer 或嘉立创 EDA）画出 STM32F103C8T6 最小系统板的原理图和 PCB 图。这些图可以在电子竞赛、课程项目或毕业设计中使用。

（5）在网上搜索一款 STM32F103 开发/实验板及仿真器，了解 STM32 的硬件设计。

第 3 章　STM32 基础入门

在学习嵌入式系统设计时，建议集中精力重点学习一种 Cortex-M 微控制器和一种 Cortex-A 微处理器的硬件结构、编程应用，以及嵌入式操作系统的使用。从本章开始，将学习以 STM32F103VE 为例的基于 Cortex-M3 的 STM32 微控制器，本章是 STM32 的入门篇。

首先，学习 STM32 的 GPIO 的内部结构和编程应用，并通过实验来深入理解，这也是本章的重点内容。然后，学习 STM32 的复位和时钟、中断和事件、串口通信等，以完成入门学习。

通过本章的学习，可以掌握 MDK 和 STM32CubeMX 软件环境、嵌入式 C 语言、STM32 的标准库和 HAL 库，以及 STM32 硬件实验板的使用。

此外，也可以选择使用 Proteus 软件来仿真 STM32 实验。完成硬件开发/实验板的电路设计及制作成电路板后，用户使用时就不能改变实验电路了。使用 Proteus 软件进行仿真时，可以随时修改电路，这样，实验的电路设计灵活可变，但是要注意软件仿真有时不一定与实际硬件相符。因此，最好将硬件实验和软件仿真实验相结合，以实现优势互补，提高实验效果。

3.1　STM32 的 GPIO

GPIO 端口的每个位都可以由软件配置成输入（可选择是否带有上拉电阻或下拉电阻）、输出（推挽或开漏）或外设复用功能（多数 GPIO 端口的引脚都可复用）。

3.1.1　GPIO 端口

1. 端口

STM32F103VE 共有 5 个 GPIO 端口，分别是 GPIOA、GPIOB、GPIOC、GPIOD、GPIOE。这些端口通常简称为 PA、PB、PC、PD、PE。

> 说明：STM32F103xx 的引脚数量不同，则 GPIO 端口数不同。例如，STM32F103VE 的引脚数量是 100 个，有 5 个 GPIO 端口；而 STM32F103ZE 的引脚数量是 144 个，有 7 个 GPIO 端口，即还有 GPIOF 和 GPIOG 端口。在使用 STM3210E-EVAL 评估板的范例程序时，要特别注意这一点。

2. 端口位

每个 GPIO 端口有 16 个端口位，如 GPIOA 的 16 个端口位简称为 PA0,PA1,PA2,…,PA15。

> 说明：在 STM32F103xx 中，I/O 端口位的英文是 I/O port bit，引脚的英文是 pin。I/O 引脚实际上是 I/O 端口位的外部引脚，是 I/O 端口位的一部分。

3．寄存器

每个 GPIO 端口有 7 个寄存器，分别是两个 32 位的端口配置寄存器（GPIOx_CRL 和 GPIOx_CRH）、两个 32 位的端口数据寄存器（GPIOx_IDR 和 GPIOx_ODR）、一个 32 位的端口位设置/清除寄存器（GPIOx_BSRR）、一个 16 位的端口位清除寄存器（GPIOx_BRR）和一个 32 位的端口配置锁定寄存器（GPIOx_LCKR）。

> **注意**：在上述描述中，x 表示端口编号，对于 STM32F103VE，x 为 A、B、C、D、E 中的一个。

4．输入/输出工作模式

GPIO 端口的每个端口位都可以通过软件分别配置成以下 8 种模式。

（1）浮空输入（Input floating，STM32 标准库中写为 IN_FLOATING）。

（2）上拉输入（Input pull-up，STM32 标准库中写为 IPU）。

（3）下拉输入（Input-pull-down，STM32 标准库中写为 IPD）。

（4）模拟输入（Analog，STM32 标准库中写为 AIN）。

（5）开漏输出（Output open-drain，STM32 标准库中写为 Out_OD）。

（6）推挽（推拉）输出（Output push-pull，STM32 标准库中写为 Out_PP）。

（7）推挽复用输出（Alternate function push-pull，STM32 标准库中写为 AF_PP）。

（8）开漏复用输出（Alternate function open-drain，STM32 标准库中写为 AF_OD）。

> **说明**：在通用 I/O（GPIO）复位期间和刚复位后，复用功能未开启，I/O 端口被配置成浮空输入模式。复位后，JTAG 引脚被置于上拉输入或下拉输入模式。
>
> （1）PA15 复用为 JTDI，置于上拉输入模式。
>
> （2）PA14 复用为 JTCK，置于下拉输入模式。
>
> （3）PA13 复用为 JTMS，置于上拉输入模式。
>
> （4）PB4 复用为 JNTRST，置于上拉输入模式。

5．GPIO 的内部结构与工作原理

I/O 端口位的内部结构框图如图 3-1 所示，由图 3-1 分析 I/O 端口位的工作原理如下。

（1）简单地讲，I/O 端口位的输入是 CPU 读出 I/O 端口位输入数据寄存器（GPIOx_IDR）的数据（后面省略"I/O 端口"）。I/O 端口位的输出是 CPU 直接写入数据到输出数据寄存器（GPIOx_ODR）；也可以是 CPU 通过先写入数据到端口位设置/清除寄存器（GPIOx_BSRR）后，再间接写入数据到输出数据寄存器；还可以是 CPU 通过先写入数据到端口位清除寄存器（GPIOx_BRR，图 3-1 中省略了）后，再间接写入数据到输出数据寄存器。

（2）在 I/O 端口位的浮空输入、上拉输入和下拉输入工作模式时，I/O 端口位输入的高电平或低电平是通过 CPU 读取输入数据寄存器得到的，输入数据寄存器的值为 1 或 0，是经过施密特触发器整形的结果；但是需要注意的是，由于上拉输入和下拉输入的电阻值较大，因此只是内部的弱上拉输入和弱下拉输入，不会影响或改变真正输入电平的高或低，只是起到稳定电平的作用。

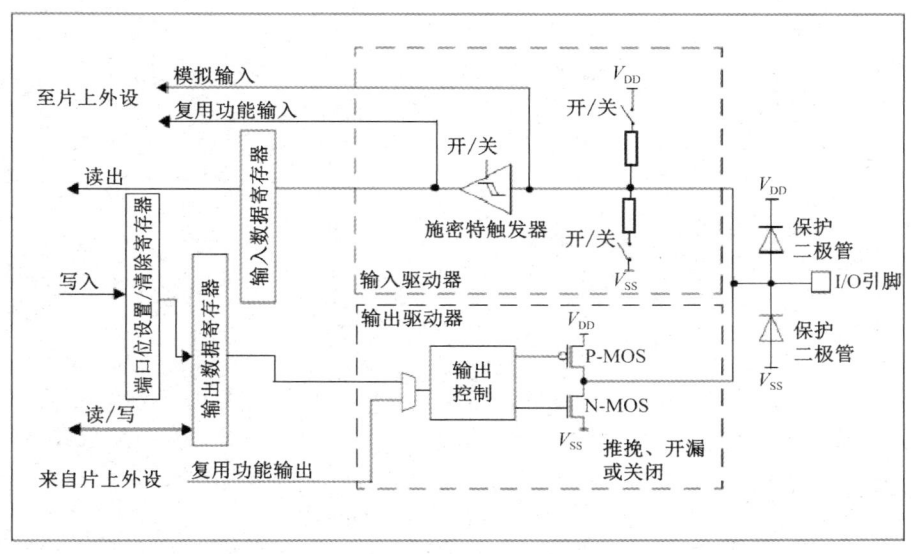

图 3-1　I/O 端口位的内部结构框图

当 I/O 端口位工作于模拟输入模式时，CPU 直接读出从 I/O 引脚输入的模拟信号值，此时输入没有上拉电阻和下拉电阻接入。

当 I/O 端口位工作于输入模式时，施密特触发器被启用，输出驱动器被禁止，相应的 I/O 端口位输出功能被关闭。另外，保护二极管起钳位作用，对输入信号进行限幅。

（3）I/O 端口位的输出模式分为通用输出和复用输出两类，每一类又分为推挽输出和开漏输出两种模式。

当 I/O 端口位工作于推挽输出模式时，CPU 写入输出数据寄存器上的 0 使 N-MOS 场效应管导通，而输出数据寄存器上的 1 将使 P-MOS 场效应管导通，实现推挽输出驱动电路。在这种工作模式下，读取输出数据寄存器会得到最后一次写入的值。

当 I/O 端口位工作于开漏输出模式时，CPU 写入输出数据寄存器上的 0 使 N-MOS 场效应管导通，而输出数据寄存器上的 1 将端口置于高阻状态（P-MOS 场效应管不被激活），形成漏极没有接电阻的开漏电路，这种开漏输出模式在 STM32 的 I2C 总线等工作时是非常需要的。在这种工作模式下，读取输入数据寄存器可得到此刻 I/O 状态。

当 I/O 端口位工作于输出模式时，施密特触发器被允许，而上拉电阻和下拉电阻被禁止。

3.1.2　GPIO 库函数（标准库 V3.5.0）

1. GPIO 寄存器结构体的定义

GPIO 寄存器结构体 GPIO_TypeDef 和 AFIO_TypeDef 在文件"stm32f10x.h"中，其定义如下。

```
/**
  * @brief General Purpose I/O
  */
```

```
typedef struct
{
  __IO uint32_t CRL;
  __IO uint32_t CRH;
  __IO uint32_t IDR;
  __IO uint32_t ODR;
  __IO uint32_t BSRR;
  __IO uint32_t BRR;
  __IO uint32_t LCKR;
} GPIO_TypeDef;

/**
  * @brief Alternate Function I/O
  */
typedef struct
{
  __IO uint32_t EVCR;
  __IO uint32_t MAPR;
  __IO uint32_t EXTICR[4];
  uint32_t RESERVED0;
  __IO uint32_t MAPR2;
} AFIO_TypeDef;
```

> **说明：** __IO 定义在文件 "core_cm3.h" 中，被重定义为 volatile，具体代码如下。
>
> //定义具有读/写权限，指示编译器不要因优化而省略此指令，必须每次都直接读/写其值
>
> #define __IO volatile

GPIO 外设地址定义也在文件 "stm32f10x.h" 中，部分定义如下。

```
/*!< Peripheral base address in the alias region */
#define PERIPH_BASE          ((uint32_t)0x40000000)

/*!< Peripheral memory map */
#define APB2PERIPH_BASE      (PERIPH_BASE + 0x10000)

#define AFIO_BASE            (APB2PERIPH_BASE + 0x0000)
#define EXTI_BASE            (APB2PERIPH_BASE + 0x0400)
#define GPIOA_BASE           (APB2PERIPH_BASE + 0x0800)
#define GPIOB_BASE           (APB2PERIPH_BASE + 0x0C00)
#define GPIOC_BASE           (APB2PERIPH_BASE + 0x1000)
#define GPIOD_BASE           (APB2PERIPH_BASE + 0x1400)
#define GPIOE_BASE           (APB2PERIPH_BASE + 0x1800)

#define AFIO                 ((AFIO_TypeDef *) AFIO_BASE)
#define EXTI                 ((EXTI_TypeDef *) EXTI_BASE)
#define GPIOA                ((GPIO_TypeDef *) GPIOA_BASE)
#define GPIOB                ((GPIO_TypeDef *) GPIOB_BASE)
```

```
#define GPIOC              ((GPIO_TypeDef *) GPIOC_BASE)
#define GPIOD              ((GPIO_TypeDef *) GPIOD_BASE)
#define GPIOE              ((GPIO_TypeDef *) GPIOE_BASE)
```

说明：根据上述定义，GPIOA 的起始地址是 0x4001 0800。

2. GPIO 库函数

GPIO 库函数被定义在"stm32f10x_gpio.c"文件中，GPIO 库函数的名称和描述如表 3-1 所示。

表 3-1　GPIO 库函数的名称和描述

函数名称	描述
GPIO_DeInit	将 GPIOx 外设寄存器重设为默认值，即复位 GPIOx
GPIO_AFIODeInit	将复用功能（重映射、事件控制和 EXTI 设置）重设为默认值，即复位 AFIOx
GPIO_Init	根据 GPIO_InitStruct 中指定的参数初始化外设 GPIOx
GPIO_StructInit	将 GPIO_InitStruct 中的每一个参数按默认值填入
GPIO_ReadInputDataBit	读出指定端口引脚的输入
GPIO_ReadInputData	读出指定 GPIO 端口的输入
GPIO_ReadOutputDataBit	读出指定端口引脚的输出
GPIO_ReadOutputData	读出指定 GPIO 端口的输出
GPIO_SetBits	设置指定的端口位
GPIO_ResetBits	清除指定的端口位
GPIO_WriteBit	设置或清除指定的端口位
GPIO_Write	向指定 GPIO 端口写入数据
GPIO_PinLockConfig	锁定 GPIO 引脚设置
GPIO_EventOutputConfig	选择 GPIO 引脚并将其用作事件输出
GPIO_EventOutputCmd	使能或者失能事件输出
GPIO_PinRemapConfig	改变指定引脚的映射
GPIO_EXTILineConfig	选择 GPIO 引脚并将其用作外部中断线

3. 常用的库函数

这里列举两个常用的 GPIO 库函数。

（1）库函数 GPIO_SetBits 的程序如下。

```
/**
  * @brief  Sets the selected data port bits.
  * @param  GPIOx: where x can be (A..G) to select the GPIO peripheral.
  * @param  GPIO_Pin: specifies the port bits to be written.
  *    This parameter can be any combination of GPIO_Pin_x where x can be (0..15).
  * @retval None
  */
void GPIO_SetBits(GPIO_TypeDef* GPIOx, uint16_t GPIO_Pin)
{
  /* Check the parameters */
```

```
assert_param(IS_GPIO_ALL_PERIPH(GPIOx));
assert_param(IS_GPIO_PIN(GPIO_Pin));

GPIOx->BSRR = GPIO_Pin;              //直接寄存器（GPIOx_BSRR）访问
}
```

库函数 GPIO_SetBits 的描述如表 3-2 所示。

表 3-2　库函数 GPIO_SetBits 的描述

函数名	GPIO_SetBits
函数原型	void GPIO_SetBits(GPIO_TypeDef* GPIOx, uint16_t GPIO_Pin)
功能描述	设置指定的端口位，输出高电平
输入参数 1	GPIOx：指定的 GPIO 端口，参数中的 x 可以是 A～G，取决于所用的 MCU 的引脚数
输入参数 2	GPIO_Pin：指定的端口位，参数可以取 GPIO_Pin_x（x 可以是 0～15）或使用 "|" 运算的组合
输出参数	无
返回值	无
先决条件	无
被调用函数	无

应用举例，PC6 输出高电平，使用库函数 GPIO_SetBits 编程的程序如下。

```
GPIO_SetBits(GPIOC, GPIO_Pin_6);              //PC6 输出高电平
```

（2）库函数 GPIO_ResetBits 的程序如下。

```
/**
  * @brief  Clears the selected data port bits.
  * @param  GPIOx: where x can be (A..G) to select the GPIO peripheral.
  * @param  GPIO_Pin: specifies the port bits to be written.
  *   This parameter can be any combination of GPIO_Pin_x where x can be
  *   (0..15).
  * @retval None
  */
void GPIO_ResetBits(GPIO_TypeDef* GPIOx, uint16_t GPIO_Pin)
{
  /* Check the parameters */
  assert_param(IS_GPIO_ALL_PERIPH(GPIOx));
  assert_param(IS_GPIO_PIN(GPIO_Pin));

  GPIOx->BRR = GPIO_Pin;              //直接寄存器（GPIOx_BRR）访问
}
```

库函数 GPIO_ResetBits 的描述如表 3-3 所示。

表 3-3　库函数 GPIO_ResetBits 的描述

函数名	GPIO_ResetBits
函数原型	void GPIO_ResetBits(GPIO_TypeDef* GPIOx, uint16_t GPIO_Pin)
功能描述	清除指定的端口位，输出低电平

续表

输入参数 1	GPIOx：指定的 GPIO 端口，参数中的 x 可以是 A～G，取决于所用的 MCU 的引脚数
输入参数 2	GPIO_Pin：指定的端口位，参数可以取 GPIO_Pin_x（x 可以是 0～15）或使用"|"运算的组合
输出参数	无
返回值	无
先决条件	无
被调用函数	无

应用举例，PC6 和 PC7 输出低电平，使用库函数 GPIO_ResetBits 编程的程序如下。

```
GPIO_ResetBits(GPIOC,GPIO_Pin_6|GPIO_Pin_7);        //PC6 和 PC7 输出低电平
```

3.1.3　GPIO 库函数（HAL 库 V1.8.5）

GPIO 的 HAL 库函数被定义在"stm32f1xx_hal_gpio.c"文件中，GPIO 的 HAL 库函数的名称和描述如表 3-4 所示。

表 3-4　GPIO 的 HAL 库函数的名称和描述

函数名称	描述
HAL_GPIO_Init	根据 GPIO_InitTypeDef 定义的参数初始化外设 GPIOx
HAL_GPIO_DeInit	复位外设 GPIOx
HAL_GPIO_ReadPin	读出指定端口引脚的输入
HAL_GPIO_WritePin	设置或清除指定的端口位
HAL_GPIO_TogglePin	切换（翻转）指定的 GPIO 引脚的高电平或低电平
HAL_GPIO_LockPin	锁定 GPIO 引脚设置
HAL_GPIO_EXTI_IRQHandler	EXTI 外部中断处理函数
HAL_GPIO_EXTI_Callback	EXTI 外部中断回调函数

这里列举两个常用的 HAL 库函数。

（1）库函数 HAL_GPIO_WritePin 的程序如下。

```
/**
 * @brief  Sets or clears the selected data port bit.
 *
 * @note   This function uses GPIOx_BSRR register to allow atomic read/modify
 *         accesses. In this way, there is no risk of an IRQ occurring between
 *         the read and the modify access.
 *
 * @param  GPIOx: where x can be (A..G depending on device used) to select
 *         the GPIO peripheral.
 * @param  GPIO_Pin: specifies the port bit to be written.
 *         This parameter can be one of GPIO_PIN_x where x can be (0..15).
 * @param  PinState: specifies the value to be written to the selected bit.
 *         This parameter can be one of the GPIO_PinState enum values:
 *           @arg GPIO_PIN_RESET: to clear the port pin.
 *           @arg GPIO_PIN_SET: to set the port pin.
```

```
 * @retval None
 */
void HAL_GPIO_WritePin(GPIO_TypeDef *GPIOx, uint16_t GPIO_Pin, GPIO_PinState
                       PinState)
{
  /* Check the parameters */
  assert_param(IS_GPIO_PIN(GPIO_Pin));
  assert_param(IS_GPIO_PIN_ACTION(PinState));

  if (PinState != GPIO_PIN_RESET)
  {
    GPIOx->BSRR = GPIO_Pin;                      //直接寄存器（GPIOx_BSRR）访问
  }
  else
  {
    GPIOx->BSRR = (uint32_t)GPIO_Pin << 16u;
  }
}
```

库函数 HAL_GPIO_WritePin 的描述如表 3-5 所示。

表 3-5　库函数 HAL_GPIO_WritePin 的描述

函数名	HAL_GPIO_WritePin
函数原型	void HAL_GPIO_WritePin(GPIO_TypeDef *GPIOx, uint16_t GPIO_Pin, GPIO_PinState PinState)
功能描述	设置或清除指定的端口位，输出高电平或低电平
输入参数 1	GPIOx：指定的 GPIO 端口，参数中的 x 可以是 A～G，取决于所用的 MCU 的引脚数
输入参数 2	GPIO_Pin：指定的端口位，参数可以取 GPIO_PIN_x（x 可以是 0～15）或使用"|"运算的组合
输入参数 3	参数 PinState：指定要写入所选位的值。 此参数可以是 GPIO_PinState 枚举值之一。 参数 GPIO_PIN_RESET：清除端口引脚，即输出低电平； 参数 GPIO_PIN_SET：设置端口引脚，即输出高电平
输出参数	无
返回值	无
先决条件	无
被调用函数	无

应用举例，PC6 输出高电平，PC7 输出低电平，使用库函数 HAL_GPIO_WritePin 编程的程序如下。

```
HAL_GPIO_WritePin (GPIOC, GPIO_PIN_6, GPIO_PIN_SET);      //PC6 输出高电平
HAL_GPIO_WritePin (GPIOC, GPIO_PIN_7, GPIO_PIN_RESET);    //PC7 输出低电平
```

（2）库函数 HAL_GPIO_TogglePin 的程序如下。

```
/**
 * @brief  Toggles the specified GPIO pin.
 * @param  GPIOx: where x can be (A..G depending on device used) to select
   the GPIO peripheral.
```

```
 * @param  GPIO_Pin: specifies the pins to be toggled.
 * @retval None
 */
void HAL_GPIO_TogglePin(GPIO_TypeDef *GPIOx, uint16_t GPIO_Pin)
{
  uint32_t odr;

  /* Check the parameters */
  assert_param(IS_GPIO_PIN(GPIO_Pin));

  /* get current Output Data Register value */
  odr = GPIOx->ODR;

  /* Set selected pins that were at low level, and reset ones that were high */
  GPIOx->BSRR = ((odr & GPIO_Pin) << GPIO_NUMBER) | (~odr & GPIO_Pin);
}
```

库函数 HAL_GPIO_TogglePin 的描述如表 3-6 所示。

表 3-6　库函数 HAL_GPIO_TogglePin 的描述

函数名	HAL_GPIO_TogglePin
函数原型	HAL_GPIO_TogglePin(GPIO_TypeDef　*GPIOx, uint16_t GPIO_Pin)
功能描述	切换（翻转）指定的 GPIO 引脚的高电平或低电平
输入参数 1	GPIOx：指定的 GPIO 端口，参数中的 x 可以是 A～G，取决于所用的 MCU 的引脚数
输入参数 2	GPIO_Pin：指定的端口位，参数可以是 GPIO_PIN_x（x 可以是 0～15）或使用"｜"运算的组合
输出参数	无
返回值	无
先决条件	无
被调用函数	无

PC6 输出高电平或低电平状态翻转，使用库函数 HAL_GPIO_TogglePin 的程序如下。

```
HAL_GPIO_TogglePin(GPIOC, GPIO_PIN_6);        //PC6 输出高或低电平状态翻转
```

3.1.4　AFIO 和调试配置

AFIO 就是将原 GPIO 复用为其他功能。例如，STM32F103VE 的 LQFP100 封装的 68 引脚复位后是通用 I/O 功能，引脚名称是 PA9；该引脚也可作为通用同步/异步收发器 USART1 的数据发送功能而非通用 I/O 功能使用，此时该引脚的名称是 USART1_TX。这就是复用功能的意思，引脚复用是为了减少引脚的数量，类似于不同的班级分时段使用同一教室上课。

为了优化 64 引脚、100 引脚或 144 引脚封装的可用外设数量，还可以把一些复用功能重新映射到其他引脚上，而非原分配引脚。例如，STM32F103VE 的 LQFP100 封装的 66 引脚复位后是 GPIO，引脚名称是 PC9，对应默认的复用功能是 TIM8_CH4，表示该引脚可复用为高级定时器 TIM8 的 4 通道 CH4；此外，PC9 还可重映射为 TIM3_CH4，这是通过软件配置（使用 GPIO_PinRemapConfig 函数）实现的。

STM32F103VE 可以将外接时钟功能部分的引脚复用为 GPIO 使用；CAN1、CAN2、

JTAG/SWD、ADC、定时器、USART、I2C1、SPI1、SPI3 等的复用功能均可重映射。

1. 将 OSC32_IN/OSC32_OUT 引脚作为 GPIO 端口 PC14/PC15

当 LSE 振荡器关闭时，LSE 的振荡器引脚 OSC32_IN 和 OSC32_OUT 可以分别用作 GPIO 端口的 PC14 和 PC15，LSE 功能始终优先于通用 I/O 的功能。

2. 将 OSC_IN/OSC_OUT 引脚作为 GPIO 端口 PD0/PD1

36、48 和 64 个引脚封装的外部振荡器引脚 OSC_IN 和 OSC_OUT 可以用作 GPIO 端口的 PD0 和 PD1，这是通过设置复用重映射和调试 I/O 配置寄存器来实现的。

但对于 100 和 144 个引脚封装，由于 PD0 和 PD1 为固有的功能引脚，因此没有必要再由软件进行重映射设置。

3. JTAG/SWD 复用功能重映射

调试接口信号是复用在 GPIO 端口上的，如 JTDI 复用在 PA15 上，或者说 PA15 复用为 JTDI，如表 3-7 所示。

表 3-7　调试接口信号

复用功能	GPIO 端口
JTMS/SWDIO	PA13
JTCK/SWCLK	PA14
JTDI	PA15
JTDO	PB3
NJTRST	PB4

这 5 个引脚比较特殊，复位后就是 JTAG/SWD 调试接口信号复用功能，可以重映射为 GPIO 端口功能或其他功能。

若要将 PB4 作为 GPIO，则需要配置重映射来禁用 JTAG，使用 SWD，程序如下。

```
RCC_APB2PeriphClockCmd(RCC_APB2Periph_GPIOB|RCC_APB2Periph_AFIO, ENABLE);
GPIO_PinRemapConfig(GPIO_Remap_SWJ_JTAGDisable, ENABLE);//禁用 JTAG，使用 SWD
```

GPIO_PinRemapConfig 函数的参数 1 是 GPIO_Remap，可选参数如下。

GPIO_Remap_SWJ_NoJTRST（使用 JTAG 和 SWD，禁用 JTRST）。

GPIO_Remap_SWJ_JTAGDisable（禁用 JTAG，使用 SWD）。

GPIO_Remap_SWJ_Disable（禁用 JTAG 和 SWD）。

3.1.5　GPIO 编程应用

在 STM32 的 GPIO 编程应用中，有两种主要的编程方法：直接寄存器访问和使用库函数。

使用直接寄存器访问的编程方法时，要求开发者掌握要使用的寄存器的功能及应用，即要求掌握硬件底层的细节。

使用库函数的编程方法时，只需要知道相应的库函数如何使用就可以。库函数的使用可以通过查阅相应库函数的源码，或者查阅 STM32 的库函数手册来了解。

实际上，库函数也是通过直接访问相关的寄存器来实现功能的，只是表面上进行了"屏蔽"。这可以通过前面举例的 GPIO_SetBits 函数、GPIO_ResetBits 函数、HAL_GPIO_WritePin 函数和 HAL_GPIO_TogglePin 函数，以及后面的程序分析来逐步了解。

使用 STM32 的库函数的编程方法，可以将主要精力集中在实现程序的功能上，而不需要掌握 STM32 的底层硬件细节。由于只需要了解硬件大概的内部结构和工作原理就可以进行编程应用，因此 STM32 微控制器比 MCS-51 单片机更易于编程应用，所以要重点掌握使用库函数的编程方法。

通常，GPIO 的软件编程分为以下 3 个步骤（或部分）。

（1）使能（开启）外设 GPIO 端口的时钟。

（2）设置 GPIO 端口位的工作模式。

（3）GPIO 端口位输出或者输入。

实验 3-1　点亮或熄灭 LED（标准库）

这里使用的是 STM32 的 V3.5.0 标准外设库的范例程序 GPIO_IOToggle，将其修改后实现点亮或者熄灭 LED。

1．硬件设计

STM32F103VE 驱动 LED 电路的局部原理图如图 3-2 所示，完整原理图参见 2.2.4 节的图 2-26～图 2-28，STM32 的 GPIO 的 I/O 特性参见 1.3.4 节的内容。当 V_{DD}=3.3V 且 8 个引脚同时输出或输入 8mA 电流时，TTL 端口和 CMOS 端口输出高电平的最低电压分别是 2.9V 和 2.4V；LED 的正向电压为 2.2V，驱动电流为 10mA；计算出 LED 限流、降压电阻的最小值为 100Ω，一般取值为 330Ω。在 AS-07 实验板上，这个取值为 1kΩ，这样可以使得电流更小，从而更省电和更安全。

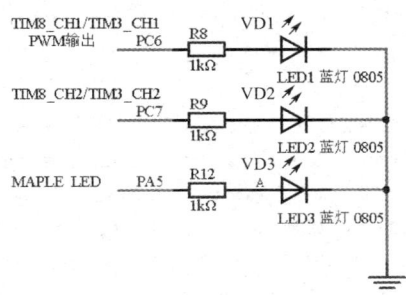

图 3-2　STM32F103VE 驱动 LED 电路的局部原理图

2．软件设计（编程）

（1）设计分析。

PC6 输出高电平时点亮 LED1，输出低电平时熄灭 LED1。

使用库函数进行 GPIO 编程通常涉及 3 个步骤，分别是：使能端口 GPIOC 的时钟；设置端口位 PC6 的工作模式为 50MHz 的推挽输出；PC6 输出高电平或输出低电平。

（2）程序源码。

请注意，在工程中需要添加库函数。程序中的库函数以加粗形式来标识。

使用 STM32 的库函数编程方法时，完整源程序如下。

```
#include "stm32f10x.h"                          //包含头文件
                                                //定义 GPIO_InitStructure 结构体
GPIO_InitTypeDef GPIO_InitStructure;
int main(void)                                  //主函数
{
RCC_APB2PeriphClockCmd(RCC_APB2Periph_GPIOC, ENABLE);   //使能 GPIOC 的时钟

GPIO_InitStructure.GPIO_Pin = GPIO_Pin_6;       //赋值 GPIO_Pin_6
GPIO_InitStructure.GPIO_Speed = GPIO_Speed_50MHz;   //赋值 GPIO_Speed_50MHz
GPIO_InitStructure.GPIO_Mode = GPIO_Mode_Out_PP;    //赋值 GPIO_Mode_Out_PP
GPIO_Init(GPIOC, &GPIO_InitStructure);          //按照上面赋值的结构体
                                                //初始化 GPIOC 端口
                                                //配置 PC6 为 50MHz 的推挽输出

while (1)                                        //无限循环
  {
  GPIO_SetBits(GPIOC, GPIO_Pin_6);              //PC6 输出高电平，点亮 LED1
  GPIO_ResetBits(GPIOC, GPIO_Pin_6);            //PC6 输出低电平，熄灭 LED1
  }
}
```

3. 程序分析

实验程序分为 3 个部分。

（1）RCC_APB2PeriphClockCmd 库函数用于使能挂在高速外设 APB2 的片内外设的时钟，源程序如下。

```
/**
 * @brief  Enables or disables the High Speed APB (APB2) peripheral clock.
 * @param  RCC_APB2Periph: specifies the APB2 peripheral to gates its clock.
 *    This parameter can be any combination of the following values:
 *      @arg RCC_APB2Periph_AFIO, RCC_APB2Periph_GPIOA, RCC_APB2Periph_GPIOB,
 *           RCC_APB2Periph_GPIOC, RCC_APB2Periph_GPIOD, RCC_APB2Periph_GPIOE,
 *           RCC_APB2Periph_GPIOF, RCC_APB2Periph_GPIOG, RCC_APB2Periph_ADC1,
 *           RCC_APB2Periph_ADC2, RCC_APB2Periph_TIM1, RCC_APB2Periph_SPI1,
 *           RCC_APB2Periph_TIM8, RCC_APB2Periph_USART1, RCC_APB2Periph_ADC3,
 *           RCC_APB2Periph_TIM15, RCC_APB2Periph_TIM16, RCC_APB2Periph_TIM17,
 *           RCC_APB2Periph_TIM9, RCC_APB2Periph_TIM10, RCC_APB2Periph_TIM11
 *
 * @param  NewState: new state of the specified peripheral clock.
 *    This parameter can be: ENABLE or DISABLE.
 * @retval None
 */
```

```
void RCC_APB2PeriphClockCmd(uint32_t RCC_APB2Periph, FunctionalState
                            NewState)
{
  /* Check the parameters */
  assert_param(IS_RCC_APB2_PERIPH(RCC_APB2Periph));//断言函数, 检查输入参数
  assert_param(IS_FUNCTIONAL_STATE(NewState));
  if (NewState != DISABLE)
  {
    RCC->APB2ENR |= RCC_APB2Periph;    //本实验中 APB2ENR 寄存器赋值为 0x00000010
  }
  else
  {
    RCC->APB2ENR &= ~RCC_APB2Periph;
  }
}
```

此库函数的说明如下。

STM32 标准库函数采用 Doxygen 注释规范格式书写。

① @brief: 一行简洁的函数功能描述。

② @param: 函数的参数详解, 其中包含具体的参数取值 (在@arg 中列出)。

③ @retval: 函数返回值的详细信息。

使用库函数时, 需要仔细阅读库函数的注释, 详细信息如下。

函数 RCC_APB2PeriphClockCmd 的功能是使能或者失能 APB2 外设的时钟, 这个函数有两个输入参数: RCC_APB2Periph 和 NewState。RCC_APB2Periph 参数用于指定想要使用的 APB2 外设, 取值范围在@arg 中列出, 如 RCC_APB2Periph_GPIOC (表示使用的是 GPIOC 端口)。而 NewState 参数则用于指定想要设置的新状态, 它可以是 ENABLE (使能), 也可以是 DISABLE (失能)。

从函数的关键语句 RCC→APB2ENR |= RCC_APB2Periph 可以看出, 实际上是直接访问 RCC_APB2ENR 寄存器。而参数 RCC_APB2Periph_GPIOC 在 stm32f10x_rcc.h 头文件中的定义如下。

```
#define RCC_APB2Periph_GPIOC            ((uint32_t)0x00000010)
```

因此, 当执行 RCC_APB2PeriphClockCmd(RCC_APB2Periph_GPIOC, ENABLE)时, 实际上是在执行 RCC->APB2ENR |= 0x00000010, 即配置寄存器 RCC_APB2ENR 为…0001 0000B, 这意味着配置位 4 (IOPC EN) 为 1, 从而使能 GPIOC 的时钟。

由于使用了库函数, 开发者不需要了解硬件底层寄存器的功能和配置细节, 因此极大地简化了程序的编写, 使得开发者可以将精力集中在实现程序功能上。

(2) GPIO_Init 库函数用于初始化 GPIO。

GPIO_InitTypeDef 的结构体定义如下。

```
/**
  * @brief  GPIO Init structure definition
  */
typedef struct
```

```
{
  uint16_t GPIO_Pin;                    /*!< Specifies the GPIO pins to be configured.

                                        This parameter can be any value of @ref
                                         GPIO_pins_define */
  GPIOSpeed_TypeDef GPIO_Speed;         /*!< Specifies the speed for the selected
                                        pins.
                                        This parameter can be a value of @ref
                                        GPIOSpeed_TypeDef */
  GPIOMode_TypeDef GPIO_Mode;

                                        /*!< Specifies the operating mode for the
                                        selected pins.
                                        This parameter can be a value of @ref
                                        GPIOMode_TypeDef */
}GPIO_InitTypeDef;
```

结构体定义说明：GPIO 结构体定义了 3 个成员，即端口位的引脚 GPIO_Pin、输出速率 GPIO_Speed、输入/输出工作模式 GPIO_Mode；并分别给出了注释，根据这些注释，可在 stm32f10x_gpio.h 头文件中查阅到可选的参数值。

程序中使用 GPIO_InitTypeDef 定义了结构体 GPIO_InitStructure，并分别为其 3 个成员赋值。

```
GPIO_InitTypeDef GPIO_InitStructure;
GPIO_InitStructure.GPIO_Pin = GPIO_Pin_6;
GPIO_InitStructure.GPIO_Speed = GPIO_Speed_50MHz;
GPIO_InitStructure.GPIO_Mode = GPIO_Mode_Out_PP;
```

根据 stm32f10x_gpio.h 头文件的定义，结构体成员 GPIO_Pin 被赋值为 0x0040，GPIO_Speed 被赋值为 3，GPIO_Mode 被赋值为 0x10。按照这些赋值配置结构体后，初始化 GPIOC 端口，最终配置 PC6 为 50MHz 的推挽输出。

（3）GPIO_SetBits 库函数的功能是设置指定的端口位，输出高电平；GPIO_ResetBits 库函数的功能是清除指定的端口位，输出低电平。在实验 3-1 中，GPIO_SetBits 库函数将 PC6"设置"为高电平，从而点亮与 PC6 连接的 LED1。相反，GPIO_ResetBits 库函数将 PC6"清除"为低电平，从而熄灭与 PC6 连接的 LED1。关于这两个库函数的功能和使用，可参阅 3.1.2 节的内容。

4. 实验过程与现象

详细内容请参见后续的 3.2.1～3.2.5 节。

实验 3-2　点亮或熄灭 LED（HAL 库）

STM32CubeMX 是 ST 公司主推的一款图形化工具软件，旨在简化 STM32 微控制器和微处理器的开发和编程过程。尽管如此，对于初学者来说，不建议直接从 STM32CubeMX 入手，因为它屏蔽了很多具体的基础知识。

通常情况下，使用 STM32CubeMX 创建 MDK 工程后，开发者会在 MDK 环境中进行后续开发。

1．硬件设计

硬件设计与实验 3-1 的相同。

2．软件设计（编程）

PC6 输出高电平时点亮 LED1，输出低电平时熄灭 LED1。

（1）设计分析。

使用 STM32CubeMX 配置 STM32F103VET6 的相应初始化 C 代码并建立 MDK 工程。在生成的 MDK 工程中，main.c 文件已经包含初始化函数 HAL_Init、系统时钟配置函数 SystemClock_Config 和 GPIO 端口初始化函数 MX_GPIO_Init，用户只需要增加设置或清除指定的端口位函数 HAL_GPIO_WritePin，就可以使 PC6 输出高电平或低电平，从而点亮或熄灭 LED1。

（2）程序源码。

使用 STM32CubeMX 和 HAL 库函数的程序如下。

```
#include "main.h"
#include "stm32f1xx_hal.h"
void SystemClock_Config(void);
static void MX_GPIO_Init(void);

int main(void)
{
  HAL_Init();                    //复位所有外设、初始化 Flash 接口和 Systick
  SystemClock_Config();          //配置系统时钟
  MX_GPIO_Init();                //初始化 GPIO
  while (1)
  {
    /* USER CODE BEGIN 3 （用户程序代码开始 3）*/
    HAL_GPIO_WritePin (GPIOC, GPIO_PIN_6, GPIO_PIN_SET);    //PC6 输出高电平
    HAL_GPIO_WritePin (GPIOC, GPIO_PIN_6, GPIO_PIN_RESET);  //PC6 输出低电平
  }
    /* USER CODE END 3   （用户程序代码结束 3）*/
}
```

注意：要在/* USER CODE BEGIN 3 */与/ USER CODE END 3 */之间添加用户代码，不要在其他位置添加，否则再次生成 STM32CubeMX 工程时用户代码将会被删除。

（3）程序分析。

① 首先执行的是 HAL 库的 STM32 启动文件"startup_stm32f103xe.s"，对栈和堆的大小进行定义，并在 Flash 代码区的起始处进行装入中断向量表等 MCU 的初始化操作，然后跳转到 C 库的__main，最后进入 main 函数。

② 进入 main 函数后，执行 HAL_Init 函数，复位所有外设，初始化 Flash 接口和 Systick。

③ 调用 SystemClock_Config 函数，配置系统时钟。具体参见后续 RCC 时钟部分的内容。

④ 执行初始化外设函数。

本例程仅初始化 GPIO，调用的函数是 MX_GPIO_Init，函数功能与标准库类似，具体程

序如下。

```
static void MX_GPIO_Init(void)
{
 GPIO_InitTypeDef GPIO_InitStruct;
 /* GPIO Ports Clock Enable */
 __HAL_RCC_GPIOC_CLK_ENABLE();                          //使能 GPIOC 的时钟
 /*Configure GPIO pin Output Level */
 HAL_GPIO_WritePin(GPIOC, GPIO_PIN_6, GPIO_PIN_RESET);  //PC6 输出低电平
 /*Configure GPIO pin : PC6 */
 GPIO_InitStruct.Pin = GPIO_PIN_6;
 GPIO_InitStruct.Mode = GPIO_MODE_OUTPUT_PP;
 GPIO_InitStruct.Pull = GPIO_NOPULL;
 GPIO_InitStruct.Speed = GPIO_SPEED_FREQ_LOW;
 HAL_GPIO_Init(GPIOC, &GPIO_InitStruct);                //初始化 GPIOC
}
```

⑤ 执行添加的用户程序。

上面的程序是 STM32CubeMX 自动生成的，接下来是用户根据 HAL 库文档或者参考 stm32f1xx_hal_gpio.c 文件中的 HAL_GPIO_WritePin 函数编写的用户程序。

```
HAL_GPIO_WritePin(GPIOC,GPIO_PIN_6,GPIO_PIN_SET);//PC6 输出高电平，驱动 LED1 发光
HAL_GPIO_WritePin(GPIOC,GPIO_PIN_6,GPIO_PIN_RESET);//PC6 输出低电平，驱动 LED1
```
熄灭

HAL_GPIO_WritePin 库函数的具体功能和使用可参阅 3.1.3 节的内容。

3．实验过程与现象

详细内容请参见后续的 3.2.6 节。

3.2 STM32 的实验过程与现象

本节将继续 3.1.5 节关于 GPIO 编程应用的实验内容，详细介绍实验 3-1 和实验 3-2 的实验过程与现象。

STM32 的开发或实验过程分为硬件设计和软件设计两大部分。这里假设已经在电子电路设计软件中完成了硬件设计的部分，接下来将重点介绍在集成开发环境软件 MDK 和图形化开发工具 STM32CubeMX 中进行的软件设计过程。完成软件设计后，将程序下载到实验/开发板上，运行并观察实验现象。如有需要，还可以在这个阶段对程序进行调试。

在使用 MDK 集成开发环境自建 MDK 工程进行 STM32 实验时，过程大致分为以下 4个步骤。

（1）关闭原工程，新建工程并选择相应的 MCU。

（2）编写源程序，并将其添加到新建的工程中。

（3）编译、链接、调试源程序。

（4）仿真、调试程序，下载程序并运行，验证程序功能。

推荐使用 STM32 标准库 V3.5.0 和 HAL 库 STM32Cube_FW_F1_V1.8.5 的工程模板，这样可以避免重新自建工程。此外，还可以使用 STM32CubeMX 工具来创建和初始化工程。

3.2.1　STM32 标准库 V3.5.0 的工程模板

建议在 D 盘创建一个名为"STM32"的文件夹，并在该文件夹下创建两个子文件夹："software"（用于存放工具软件）和"reference"（用于存放资料）。这两个子文件夹分别用于存放 MDK 安装软件、stsw-stm32054.zip（这是 V3.5.0 的标准库函数压缩包文件）文件和数据手册等。

扫码看视频

解压"stsw-stm32054.zip"文件到"D:\STM32"文件夹下，如图 3-3 所示，其中"Libraries"文件夹中包含库函数的源码，"Utilities"（公用）文件夹中包含 ST 官方评估板的配置和应用文件，"Project"文件夹中包含范例程序源码和工程模板。

ZYX8-Program (D:) > STM32 > STM32F10x_StdPeriph_Lib_V3.5.0			
名称	修改日期	类型	大小
_htmresc	2023/6/4 12:50	文件夹	
Libraries	2023/6/4 12:50	文件夹	
Project	2023/6/4 12:50	文件夹	
Utilities	2023/6/4 12:50	文件夹	
Release_Notes.html	2011/4/7 10:37	Microsoft Edge Dev HTML Document	111 KB
stm32f10x_stdperiph_lib_um.chm	2011/4/7 10:44	编译的 HTML 帮助文件	19,189 KB

图 3-3　STM32 标准库 V3.5.0 的库函数文件

1. 打开 STM3210E-EVAL 的 MDK 工程模板

在 MDK 中使用一个工程（project）来保存、记录、管理用户在软件开发过程中所使用和生成的各种文件，以及保存用户的开发环境配置参数和设置情况等。

> 说明：MDK3.x 版本的工程文件的扩展名是 uv2，MDK4.x 版本的工程文件的扩展名是 uvproj，MDK5.x 版本的工程文件的扩展名是 uvprojx。
> 完整的实验过程可以通过手机扫码观看演示视频教程。

双击"STM32F10x_StdPeriph_Lib_V3.5.0\Project\STM32F10x_StdPeriph_Template\MDK-ARM"文件夹中的工程文件"Project.uvproj"，打开工程模板，在下拉选项中选择"STM3210E-EVAL"评估板，如图 3-4 所示。本书使用的 AS-07 实验板是参考 STM3210E-EVAL 评估板设计的，因此可以利用该评估板的工程模板。

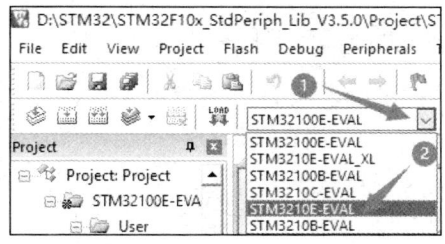

图 3-4　选择"STM3210E-EVAL"评估板

2．配置 STM3210E-EVAL 的 MDK 工程模板

单击"Configure target options"（配置目标选项）快捷图标，根据实际使用的硬件实验板进行如下配置。

（1）选择 MCU。单击"Device"（器件）选项卡，选择 AS-07 实验板采用的 STM32F103VE。

（2）配置输出选项。单击"Output"（输出）选项卡，选择生成 HEX（十六进制）执行文件的选项。

（3）设置选用仿真器。单击"Debug"（调试）选项卡，以使用 ST-LINK 硬件仿真器为例，先在下拉选项中选择"ST-Link Debugger"选项，如图 3-5 所示，再单击"Settings"（设置）按钮，在弹出的仿真器调试配置对话框中选择"JTAG"或"SW"接口。

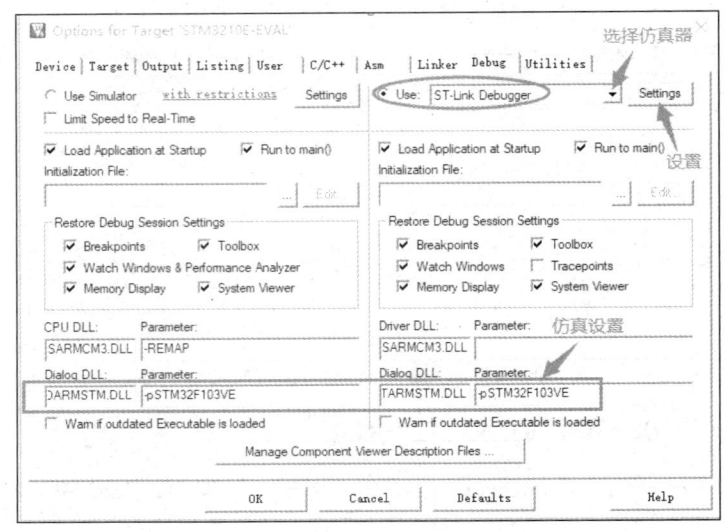

图 3-5　选择"ST-Link Debugge"选项

（4）配置仿真目标 MCU。单击"Utilities"选项卡，需要再次选择仿真器为"ST-Link Debugger"，单击"Settings"按钮，弹出如图 3-6 所示的仿真器的"Flash Download"对话框。在这个对话框中，已经添加了目标机为 512KB Flash ROM 的 STM32F10x MCU，接下来的程序下载过程包括擦除、编程和校验。注意，如果勾选了"Reset and Run"（复位和运行）复选框，那么在程序下载完成后，实验板将自动复位并运行程序，否则就需要手动按实验板上的硬件复位键来启动程序。

配置完成后单击"确定"按钮退出。

3．编译 STM3210E-EVAL 的 MDK 工程模板

单击"Build"（编译）快捷图标，完成 C 文件的编译、S 文件的汇编，生成目标 O 文件并链接，也会分配实际的物理地址。在编译过程中，输出信息窗口会显示生成了"STM3210E-EVAL.axf"文件并创建了 hex 文件，如图 3-7 所示。如果编译过程中没有出现错误和警告，那么以后这个工程模板就可以使用了。

> **说明：** 仿真器下载使用 axf 文件；若通过串口在系统编程中下载，则使用 hex 文件。

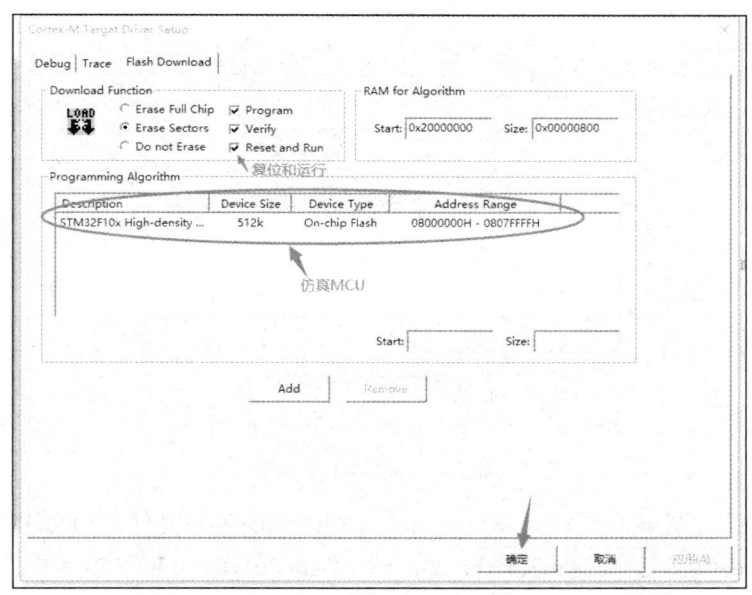

图 3-6　"Flash Download"对话框

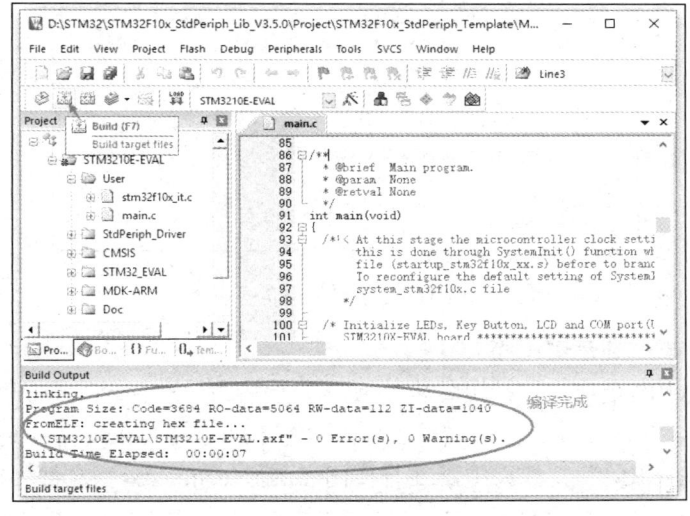

图 3-7　编译"STM3210E-EVAL"工程模板

3.2.2　使用 STM32 标准库 V3.5.0 的工程模板

扫码看视频

使用工程模板是进行 STM32 实验的一种简便方式。使用 STM32 标准库 V3.5.0 的工程模板完成实验 3-1 的步骤如下。

（1）复制范例程序。

找到"Project\STM32F10x_StdPeriph_Examples\GPIO"文件夹中的"IOToggle"文件夹，如图 3-8 所示；将该文件夹复制到"Project"文件夹中并将其重命名为"3-1 IOToggle"，如图 3-9 所示。

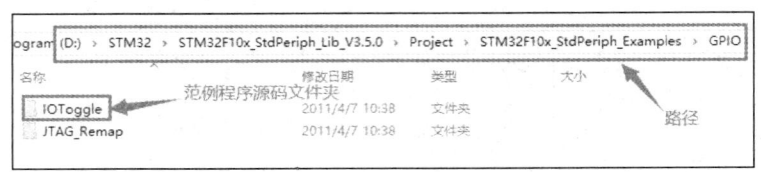

图 3-8　IOToggle 范例程序的源码文件夹

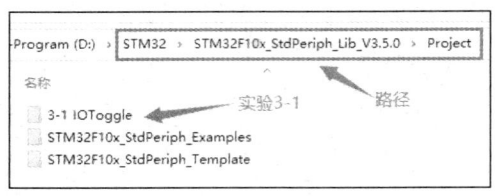

图 3-9　实验 3-1 文件夹

　　范例程序源码文件共有 5 个，并且还有一个该范例的说明文件，如图 3-10 所示。其中，"main.c"是主函数文件，"stm32f10x_it.c"和"stm32f10x_it.h"是中断处理程序文件，"system_stm32f10x.c"是系统设置函数文件（主要用于设置时钟），"stm32f10x_conf.h"是工程配置头文件，默认为设置了所有的外设。

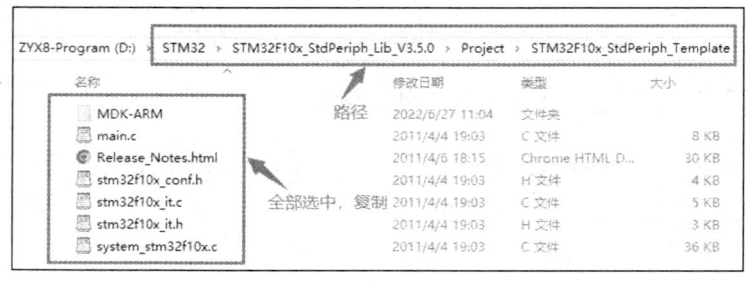

图 3-10　IOToggle 范例程序的源码文件

（2）复制工程模板到范例程序。

　　选中工程模板中的全部文件，如图 3-11 所示，然后将这些文件复制到"3-1 IOToggle"文件夹中，特别注意，要跳过 5 个同名文件。另外，将"3-1 IOToggle"文件夹中的"readme.txt"文件复制到"MDK-ARM"文件夹中，并替换同名的"readme.txt"文件。

图 3-11　选中工程模板文件后复制

（3）打开 MDK 工程。

　　找到"3-1 IOToggle"文件夹中的"MDK-ARM"文件夹，双击打开 MDK 工程文件

"Project.uvproj"。

（4）修改 main 函数并编译。

首先编译一次，确保没有错误和警告，再按照 3.1.5 节的实验 3-1 的程序代码进行修改，再次进行编译，如图 3-12 所示。

（5）准备硬件实验板。

将实验板通过 ST-LINK/V2 硬件仿真器连接到计算机的 USB A 接口，如图 3-13 所示。

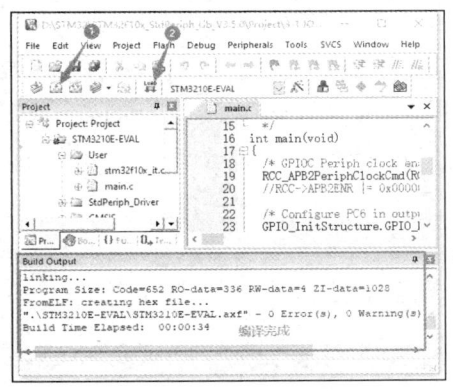

图 3-12　编译和下载

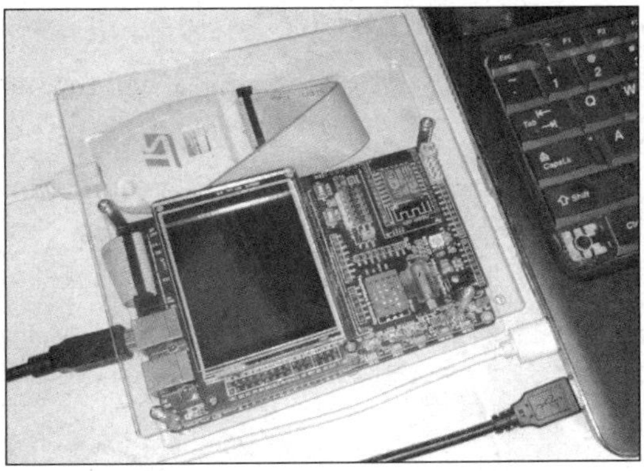

图 3-13　连接实验板

（6）下载运行验证程序。

单击图 3-12 中的 "LOAD"（下载）快捷图标，使用 ST-LINK 仿真器将编译默认生成的 "STM3210E-EVAL.axf" 文件下载到实验板 MCU 的 Flash ROM 中。程序运行后，可以观察到 LED1 点亮，如图 3-14 所示。

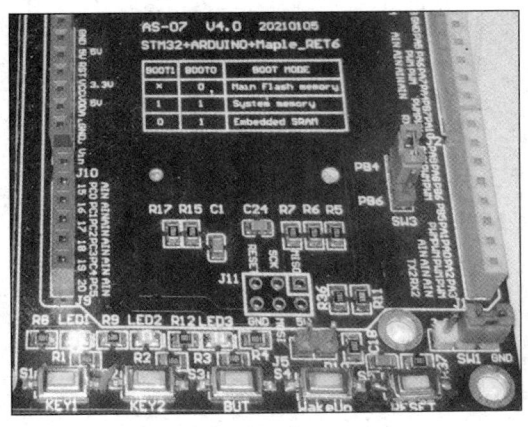

图 3-14　观察到 LED1 点亮

注意：在 while(1) 循环中可以分别运行两行程序（注释掉其中一行后重新编译），这样可以更清楚地观察到 LED1 的点亮和熄灭。如果同时运行这两行程序，那么 LED1 将快速交替点亮和熄灭，从而导致其亮度低于持续点亮时的亮度。

以上实验过程可通过扫描本节二维码，在手机上观看视频教程演示。

扫码看视频

3.2.3 MDK 仿真调试程序

为了达到设计目标，可能需要多次修改程序，并重复"编译、链接、仿真调试源程序"。

为了深刻理解程序并观察每一条程序语句的执行，也需要单步运行仿真程序。

1. 软件仿真调试源程序

（1）以实验 3-1 为例，单击"Configure target options"快捷图标，在弹出的对话框中选择"Debug"选项卡，然后依次进行以下操作：①设置使用 MDK 软件仿真；②从 main 函数开始运行程序；③设置 Dialog DLL（Dynamic Link Library，动态链接库）；④单击"OK"按钮，如图 3-15 所示。

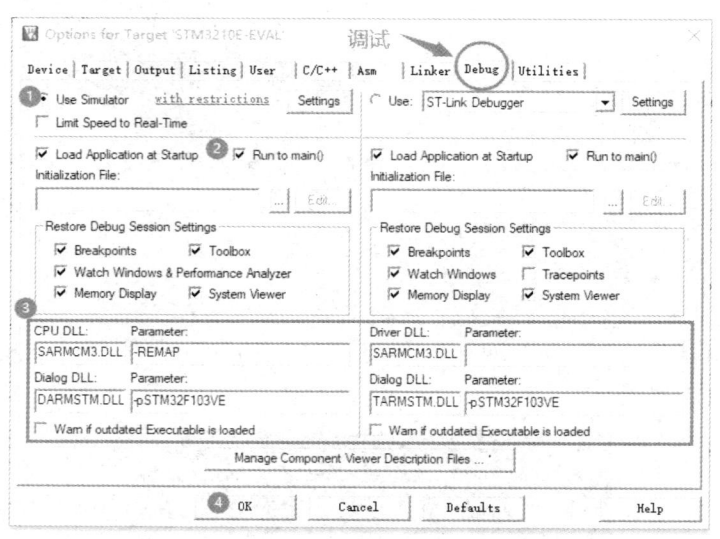

图 3-15　设置使用 MDK 软件仿真

（2）单击"Start/stop Debug Session"（开始/结束调试）快捷图标，开始使用 MDK 软件仿真调试。

软件仿真的后续步骤可通过扫描本节的二维码，在手机上观看视频教程演示。

最后单击"Start/stop Debug Session"快捷图标，结束软件仿真调试。

2. 硬件仿真调试源程序

将实验板通过硬件仿真器连接到计算机的 USB 接口。

以使用 ST-LINK 硬件仿真器为例，按照图 3-5 进行配置。

单击"Start/stop Debug Session"快捷图标，开始使用硬件仿真调试，后续的操作和结果与前述的软件仿真调试大致相同，只是外设窗口中的"Pins"选项卡不再显示。

同步观察实验板，PC6 输出高电平时，LED1 点亮；PC6 输出低电平时，LED1 熄灭。

再次单击"Start/stop Debug Session"快捷图标，结束硬件仿真调试。

需要注意的是，在硬件仿真开始前，已经将程序下载到了实验板上。因此，在实验板上按下复位键后，程序应该可以正常运行。

说明：以上实验过程可通过扫描本节的二维码，在手机上观看视频教程演示。

3.2.4　使用串口 ISP 和 IAP 下载程序

扫码看视频

如果没有硬件仿真器，那么可以使用串口 ISP 下载程序。

如果使用硬件仿真器通过 JTAG 连接和下载程序失败，那么可以使用 SW 连接和下载程序。如果还是失败，那么需要使用串口 ISP 来擦除 Flash 存储器，以便重新使用硬件仿真器。

1．ISP 下载程序

STM32 芯片内置了 BootLoader 程序，可以通过 USART1 串口下载 hex 格式的执行文件到片内的 Flash 存储器中，从而实现 ISP 功能。

在进行 ISP 下载程序前，必须进行启动引导 BOOT 配置，如图 3-16 所示。

STM32 的启动配置如下。

（1）BOOT1=x，BOOT0=0：运行模式，主 Flash 存储器（片内 Flash）被选作启动区，这也是默认模式。

（2）BOOT1=0，BOOT0=1：ISP 下载模式，系统存储器被选作启动区。

（3）BOOT1=1，BOOT0=1：嵌入式 SRAM（片内 SRAM）被选作启动区。

下面详细介绍 ISP 下载程序的步骤。

先使用 USB 线将 AS-07 实验板的 USB 转串口与计算机的 USB A 接口相连，再将 SW1 处的 BOOT0 短路帽跳到左边，如图 3-17 右下角所示，确保满足 ISP 条件（BOOT1=0、BOOT0=1）；最后按一次复位键，就可以开始 ISP 的下载了。

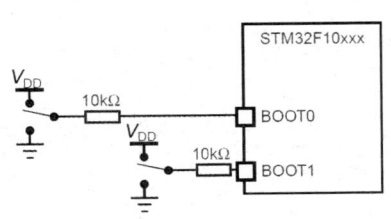

图 3-16　启动引导 BOOT 配置　　　　　　　　图 3-17　ISP 下载程序的硬件设置

说明：AS-07 实验板的 BOOT1 已经通过一个 10kΩ 的电阻接地了，即 BOOT1=0。

在 ST 官网下载 ISP 软件 flash_loader_demo_v2.8.0.exe，安装该软件并运行。

在软件界面中选择 STM32 实验板连接计算机的虚拟串口 COM2，如图 3-18 所示，可在计算机的设备管理器中查看串口号。单击"Next"按钮，若看到如图 3-19 所示的界面，则表示连接目标 MCU 成功。再次单击"Next"按钮，可以看到目标 MCU 的 Flash ROM 信息。继续单击"Next"按钮，浏览文件并找到实验 3-1 的十六进制执行文件。在接下来的操作中，选择下载完成后进行校验，并运行程序。单击"Next"按钮，开始 ISP 下载程序。当 ISP 下载程序成功并开始运行后，观察到实验板上的 LED1 点亮。

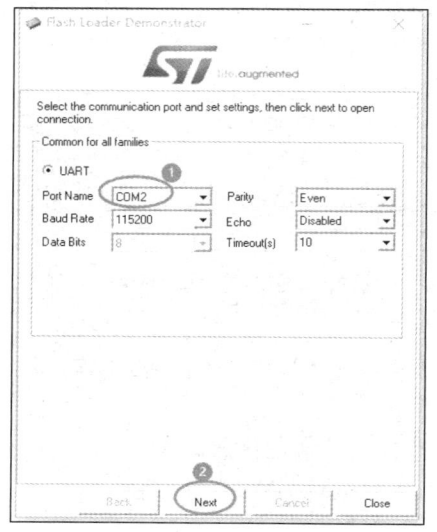

图 3-18　运行 Flash Loader

图 3-19　连接目标 MCU 成功

最后将 AS-07 实验板 SW1 处的 BOOT0 短路帽跳回右边，按一次复位按键来开始运行程序。

> **说明：** 以上实验过程可通过扫描本节二维码，在手机上观看视频教程演示。

2. IAP 无线下载更新程序

通过蓝牙可以实现 IAP（In-Application Programming，在应用编程）无线下载更新程序，如图 3-20 所示。具体参阅 ST 的 IAP 应用文档。

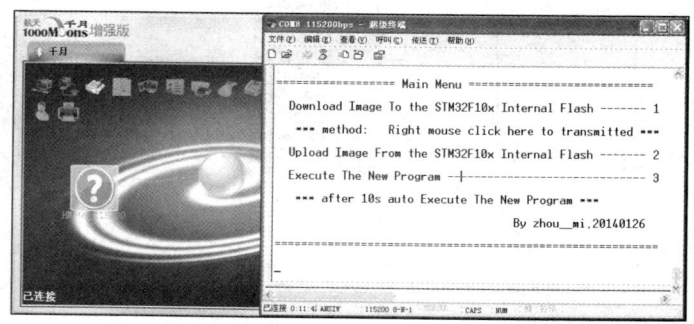

图 3-20　蓝牙无线下载更新程序

IAP 编程应用的 HAL 库范例程序在"D:\STM32\STM32Cube_FW_F1_V1.8.5\Projects\STM3210E_EVAL\Applications\IAP"中。

3.2.5　Proteus 仿真 STM32

下面以实验 3-1 为例，说明如何使用 Proteus 来仿真 STM32F103。我们可以直接使用 Proteus 的范例 STMCubeMX LED Blink.pdsprj，也可以自己创建仿真工程。

1．新建 Proteus 工程

打开 Proteus 软件，单击"New Project"按钮，填写工程名，选择保存路径。之后按默认设置操作，直到结束。

2．电路原理图设计

（1）单击"Library"菜单，选择"Pick parts from libraries"命令，或者单击图 3-21 所示的❶ 处的快捷操作图标，从仿真元器件库中选择添加元器件，在❷ 处输入关键字"STM32F103"，由于没有 STM32F103VE 仿真模型，因此双击选择 ❸ 处的"STM32F103R6"（针对后续的 Proteus 仿真 STM32 实验，也是选择"STM32F103R6"或"STM32F103C8"）选项。

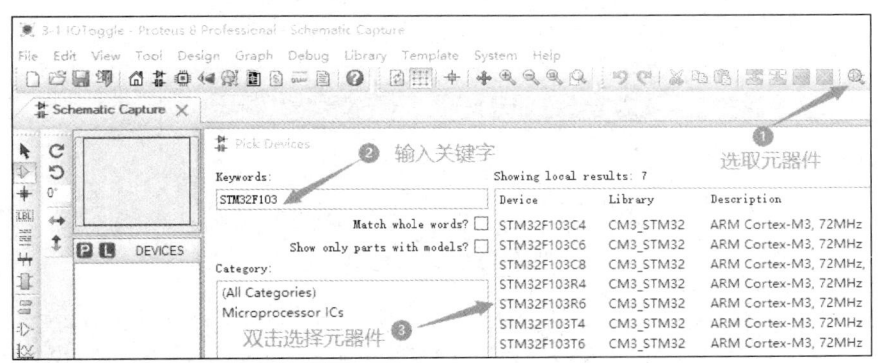

图 3-21　从元器件库选择添加元器件

（2）在"DEVICES"（元器件模型）区，将显示刚才选择的 STM32F103R6。接下来，再输入关键字"LED GREEN"，双击选择"LED-GREEN"选项。

（3）选择添加电阻。输入关键字"330 OHM 0805"，双击选择"RES 330 OHM 1/8W 1% 0805"电阻。

（4）完成元器件的选择后，关闭元器件选择窗口。接下来，就是将刚才选择添加的元器件放置在设计图纸的合适位置。首先切换左侧的"Terminals Mode"（终端模式），选择电源"POWER"和"GROUND"，如图 3-22 所示。然后旋转 LED1（右击，在弹出的菜单中选择"Rotate Clockwise"命令）并连接导线（单击连线）。

（5）右击导线，在弹出的菜单中单击"Place Wire Label"命令，在弹出的对话框中输入"PC6"，放置导线（网络）标号。具有相同导线（网络）标号的导线是相连的。

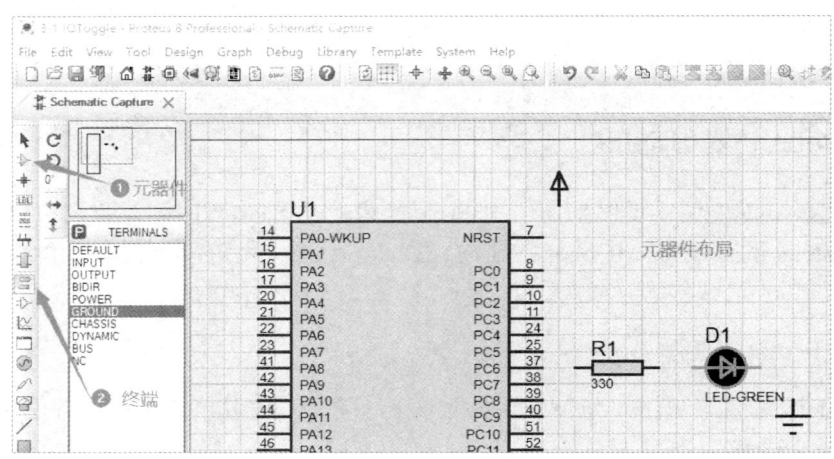

图 3-22　放置元器件

（6）设置电源，如图 3-23 所示。

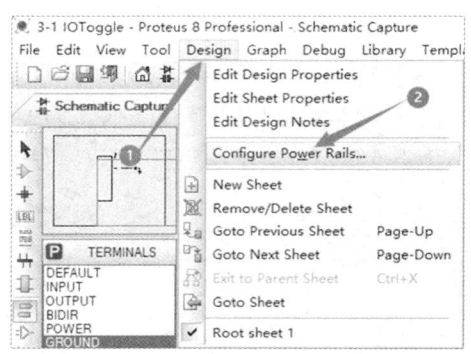

图 3-23　设置电源

在对话框中，先选择电源供电"GND"，再选择左侧"Unconnected power nets"（未连接的电源网络）中的模拟电源地"VSSA"，将其加到"Nets connected to GND"（连接到 GND 的网络）中。

选择"VCC/VDD"，将"VDDA"加到 VCC/VDD 网络中，将 VCC/VDD 的电压值修改为 3.3V。接着，选择"VEE"，将其电压值修改为-3.3V。

3．设置时钟和添加程序执行文件

（1）双击"STM32"元件，在弹出的属性设置对话框中，将时钟设置为"8MHz"（原因是程序已经配置了时钟，Hz 可以省略）。接下来，添加程序执行文件，如图 3-24 所示。

（2）分别双击"R1"和"VD1"选项，选择数字仿真模型（原因是本实验要观察的是 PC6 输出高电平或低电平的实验现象），否则仿真运行时 LED1 亮度不够。这是实际硬件设计与软件仿真的区别，需要特别注意。

（3）单击 Proteus 主界面左下角的运行图标，开始仿真运行，如图 3-25 所示。在仿真运行时，能够观察到 LED1 闪烁。

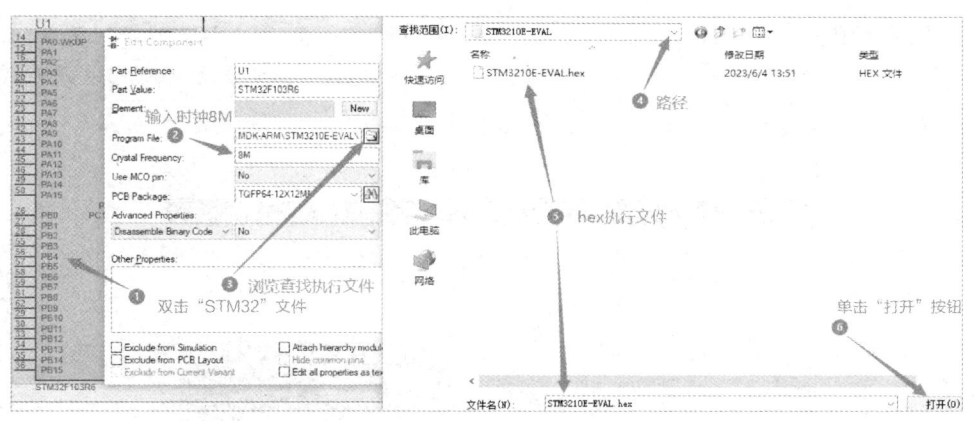

图 3-24　选择并添加程序执行文件

注意：在使用 Proteus 进行 STM32 仿真时，最好将 while(1)中的两行程序分别运行（注释掉其中一行，然后重新编译），这样可以更清楚地观察 LED 的点亮和熄灭状态。

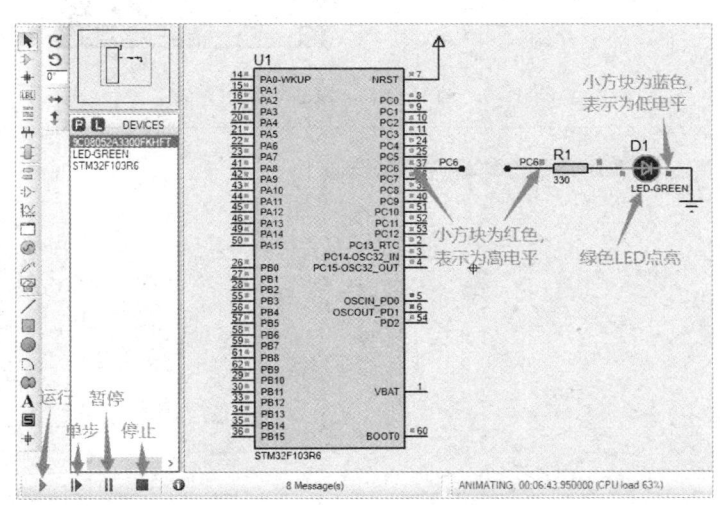

图 3-25　开始仿真运行

说明：以上实验过程可通过扫描本节二维码，在手机上观看视频教程演示。

3.2.6　使用 STM32CubeMX

本节将结合使用 STM32CubeMX 和 MDK5，完成实验 3-2。

安装完成 STM32CubeMX 之后，打开软件，其开始界面如图 3-26 所示。在 STM32CubeMX 中有 3 种新建工程的方式可以选择：MCU、ST 官方的实验板和范例，这里选择 MCU。

扫码看视频

1．新建工程

首先选择"New Project"选项，然后单击"ACCESS TO MCU SELECTOR"（访问 MCU

选择器）选项，如图 3-26 所示。在弹出的对话框的"Part Number"（零件编号）文本框中输入
"STM32F 103VE"，然后选中 MCU 列表中的"STM32F 103VETx"选项并双击，以完成 MCU
的选择，如图 3-27 所示。

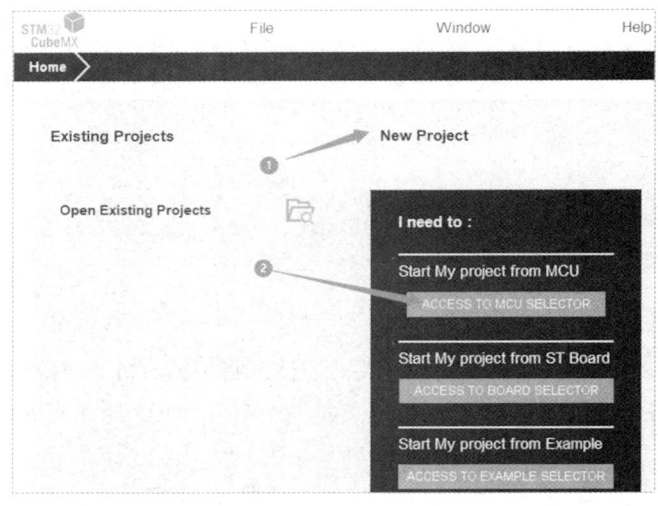

图 3-26　STM32CubeMX 的开始界面

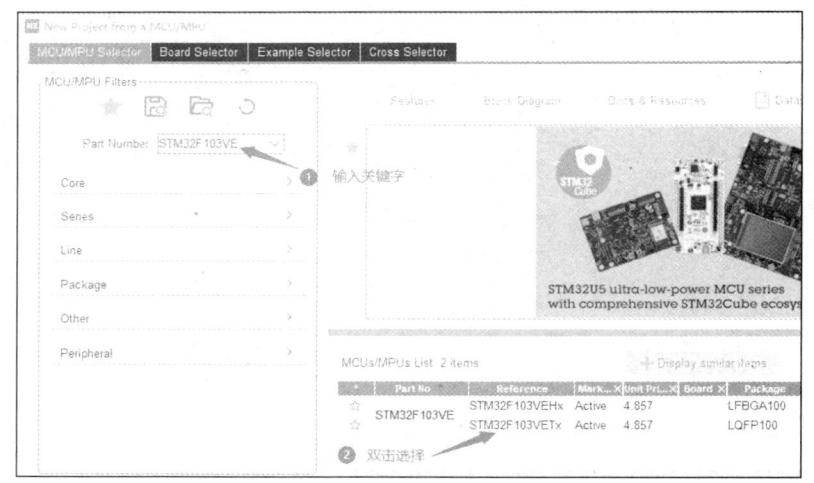

图 3-27　选择 MCU

2．配置调试方式

在"System Core"（系统核心）的"SYS"（系统）中配置"Debug"选项，选择 JTAG 或
SW。在 STM32CubeMX 软件界面的"Pinout View"（引脚展示）中，观察到 PA13 复用为 SWDIO，
PA14 复用为 SWCLK。

3．配置系统时钟

在"System Core"的"RCC"（复位和时钟控制器）中配置"HSE"和"LSE"，并选择外
接"Crystal"（晶振）。在"Pinout View"中，观察到 HSE 外接晶振的引脚是 OSC_IN 和 OSC_OUT，

LSE 外接晶振的引脚是 OSC32_IN（复用 PC14）和 OSC32_OUT（复用 PC15）。

　　接着，单击"Clock Configuration"（时钟配置）选项卡，如图 3-28 所示。选择"PLL Source Mux"（PLL 源选择器）为"HSE"，并设置"PLL Mul"为"×9"；然后选择"System Clock Mux"（系统时钟选择器）为"PLLCLK"，并设置"APB1 Prescaler"（APB1 预分频）为"/2"。这样配置以后，目标时钟为 HCLK=72MHz、PCLK1=36MHz、PCLK2=72MHz。

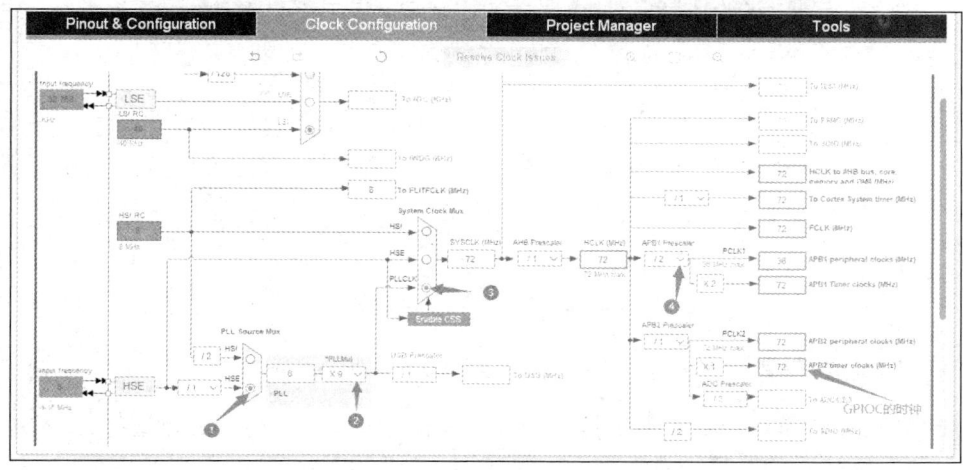

图 3-28　设置时钟

　　另外，也可以直接在 HCLK 文本框中输入"72"后按"Enter"键，软件会自动配置上述时钟的相关参数。

4．配置使用的引脚

　　单击"GPIO"选项，然后单击 LED1 连接的引脚"PC6"，选择"GPIO_Output"工作模式，软件会将 PC6 初始化为输出低电平。用户标识可选填为"LED1"，如图 3-29 所示。

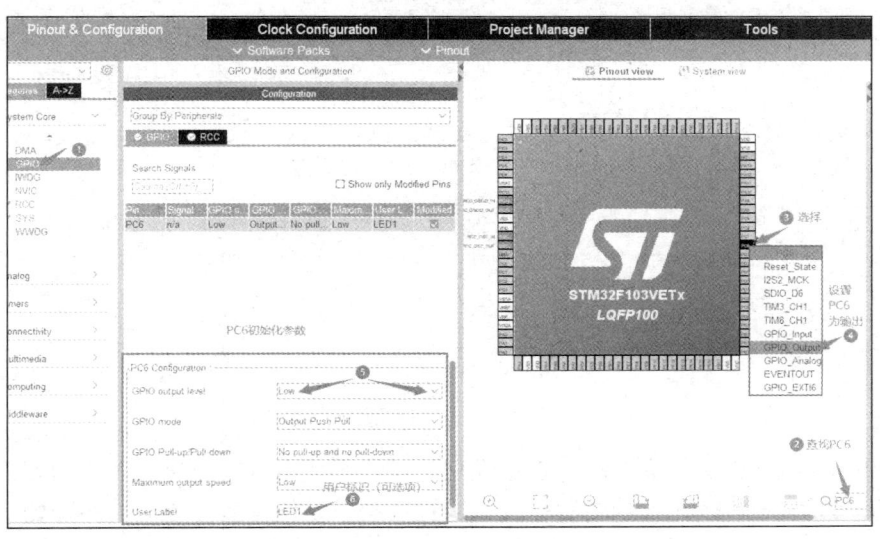

图 3-29　配置 PC6

5．生成 MDK 工程

单击菜单栏中的"Project Manager"选项卡，输入 STM32CubeMX 的工程名称和保存路径，选择工具链/集成编译环境，然后单击"GENERATE CODE"（生成代码）选项，如图 3-30 所示。

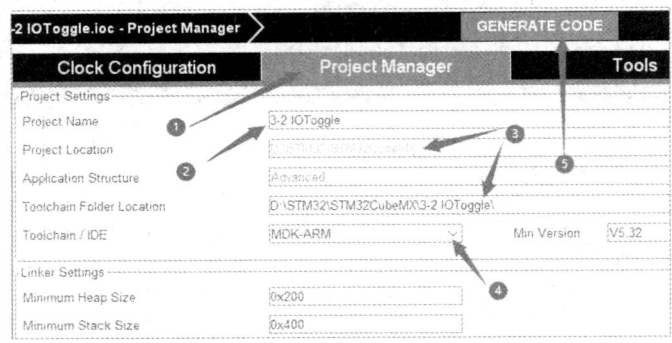

图 3-30　配置工程

6．打开 MDK 工程

生成 MDK 工程后，可以在弹出的对话框中选择打开工程文件夹或直接打开 MDK 工程。STM32CubeMX 的工程文件为"3-2 IOToggle.ioc"，MDK 的工程文件为"3-2 IOToggle.uvprojx"。

7．下载运行程序

参照 3.1.5 节的实验 3-2，修改程序后编译工程，如图 3-31 所示。

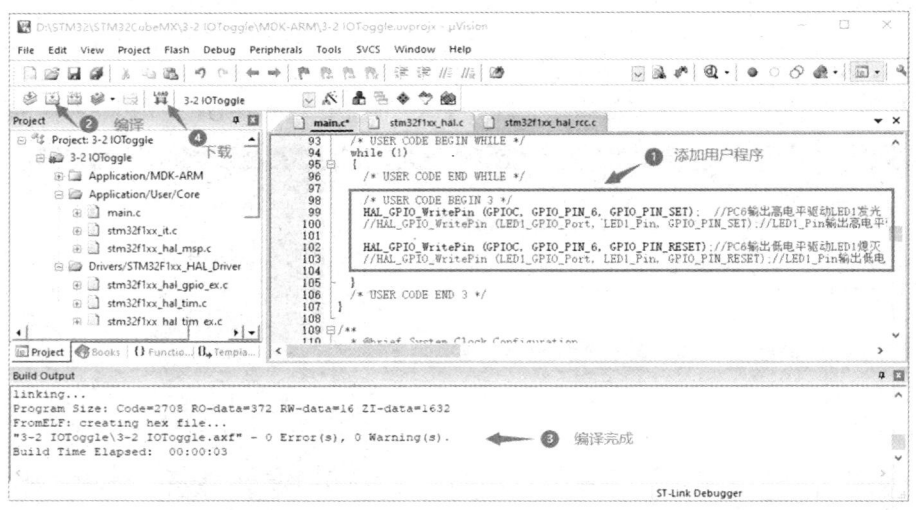

图 3-31　实验 3-2 的 MDK 工程

STM32CubeMX 创建的 MDK 工程已经默认设置了使用 ST-LINK，所以可以直接单击下载快捷图标，将程序下载到 AS-07 实验板上运行（按下复位键后释放，程序开始运行）。

除了在实际硬件上运行程序，还可以使用 Proteus 软件进行仿真运行。首先复制

"D:\STM32\STM32F10x_StdPeriph_Lib_V3.5.0\Project\3-1 IOToggle" 文件夹中的 Proteus 工程文件（3-1 IOToggle.pdsprj），将其粘贴到 "D:\STM32\STM32CubeMX\3-2 IOToggle" 文件夹中，并将其重命名为 3-2 IOToggle.pdsprj 后双击打开；然后双击 "MCU" 选项，添加实验 3-2 的程序执行文件；最后单击运行图标，开始仿真运行，观察 LED1 是否点亮或熄灭。

> **注意：** 在 while(1) 循环中可以分别运行两行程序（注释掉其中一行后重新编译），这样可以更清楚地观察到 LED1 的点亮和熄灭状态。如果同时运行这两行程序，那么 LED1 将以高频率快速交替点亮和熄灭，从而导致其亮度低于持续点亮时的亮度。

以上实验过程可通过扫描本节二维码，在手机上观看视频教程演示。

扫码看视频

3.2.7　使用 STM32CubeF1 固件库工程模板和范例实验

在安装 STM32CubeMX 后，第一次使用时，该软件会自动联网并下载相应的 MCU 固件包。例如，对于 STM32F103 系列，软件会下载 "stm32cube_fw_f1_v185.zip" 的固件包，解压后就是 "STM32Cube_FW_F1_V1.8.5" 文件夹。

找到 "C:\Users\Administrator\STM32Cube\Repository" 路径下的文件夹 "STM32Cube_FW_F1_V1.8.5"，将它复制到 "D:\STM32" 目录下。在该文件夹的 Projects 文件夹中，包含 2.2.2 节提到的 NUCLEO-F103RB 开发板的工程模板和一些范例程序，也包含 2.2.3 节提到的 STM3210E-EVAL 评估板的工程模板和一些范例程序。因此，我们可以利用这些工程模板和范例程序进行实验，例如，在 "STM32F103RB-Nucleo\Examples\GPIO\GPIO_IOToggle\MDK-ARM" 路径下，双击打开使用 MDK 的工程文件 "Project.uvprojx"，可以看到范例程序与实验 3-2 是基本相同的。

将 Proteus 仿真软件的 Cortex-M3 仿真范例 STM32F103 Blink LED 打开，如图 3-32 所示。然后将其另存到上述 "STM32F103RB-Nucleo\Examples\GPIO\GPIO_IOToggle\" 路径下，双击 "STM32" 元件，添加程序执行文件。当运行仿真时，可以观察到 LED 闪烁，如图 3-33 所示。

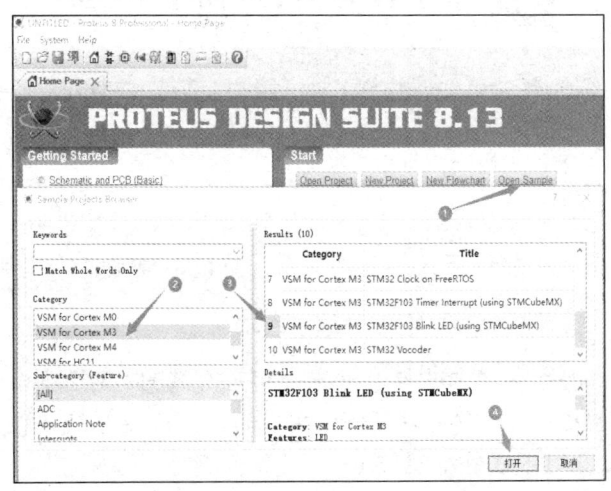

图 3-32　Proteus 仿真软件的 Cortex-M3 仿真范例 STM32F103 Blink LED

> **说明：** 以上实验过程可通过扫描本节二维码，在手机上观看视频教程演示。

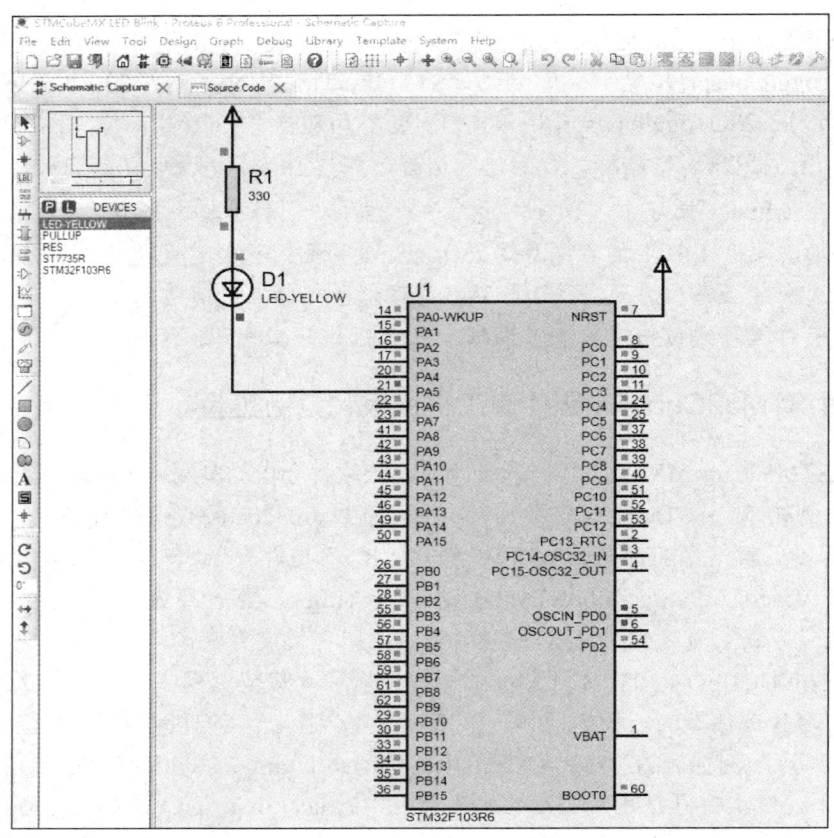

图 3-33　STM32CubeF1 固件库的范例仿真运行

3.3　STM32 的复位和时钟

由 STM32 最小系统的概念可知，电源、时钟和复位是 STM32 的硬件和软件运行的必要条件。

3.3.1　STM32 的复位

STM32F10xxx 支持 3 种复位形式，分别为系统复位、电源复位和备份域复位。

1. 系统复位

除 RCC 的控制/状态寄存器中的复位标志位和备份域的寄存器外，系统复位将复位其他的寄存器至它们的复位状态。当发生以下任一事件时，将产生系统复位。

（1）NRST 引脚上低电平（外部复位）。

（2）窗口看门狗计数终止（WWDG 复位）。

（3）独立看门狗计数终止（IWDG 复位）。

（4）软件复位（SW 复位）。

（5）低功耗管理复位。

2．电源复位

当发生以下任一事件时，将产生电源复位。

（1）上电/掉电复位。

（2）从待机模式中返回。

电源复位将复位除备份域外的所有寄存器。复位源将最终作用于 RESET 引脚，并在复位过程中保持低电平。

3．备份域复位

当发生以下任一事件时，将产生备份域复位。

（1）软件复位，备份域复位可由设置备份域的控制寄存器产生。

（2）在 VDD 和 VBAT 两者掉电的前提下，VDD 或 VBAT 上电将引发备份域复位。

3.3.2　STM32 的时钟

STM32 的时钟是很复杂的，其时钟树如图 3-34 所示。

1．时钟要点

（1）原始时钟源有以下 4 种。

① HSE（High Speed External Clock Signal，高速外部时钟信号）：通过将 8MHz 的晶振连接到 OSC_IN/OSC_OUT 引脚形成的外部时钟源。

② LSE（Low Speed External Clock Signal，低速外部时钟信号）：通过将 32.786kHz 的晶振连接到 OSC32_IN/OSC32_OUT 引脚形成的外部时钟源。

③ HSI（High Speed Internal Clock Signal，高速内部时钟信号）：由内部 RC 振荡器产生的 8MHz 时钟源。

④ LSI（Low Speed Internal Clock Signal，低速内部时钟信号）：由内部 RC 振荡器产生的 40kHz 时钟源。

（2）3 种不同的时钟源可被用来驱动系统时钟（SYSCLK）。

① HSI。

② HSE。

③ PLLCLK（Phase Locked Loop Clock，锁相环时钟）。

（3）目标时钟主要有 HCLK、PCLK1、PCLK2 等。

系统中还包含多个预分频器，这些预分频器用于配置 AHB、APB1 和 APB2 等的频率，目标时钟主要有以下 3 种。

① HCK：是 AHB 的时钟信号，为 CPU、存储器和 DMA 等高速组件提供时钟。

② PCLK1：是 APB1 的时钟信号，为 I2C1、TIM2 等连接在 APB1 上的低速外设提供时钟。

③ PCLK2：是 APB2 的时钟信号，为 GPIOC、TIM1 等连接在 APB2 上的高速外设提供时钟。

（4）系统时钟选择。

① 复位时，内部 HSI 被选为默认的系统时钟，也就是 CPU、存储器等的时钟。

② 通过软件配置外部 HSE 的 9 倍频作为 PLLCLK，再切换 PLLCLK 为系统时钟。

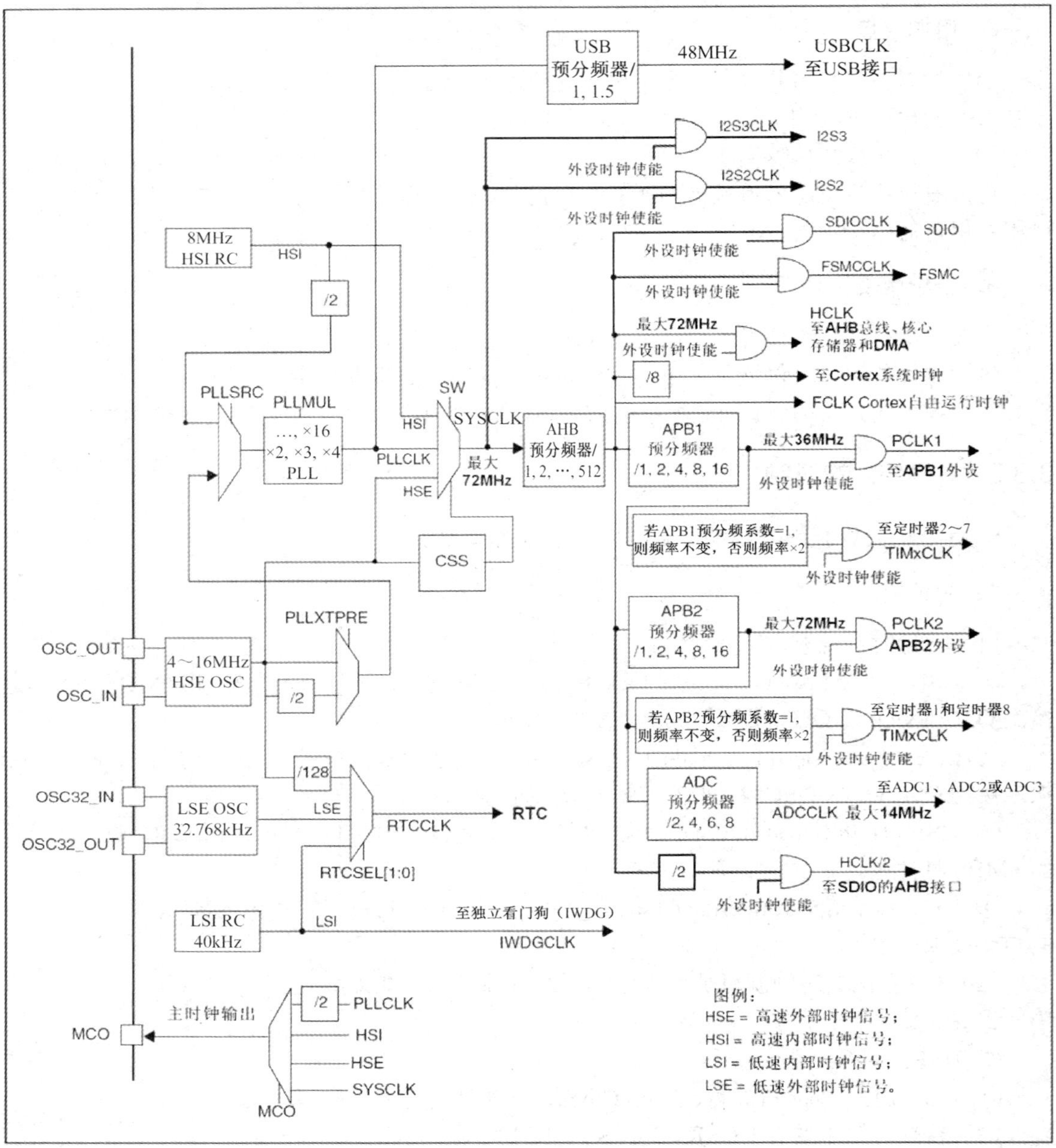

图 3-34　时钟树

2. 时钟的进一步说明

在 STM32 微控制器中，系统时钟的选择是在启动时进行的。

复位时，内部 8MHz 的 RC 振荡器 HSI 被选为默认的 CPU 时钟源。

随后，系统可以通过程序配置 RCC 来选择外部的、具有失效监控功能的 4～16MHz（典型值是 8MHz）时钟源，即 HSE。通过将 HSE 的 9 倍频配置成 PLLCLK 并切换成系统时钟，可以实现更高的系统运行频率。当检测到外部时钟失效时，系统会将其隔离，并自动切换到内部的 RC 振荡器。

刚启动时，HSI 被选为系统时钟的原因是 HSI 可靠，但是其频率低（为 8MHz）、精度不高（内部 RC 时钟是由集成电路内部的场效应管实现的，且有制造离散性）。CPU 和存储器运行起来后，就启动 HSE（由内部电路和外接的 8MHz 晶振形成）并检测是否启动成功，如果启动成功，则将 HSE 的 9 倍频作为 PLLCLK，再切换 PLLCLK 为系统时钟，这样，系统时钟就具有频率高（72MHz）、精度高并且稳定的特点。这些操作是由 RCC 配置程序完成的。

3．工作时钟配置

图 3-35 所示为 HSE 作为系统时钟的时钟树精简图，必须重点领会和掌握。

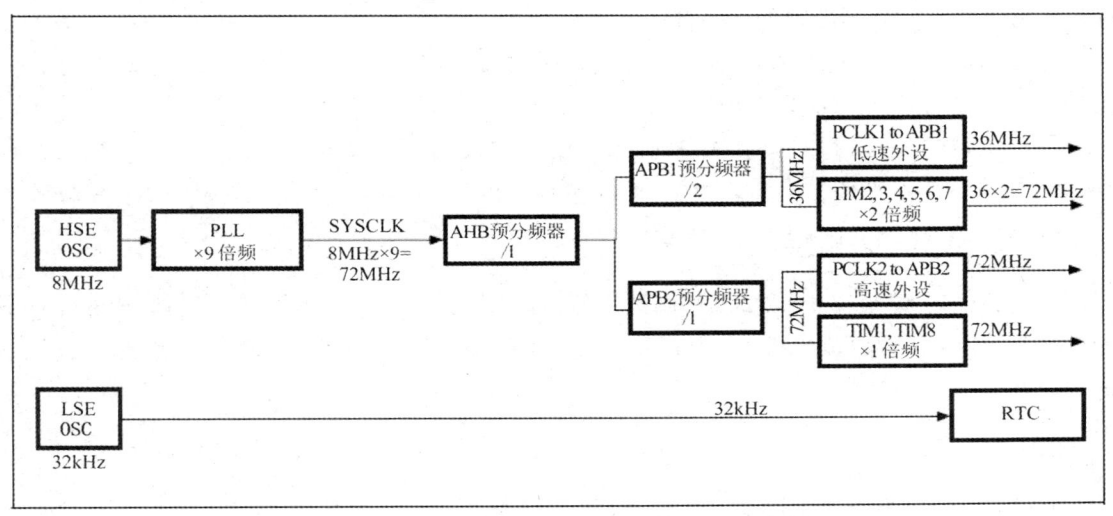

图 3-35　HSE 作为系统时钟的时钟树精简图

3.3.3　RCC 编程应用

RCC 编程应用主要是根据时钟树配置需要的时钟，通常按照如图 3-35 所示的步骤，选择 HSE 后，逐步配置系统时钟。

（1）RCC 时钟配置函数执行如下步骤。

① 复位 RCC，选择 HSI 作为系统时钟，关闭 HSE 和 PLLCLK。

② 使能 HSE。

③ 等待 HSE 准备就绪。

④ 若 HSE 启动成功，则执行以下操作，否则结束。

⑤ 允许预取指缓存。

⑥ Flash 等待 2 个时钟周期。

⑦ 配置 SYSCLK 的 1 分频，作为 HCLK 时钟。

⑧ 配置 HCLK 的 1 分频，作为 PCLK2 时钟。

⑨ 配置 HCLK 的 2 分频作为 PCLK1 时钟。

⑩ 配置 PLLCLK 的来源是 HSE 的 1 分频，倍频为 9。

⑪ 使能 PLLCLK。

⑫ 等待 PLLCLK 就绪。

⑬ 切换 SYSCLK 的时钟源为 PLLCLK。

⑭ 判别 SYSCLK 的时钟源是否为 PLLCLK。

（2）RCC 时钟配置使用的函数如下。

在使用 STM32 的 V3.5.0 版库函数进行编程时，在启动文件 startup_stm32f10x_hd.s 中执行 LDR R0, =SystemInit 后，会跳转到 system_stm32f10x.c 文件中执行系统初始化函数 SystemInit，然后在 SystemInit 函数中调用 SetSysClock 函数，再在 SetSysClock 函数中调用 SetSysClockTo72 函数，最终将系统时钟配置为 72MHz。

上述函数 SystemInit、SetSysClock 和 SetSysClockTo72 被定义在"system_stm32f10x.c"文件中，并且通过直接寄存器访问进行编程。

使用 STM32 的 HAL 库函数编程时，RCC 配置函数 SystemClock_Config 被定义在"main.c"文件中，使用了库函数 HAL_RCC_OscConfig 和 HAL_RCC_ClockConfig 来编程。

实验 3-3 LED 流水灯（标准库）

本实验使用 STM32 的 V3.5.0 库函数编程，首先进行完整的 RCC 配置，最后完成 IOToggle 操作，即切换 I/O 端口位的状态，从而切换 I/O 引脚连接的 LED 的亮灭状态，实现 LED 流水灯效果。

1．硬件设计

硬件设计与实验 3-1 的相同。

2．软件设计（编程）

（1）分析如何点亮和熄灭 LED。

当 PC6、PC7、PA5 输出高电平时，会点亮 LED1、LED2、LED3，这可以通过使用库函数 GPIO_SetBits 来实现。当 PC6、PC7、PA5 输出低电平时，会熄灭 LED1、LED2、LED3，这可以通过使用库函数 GPIO_ResetBits 来实现。

（2）分析程序，实现流水灯效果。

① PC6 输出高电平，点亮 LED1；PC7、PA5 输出低电平，熄灭 LED2、LED3；延时一段时间后，PC6 输出低电平，熄灭 LED1。

② PC7 输出高电平，点亮 LED2；PC6、PA5 输出低电平，熄灭 LED1、LED3；延时一段时间后，PC7 输出低电平，熄灭 LED2。

③ PA5 输出高电平，点亮 LED3；PC6、PC7 输出低电平，熄灭 LED1、LED2；延时一段时间后，PA5 输出低电平，熄灭 LED3。

循环执行上述操作，就形成了 LED 流水灯效果。延时函数使用 for 循环实现。

3. 程序源码

程序源码如下。

```c
#include "stm32f10x.h"                           //包含头文件
GPIO_InitTypeDef GPIO_InitStructure;             //定义GPIO_InitStructure结构体
void Delay(vu32 nCount);                         //函数声明
int main(void)
{
/* RCC 配置系统时钟频率为 72MHz：在启动的文件"startup_stm32f10x_hd.s"中，执行 LDR
R0, =SystemInit 后，会跳转到"system_stm32f10x.c"文件中执行系统初始化函数
SystemInit，然后在 SystemInit 函数中调用 SetSysClock 函数，再在 SetSysClock 函数中调用
SetSysClockTo72 函数*/

 RCC_APB2PeriphClockCmd(RCC_APB2Periph_GPIOC, ENABLE);       //使能GPIOC的时钟
 GPIO_InitStructure.GPIO_Pin = GPIO_Pin_6 | GPIO_Pin_7;
 GPIO_InitStructure.GPIO_Mode = GPIO_Mode_Out_PP;
 GPIO_InitStructure.GPIO_Speed = GPIO_Speed_50MHz;
 GPIO_Init(GPIOC, &GPIO_InitStructure);          //初始化PC6和PC7为50MHz推挽输出

 RCC_APB2PeriphClockCmd(RCC_APB2Periph_GPIOA, ENABLE);       //使能GPIOA的时钟
 GPIO_InitStructure.GPIO_Pin = GPIO_Pin_5;
 GPIO_InitStructure.GPIO_Mode = GPIO_Mode_Out_PP;
 GPIO_InitStructure.GPIO_Speed = GPIO_Speed_50MHz;
 GPIO_Init(GPIOA, &GPIO_InitStructure);          //初始化PA5为50MHz推挽输出

 while (1)
 {
   GPIO_SetBits(GPIOC, GPIO_Pin_6);              //PC6输出高电平，点亮LED1
   Delay(0xAFFFF);                               //延时一段时间（0.5s）
   GPIO_ResetBits(GPIOC, GPIO_Pin_6);            //PC6输出低电平，熄灭LED1
   Delay(0xAFFFF);                               //延时一段时间

   GPIO_SetBits(GPIOC, GPIO_Pin_7);              //PC7输出高电平，点亮LED2
   Delay(0xAFFFF);                               //延时一段时间
   GPIO_ResetBits(GPIOC, GPIO_Pin_7);            //PC7输出低电平，熄灭LED2
   Delay(0xAFFFF);                               //延时一段时间

   GPIO_SetBits(GPIOA, GPIO_Pin_5);              //PA5输出高电平，点亮LED3
   Delay(0xAFFFF);                               //延时一段时间
   GPIO_ResetBits(GPIOA, GPIO_Pin_5);            //PA5输出低电平，熄灭LED3
   Delay(0xAFFFF);                               //延时一段时间
 }
}

void Delay(vu32 nCount)                          //延时函数
{
 for(; nCount != 0; nCount--);
```

```
}

void assert_failed(u8* file, u32 line)        //断言异常处理
{
  while (1)
  {}
}
```

> **说明：** 延时函数 Delay 的形参 nCount 的数据类型是 vu32。
>
> 数据类型 vu32 是一个可变的、可读写访问的、无符号的 32 位变量。
>
> 在"stm32f10x.h"头文件中，vu32 定义为 typedef __IO uint32_t   vu32;
>
> 在"Stdint.h"头文件中，使用 typedef unsigned int uint32_t 定义了 uint32_t 是无符号长整型（32 位），数据范围是 $0 \sim 2^{32}-1$。
>
> 在"core_cm3.h"头文件中，使用 #define __IO volatile/*!< defines 'read / write' permissions */定义了 __IO 为可读写的 volatile，而使用 volatile 修饰的变量告诉编译器不要优化它，让编译器从原始地址读取该值。
>
> 其他数据类型的详细信息，请参考 MDK 工程中的定义。

4. 实验过程与现象

实验过程参考 3.2.2 节，仿真、调试程序参考 3.2.3 节。

首先，将"Project\STM32F10x_StdPeriph_Examples\GPIO"文件夹中的"IOToggle"文件夹复制到"Project"文件夹中，并将其重命名为"3-3LED 流水灯（标准库）"。其次，将工程模板的全部文件选中，复制到"3-3LED 流水灯（标准库）"文件夹中，并跳过同名文件。再次，将"3-3LED 流水灯（标准库）"文件夹中的"readme.txt"复制到"MDK-ARM"文件夹中，替换同名的"readme.txt"文件。最后，双击打开 MDK 工程，先编译一次，确保没有错误和警告，按照实验 3-3 的程序代码修改后，再次编译，编译完成后，将程序下载到 AS-07 实验板上运行。

程序运行后，可以观察到 AS-07 实验板的 3 个 LED 依次循环点亮，形成流水灯效果。

实验 3-4 Proteus 仿真 STM32：LED 流水灯（标准库）

本实验将在 Proteus 中对 STM32F103R6 进行仿真并实现流水灯效果。

1. 硬件设计

硬件设计与实验 3-1 的相同。

2. 软件设计（编程）

软件设计部分参考实验 3-3，程序相同。

3. 实验过程与现象

首先，复制"D:\STM32\STM32F10x_StdPeriph_Lib_V3.5.0\Project"路径下的"3-3 LED 流水灯（标准库）"文件夹，再将其粘贴到该路径下，并将其重命名为"3-4 LED 流水灯（标准

库）-Proteus”。然后，复制“3-1 IOToggle”文件夹中的 Proteus 的仿真工程文件“3-1 IOToggle.pdsprj”到“3-4 LED 流水灯（标准库）-Proteus”文件夹中，将其重命名为“3-4 LED 流水灯.pdsprj”并双击打开。参考 3.2.5 节的电路原理图设计，修改设计为图 3-36。最后，添加实验 3-4 的程序执行文件并开始运行。

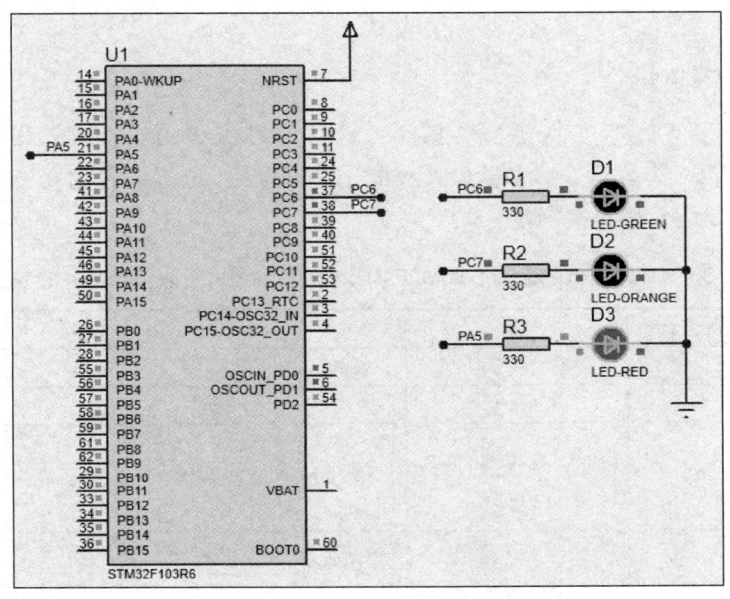

图 3-36　LED 流水灯的 Proteus 仿真运行

> **注意：**（1）由于 Proteus 的仿真工程文件是从其他路径复制过来的，因此在添加程序执行文件时，需要确保通过浏览找到并添加本实验对应的执行文件。
> （2）由于本实验是软件仿真，因此在本实验中，流水灯程序中的延时并不是真实时间，具体的延时时间取决于计算机的性能。

3.4　STM32 的中断与事件

STM32 内置两种中断：NVIC 和 EXTI。

NVIC 能够处理多达 68 个可屏蔽中断通道（不包括 16 个 Cortex-M3 的中断线）和 16 个优先级。该模块以最小的中断延迟提供灵活的中断管理功能。

EXTI 包含多达 20 个边沿检测器，用于产生中断/事件请求。多达 112 个通用 I/O 端口位连接到 16 个外部中断线。

3.4.1　NVIC

1. 特性

STM32 的 NVIC 的主要特性如下。

（1）具有 68 个可屏蔽中断通道（不包含 16 个 Cortex-M3 的中断线）。

（2）具有 16 个可编程的优先等级。

（3）可实现低延迟的异常和中断处理。

（4）具有电源管理控制功能和系统控制寄存器。

NVIC 和处理器核的接口紧密相连，可以实现低延迟的中断处理，并高效地处理延迟到达的中断。

2．中断和异常向量

表 3-8 列出了互联型产品 STM32F105xx 和 STM32F107xx 的部分向量表，它包含 STM32F10xxx 产品（小容量、中容量和大容量）的向量表，位置编号为 0～67 的是外部中断，而没有编号的位置是系统异常向量。

表 3-8　STM32F105xx 和 STM32F107xx 微控制器（互联型产品）的向量表

位置	优先级	优先级类型	名称	说明	地址
—	—	—	—	保留	0x0000_0000
—	−3	固定	Reset	复位	0x0000_0004
—	−2	固定	NMI（Non-Maskable Interrupt）	不可屏蔽中断，RCC 时钟安全系统（Clock Security System，CSS）与 NMI 向量相连接	0x0000_0008
—	−1	固定	硬件失效（HardFault）	所有类型的失效	0x0000_000C
—	0	可设置	存储管理（MemManage）	存储器管理	0x0000_0010
—	1	可设置	总线错误（BusFault）	预取指失败，存储器访问失败	0x0000_0014
—	2	可设置	错误应用（UsageFault）	未定义的指令或非法状态	0x0000_0018
—	—	—	—	保留	0x0000_001C～0x0000_002B
—	3	可设置	SVCall	通过 SWI（Software Interrupt，软件中断）指令的系统服务调用	0x0000_002C
—	4	可设置	调试监控（Debug Monitor）	调试监控器	0x0000_0030
—	—	—	—	保留	0x0000_0034
—	5	可设置	PendSV	可挂起的系统服务	0x0000_0038
—	6	可设置	SysTick	系统滴答定时器	0x0000_003C
0	7	可设置	WWDG	窗口定时器中断	0x0000_0040
1	8	可设置	PVD	连到 EXTI 的电源电压检测器（PVD）中断	0x0000_0044
2	9	可设置	TAMPER	侵入检测中断	0x0000_0048
3	10	可设置	RTC	（RTC）全局中断	0x0000_004C
4	11	可设置	FLASH	闪存全局中断	0x0000_0050
5	12	可设置	RCC	复位和时钟控制（RCC）中断	0x0000_0054
6	13	可设置	EXTI0	EXTI 线 0 中断	0x0000_0058

续表

位置	优先级	优先级类型	名称	说明	地址
7	14	可设置	EXTI1	EXTI 线 1 中断	0x0000_005C
8	15	可设置	EXTI2	EXTI 线 2 中断	0x0000_0060
9	16	可设置	EXTI3	EXTI 线 3 中断	0x0000_0064
10	17	可设置	EXTI4	EXTI 线 4 中断	0x0000_0068
11	18	可设置	DMA1 通道 1	DMA1 通道 1 全局中断	0x0000_006C
12	19	可设置	DMA1 通道 2	DMA1 通道 2 全局中断	0x0000_0070
13	20	可设置	DMA1 通道 3	DMA1 通道 3 全局中断	0x0000_0074
14	21	可设置	DMA1 通道 4	DMA1 通道 4 全局中断	0x0000_0078
15	22	可设置	DMA1 通道 5	DMA1 通道 5 全局中断	0x0000_007C
16	23	可设置	DMA1 通道 6	DMA1 通道 6 全局中断	0x0000_0080
17	24	可设置	DMA1 通道 7	DMA1 通道 7 全局中断	0x0000_0084
18	25	可设置	ADC1_2	ADC1 和 ADC2 的全局中断	0x0000_0088
19	26	可设置	CAN1_TX	CAN1 发送中断	0x0000_008C
20	27	可设置	CAN1_RX0	CAN1 接收 0 中断	0x0000_0090
21	28	可设置	CAN1_RX1	CAN1 接收 1 中断	0x0000_0094
22	29	可设置	CAN_SCE	CAN SCE 中断	0x0000_0098
23	30	可设置	EXTI9_5	EXTI 线[9:5]中断	0x0000_009C
24	31	可设置	TIM1_BRK	TIM1 刹车中断	0x0000_00A0
25	32	可设置	TIM1_UP	TIM1 更新中断	0x0000_00A4
…	…	…	…	…	…
67	74	可设置	OTG_FS	全速的 USB OTG 全局中断	0x0000_014C

需要注意的是，其中的 EXTI0～EXTI4 中断是独立的，但是 EXTI9_5 中断公用相同的优先级和地址，在中断函数中需要判别到底是哪个中断。EXTI15_10 也是如此。

注意：（1）STM32F10xxx 的型号规格参见 1.3.5 节。

（2）STM32F1 系列包含 5 个产品线，它们的引脚、外设和软件均兼容。它们的数据手册和参考手册都是公用的，因此对于 STM32F10x、STM32F10xxx 的表述就可以理解了。

3．NVIC 的优先级

（1）中断的优先级与判优。

占先式优先级（Preemption Priority）：高占先式优先级的中断事件会打断当前的主程序或中断程序运行。这样的抢断式优先响应可以中断嵌套。

副优先级（Sub Priority）：在占先式优先级相同的情况下，高副优先级的中断优先被响应；但在占先式优先级相同的情况下，如果有低副优先级中断正在执行，那么高副优先级的中断也要等待已被响应的低副优先级中断执行结束后才能得到响应。这样的非抢断式响应不能中断嵌套。

总结来说，判断中断是否会被响应主要取决于两个因素：占先式优先级和副优先级；占先式优先级决定是否可以中断嵌套。

注意：优先级数越小，优先级别就越高。

（2）优先级组别。

每一个中断都有一个专门的 IPR（Interrupt Priority Registers，中断优先级寄存器）来描述该中断的占先式优先级及副优先级。

在这个寄存器中，STM32 使用 4 个二进制位描述优先级（Cortex-M3 定义了 8 位，但 STM32 只使用了 4 位）。占先式优先级与副优先级占位有 5 种组合方式，即 NVIC 有 5 种优先级组别，如图 3-37 所示。

4个优先级描述位可以有5种组合方式

优先级组别	占先式优先级	副优先级
4	4位/16级	0位/0级
3	3位/8级	1位/2级
2	2位/4级	2位/4级
1	1位/2级	3位/8级
0	0位/0级	4位/16级

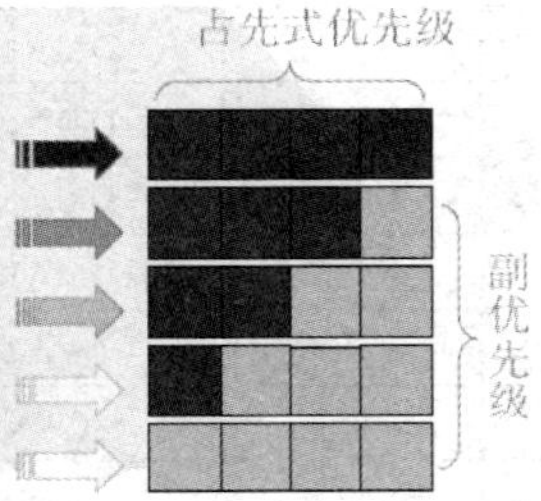

图 3-37 NVIC 优先级组别

在图 3-37 中，优先级组别是指占先式优先级使用了 IPR 的位数。例如，优先级组 3 表示占先式优先级使用了 IPR 的 3 位，其优先级分别是 000，001，010，…，111，共 8 个优先级（0 级，1 级，2 级，…，7 级）；对于副优先级而言，则使用 IPR 的 1 位，所以其优先级分别是 0、1，共 2 个优先级（0 级、1 级）。

3.4.2 EXTI

STM32F105xx 和 STM32F107xx 的 EXTI 由 20 个产生事件/中断请求的边沿检测器组成。中断的处理需要软硬件（中断处理程序）配合完成，而事件是由硬件实现的。

每个中断线都可以独立配置其输入类型（脉冲或挂起）和对应的触发方式（上升沿、下降沿或双边沿触发）。这些中断线可以独立地启用或屏蔽。挂起寄存器则用于保持中断请求的状态。

1. 主要特性

EXTI 的主要特性如下。

① 每个中断/事件都可以独立触发和屏蔽。

② 每个中断线都有专用的状态位。

③ 支持多达 20 个软件中断/事件请求。

④ 检测脉冲宽度低于 APB2 时钟宽度的外部信号。

2. 外部中断/事件线路映像

STM32F10xxx 的每个 GPIO 端口位都可以独立配置，并连接到 16 个外部中断/事件线（EXTI0，EXTI1，…，EXTI15）上，如图 3-38 所示。

说明：通过 AFIO_EXTICRx（External interrupt configuration register x，外部中断配置寄存器）配置 GPIO 线上的外部中断/事件，必须先使能 AFIO 时钟。

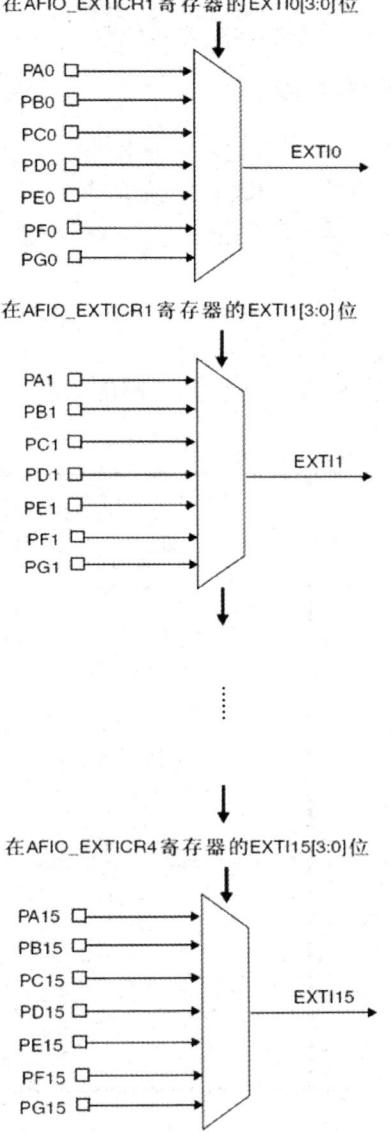

图 3-38　外部中断通用 I/O 映像

另外 4 个 EXTI 线的连接如下。

（1）EXTI16 连接到 PVD 输出。

（2）EXTI17 连接到 RTC 闹钟事件。

（3）EXTI18 连接到 USB 唤醒事件。

（4）EXTI19 连接到以太网唤醒事件（只适用于互联型产品）。

如果需要产生中断，那么中断线必须事先配置好并被激活。

为产生一个有效的事件触发，事件连接线必须事先配置好并被激活。

3.4.3　中断编程应用

在 EXTI 编程应用实验中，将演示如何配置和使用外部中断线 EXTI。

实验 3-5　EXTI_Config（标准库）

本实验将使用 STM32 的 V3.5.0 库函数，完成对外部中断线 EXTI_Line5 和 EXTI_Line6 的配置。在实验过程中，当按下并松开"KEY1"按键时，上升沿触发中断 EXTI_Line5，并通过 LED1 指示中断的发生；当按下"KEY2"按键时，下降沿触发中断 EXTI_Line6，并通过 LED2 指示中断的发生。

1. 硬件设计

AS-07 实验板的 LED 电路和 KEY 按键输入电路的原理图如图 3-39 所示。完整的电路原理图见 2.2.4 节的图 2-26～图 2-28。

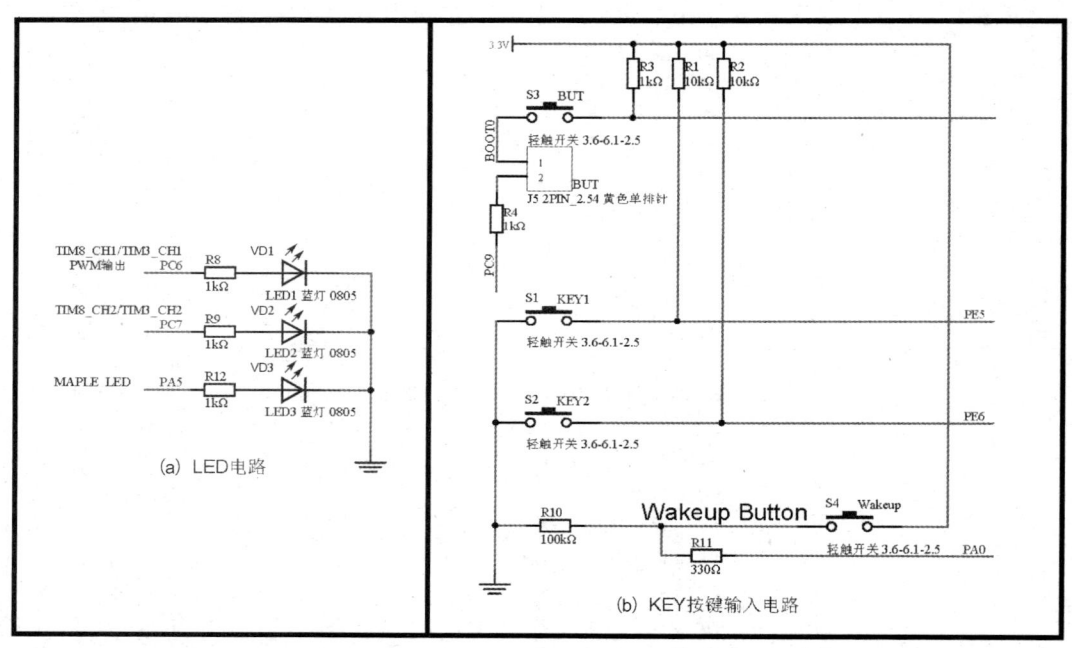

图 3-39　AS-07 实验板的 LED 电路和 KEY 按键输入电路的原理图

KEY1 按键连接 PE5，当其未被按下时，R1 上拉电阻将 PE5 的电平拉高为高电平，当其被按下时，PE5 的电平由高电平转变为低电平，产生一个下降沿；而当其被松开释放后，PE5 会产生一个上升沿。

KEY2 按键连接 PE6，当其未被按下时，R2 上拉电阻将 PE6 的电平拉高为高电平，当其被按下时，PE6 的电平由高电平转变为低电平，产生一个下降沿。

LED1 连接 PC6，当 PC6 输出高电平时，LED1 亮起；当 PC6 输出低电平时，LED1 熄灭。

LED2 连接 PC7，当 PC7 输出高电平时，LED2 亮起；当 PC7 输出低电平时，LED2 熄灭。

2. 软件设计（编程）

（1）设计分析。

在 main 函数中，使用 EXTI_Init 库函数来初始化 EXTI。对于 EXTI_Line5，设置上升沿触发中断；对于 EXTI_Line6，设置下降沿触发中断。

中断处理函数 EXTI9_5_IRQHandler 被定义在文件"stm32f10x_it.c"中。在该函数中，若检测到中断来自 EXTI_Line5，则由 LED1 的亮灭状态变换指示中断的发生；若检测到中断是来自 EXTI_Line6，则由 LED2 的亮灭状态变换指示中断的发生。

（2）程序源码与分析。

使用 STM32 的 V3.5.0 库函数进行编程的关键程序段如下（前面分析过的源码不再分析和解释）。

① 主函数 main 在"main.c"文件中，源程序如下。

```
int main(void)                                    //主函数
{
  STM_EVAL_LEDInit(LED1);                         //初始化 LED1
  STM_EVAL_LEDInit(LED2);                         //初始化 LED2

  EXTI9_5_Config();                               //配置 EXTI9_5 中断

  EXTI_GenerateSWInterrupt(EXTI_Line5);           //产生一次 EXTI_Line5 软件中断
  EXTI_GenerateSWInterrupt(EXTI_Line6);           //产生一次 EXTI_Line6 软件中断

  while (1)                                        //等待中断发生
  {}
}
```

② STM_EVAL_LEDInit 函数在"stm3210e_eval.c"文件中，源程序如下。

```
void STM_EVAL_LEDInit(Led_TypeDef Led)
{
  GPIO_InitTypeDef  GPIO_InitStructure;

  RCC_APB2PeriphClockCmd(GPIO_CLK[Led], ENABLE);
  GPIO_InitStructure.GPIO_Pin = GPIO_PIN[Led];
  GPIO_InitStructure.GPIO_Mode = GPIO_Mode_Out_PP;
  GPIO_InitStructure.GPIO_Speed = GPIO_Speed_50MHz;
  GPIO_Init(GPIO_PORT[Led], &GPIO_InitStructure);
}
```

在"stm3210e_eval.c"文件中，关于 LED 的宏定义如下。

```
GPIO_TypeDef* GPIO_PORT[LEDn] = {LED1_GPIO_PORT, LED2_GPIO_PORT,
LED3_GPIO_PORT,};
const uint16_t GPIO_PIN[LEDn] = {LED1_PIN, LED2_PIN, LED3_PIN};
const uint32_t GPIO_CLK[LEDn] = {LED1_GPIO_CLK, LED2_GPIO_CLK, LED3_GPIO_C
LK};
```

在"stm3210e_eval.h"文件中，关于 LED 的宏定义如下。

```
#define LEDn                            3

#define LED1_PIN                        GPIO_Pin_6
#define LED1_GPIO_PORT                  GPIOC
#define LED1_GPIO_CLK                   RCC_APB2Periph_GPIOC

#define LED2_PIN                        GPIO_Pin_7
#define LED2_GPIO_PORT                  GPIOC
#define LED2_GPIO_CLK                   RCC_APB2Periph_GPIOC

#define LED3_PIN                        GPIO_Pin_5
#define LED3_GPIO_PORT                  GPIOA
#define LED3_GPIO_CLK                   RCC_APB2Periph_GPIOA
```

③ 中断配置函数 EXTI9_5_Config 在"main.c"文件中，源程序如下。

```
void EXTI9_5_Config(void)
{
  RCC_APB2PeriphClockCmd(RCC_APB2Periph_GPIOE, ENABLE);         //使能 GPIOE 的时钟

  GPIO_InitStructure.GPIO_Pin = GPIO_Pin_5 | GPIO_Pin_6;
  GPIO_InitStructure.GPIO_Mode = GPIO_Mode_IN_FLOATING;
  GPIO_Init(GPIOE, &GPIO_InitStructure);              //初始化 PE5 和 PE6 为浮空输入

  RCC_APB2PeriphClockCmd(RCC_APB2Periph_AFIO, ENABLE);          //使能 AFIO 的时钟
  GPIO_EXTILineConfig(GPIO_PortSourceGPIOE, GPIO_PinSource5 ); //PE5 配置为 EXTI5
  GPIO_EXTILineConfig(GPIO_PortSourceGPIOE, GPIO_PinSource6); //PE6 配置为 EXTI6

  EXTI_InitStructure.EXTI_Line = EXTI_Line5;              //中断线为 EXTI_Line5
  EXTI_InitStructure.EXTI_Mode = EXTI_Mode_Interrupt;        //设置 EXTI 为中断模式
  EXTI_InitStructure.EXTI_Trigger = EXTI_Trigger_Rising;//设置上升沿触发中断
  EXTI_InitStructure.EXTI_LineCmd = ENABLE;              //使能 EXTI
  EXTI_Init(&EXTI_InitStructure);                       //初始化 EXTI

  EXTI_InitStructure.EXTI_Line = EXTI_Line6;              //中断线为 EXTI_Line6
  EXTI_InitStructure.EXTI_Mode = EXTI_Mode_Interrupt;        //设置 EXTI 为中断模式
  EXTI_InitStructure.EXTI_Trigger = EXTI_Trigger_Falling;//设置下降沿触发中断
  EXTI_InitStructure.EXTI_LineCmd = ENABLE;              //使能 EXTI
  EXTI_Init(&EXTI_InitStructure);                       //初始化 EXTI

  NVIC_InitStructure.NVIC_IRQChannel = EXTI9_5_IRQn;         //中断通道是 EXTI9_5
  NVIC_InitStructure.NVIC_IRQChannelPreemptionPriority =0x0; //占先式优先级为 0
  NVIC_InitStructure.NVIC_IRQChannelSubPriority = 0x0; //设置副优先级为 0
  NVIC_InitStructure.NVIC_IRQChannelCmd = ENABLE;            //使能 NVIC 中断
```

```
    NVIC_Init(&NVIC_InitStructure);                           //初始化 NVIC
}
```

④ 中断处理函数 EXTI9_5_IRQHandler 在 "stm32f10x_it.c" 文件中, 源程序如下。

```
void EXTI9_5_IRQHandler(void)                    //EXTI9_5 的中断处理函数
{
  if(EXTI_GetITStatus(EXTI_Line5) != RESET) //判断是否为 EXTI_Line5 中断
  {
    STM_EVAL_LEDToggle(LED1);    //PC6 取反输出, LED1 指示 EXTI_Line5 中断的发生
    EXTI_ClearITPendingBit(EXTI_Line5);       //清除中断挂起位, 为下次判断中断做准备
  }
  if(EXTI_GetITStatus(EXTI_Line6) != RESET) //判断是否为 EXTI_Line6 中断
  {
    STM_EVAL_LEDToggle(LED2);    //PC7 取反输出, LED2 指示 EXTI_Line6 中断的发生
    EXTI_ClearITPendingBit(EXTI_Line6);       //清除中断挂起位, 为下次判断中断做准备
  }
}
```

上述的 STM_EVAL_LEDToggle 函数在 "stm3210e_eval.c" 文件中, 程序如下。

```
void STM_EVAL_LEDToggle(Led_TypeDef Led)
{
  GPIO_PORT[Led]->ODR ^= GPIO_PIN[Led];         //直接寄存器 ODR 访问
}
```

3. 实验过程与现象

实验过程参考 3.2.2 节, 使用 MDK 仿真和调试程序参考 3.2.3 节。

首先, 将 "Project\STM32F10x_StdPeriph_Examples\EXTI" 文件夹中的 "EXTI_Config" 文件夹复制到 "Project" 文件夹中, 并将其重命名为 "3-5 EXTI_Config"。其次, 将工程模板的全部文件选中并复制到 "3-5 EXTI_Config" 文件夹中, 跳过同名文件。再次, 将 "3-5 EXTI_Config" 文件夹中的 "readme.txt" 复制到 "MDK-ARM" 文件夹中, 替换目标文件中的同名文件。最后, 双击打开 MDK 工程, 先编译一次, 确保没有错误和警告, 再按照实验 3-5 的程序代码进行修改, 编译完成后, 将程序下载到 AS-07 实验板上运行。

实验现象: 当程序运行时, 由于产生了软件中断, 因此 LED1 和 LED2 会同时点亮。当按下 "KEY1" 按键又松开弹起时, 产生上升沿触发中断 EXTI5, 执行 EXTI9_5_IRQHandler 中断处理程序, LED1 的亮灭状态发生改变, 以指示中断 EXTI5 的发生, 如图 3-40 所示。

当按下 "KEY2" 按键时, 产生下降沿会触发中断 EXTI6, 执行 EXTI9_5_IRQHandler 中断处理程序, LED2 的亮灭状态发生改变, 以指示中断 EXTI6 的发生。

注意: 由于采用机械按键, 按下和释放时会有抖动, 因此, 如果 LED 由点亮变为熄灭, 那么说明中断发生了奇数次; 如果 LED 由点亮变为再次点亮, 那么说明中断发生了偶数次。此外, 只有编写了相应的 LCD 程序, LCD 才能正确显示相关信息, 否则 LCD 只是被点亮, 不会有显示信息。

图 3-40　按下"KEY1"按键产生中断的现象

在本实验中，可以使用 MDK 软件进行仿真。在如图 3-41 所示的界面中，单击"Step Over"（单步步过）快捷图标运行代码到 while(1)循环处，单击❹处的仿真外设 GPIOE 的 Pin5 一次（注意观察图 3-41 中❷处的变化）产生上升沿；再单击"Step"（单步步入）快捷图标运行代码，程序将进入中断处理函数 EXTI9_5_IRQHandler，如图 3-42 所示。在图 3-42 所示的界面中再次单击"Step Over"快捷图标，当执行到 STM_EVAL_ LEDToggle(LED1)时，可以观察到仿真外设❹处的 GPIOC 的 Pin6 高低状态发生取反，注意观察图 3-42 中❷❸❹处的变化。

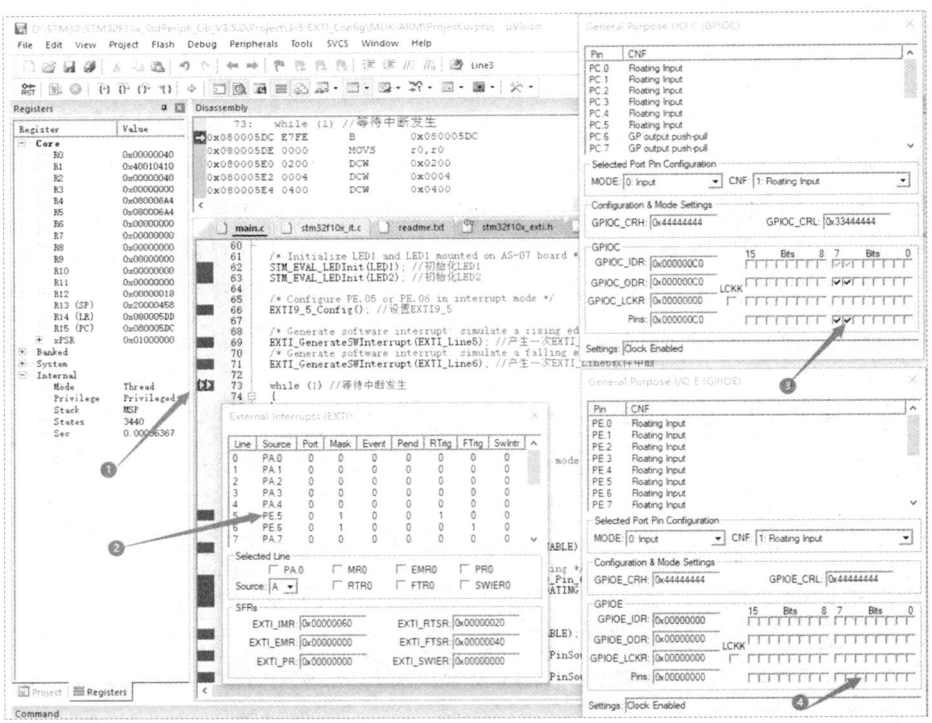

图 3-41　单击仿真外设 GPIOE 的 Pin5 两次

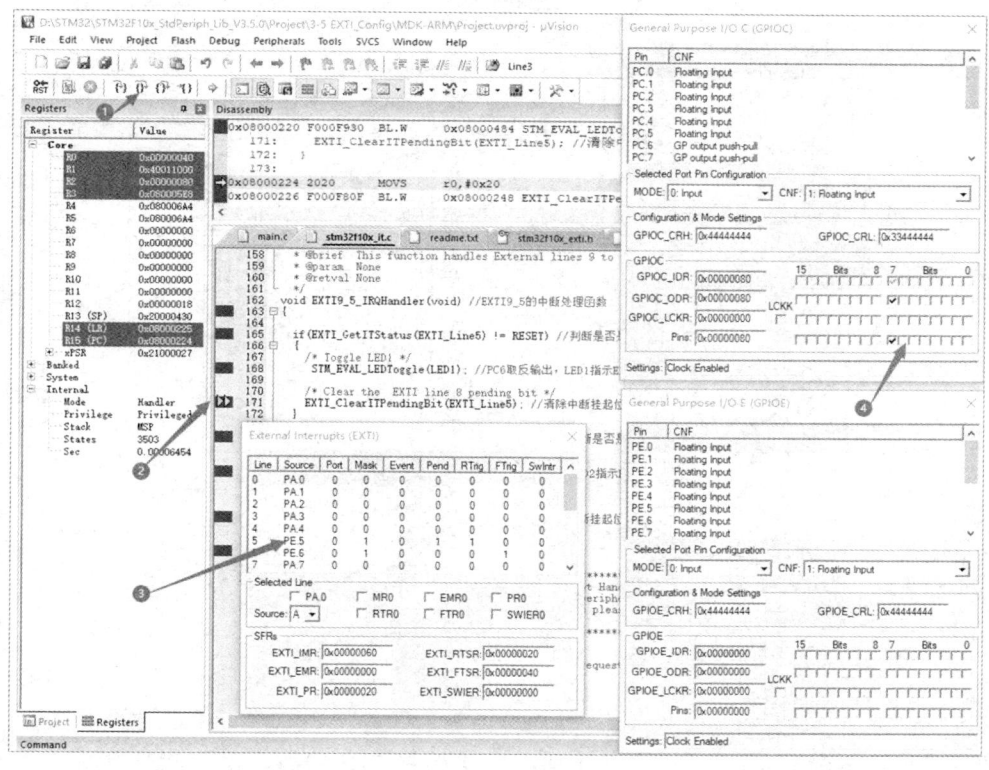

图 3-42　仿真进入中断处理函数 EXTI9_5_IRQHandler

在图 3-41 中，单击仿真外设 GPIOE 的 Pin6 两次产生下降沿；再单击"Step"快捷图标运行代码，程序将进入中断处理函数 EXTI9_5_IRQHandler，如图 3-42 所示。再单击"Step Over"快捷图标，当执行到 STM_EVAL_ LEDToggle(LED2)时，可以观察到仿真外设 GPIOC 的 Pin7 高低状态发生取反。

> 说明：MDK 是一个集成开发环境软件，不但可以软件仿真 STM32 的一些外设，还集成了虚拟逻辑分析等功能（见后续高级定时器 TIM1 的 PWM 波形仿真）。
> 使用 MDK 仿真运行时，可以观察到每一条程序语句执行的结果。
> 而 Proteus 仿真软件则主要用于仿真执行程序在 STM32 运行时所引起的硬件变化现象。

实验 3-6　Proteus 仿真 STM32：EXTI_Config（标准库）

本实验介绍使用 Proteus 对 STM32F103R6 的 EXTI 进行仿真。

在实验中将使用 STM32 的 V3.5.0 库函数完成对外部中断线 EXTI_Line5 和 EXTI_Line6 的编程，使得按下并松开"KEY1"按键时，上升沿触发中断 EXTI_Line5，并通过 LED1 指示中断的发生；按下"KEY2"按键时，下降沿触发中断 EXTI_Line6，并通过 LED2 指示中断的发生。

1. 硬件设计

使用 Proteus 进行如图 3-43 所示的电路设计，方法参见 3.2.5 节。

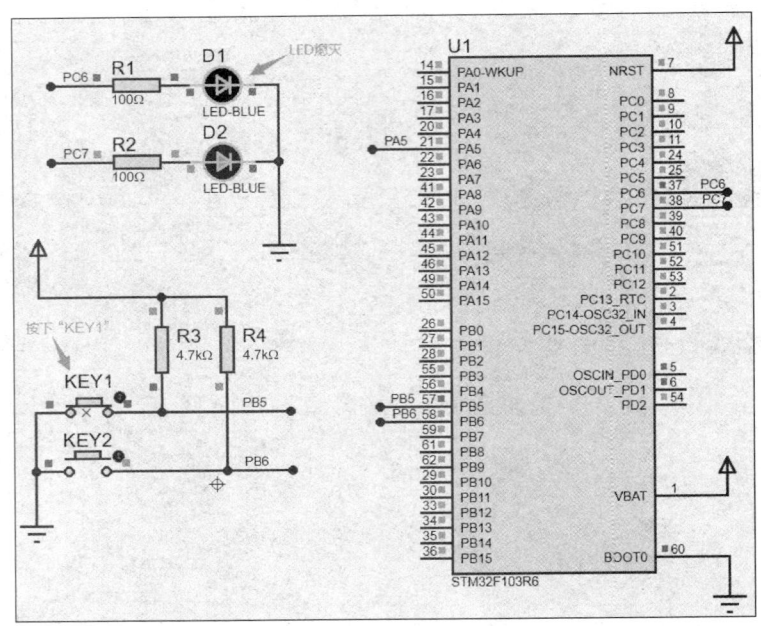

图 3-43　EXTI 中断的 Proteus 仿真运行

2．软件设计（编程）

软件设计部分参考实验 3-5，但需要将 KEY1 连接 PE5 修改为连接 PB5，将 KEY2 连接 PE6 修改为连接 PB6，其他相同。

3．实验过程与现象

将实验 3-5 的文件夹复制并粘贴到相同路径下，并将其重命名为"3-6 EXTI_Config‐Proteus"。

将实验 3-4 中的 Proteus 仿真工程文件复制到"3-6 EXTI_Config‐Proteus"文件夹中，并将其重命名为"3-6 EXTI_Config.pdsprj"，双击将其打开，对仿真电路设计进行修改。由于 STM32F103R6 没有 GPIOE 端口，因此将 KEY1 连接 PE5 修改为连接 PB5，将 KEY2 连接 PE6 修改为连接 PB6。

实验现象：当程序运行时，由于产生了软件中断，因此 LED1 和 LED2 会同时点亮。单击"KEY1"按钮，仿真按下"KEY1"按键后再松开，PB5 会从高电平转变为低电平再转变为高电平，产生上升沿，从而触发 EXTI_Line5 中断，导致 LED1 熄灭，如图 3-43 所示。

类似地，单击"KEY2"按钮，仿真按下"KEY2"按键后，PB6 会从高电平转变为低电平，产生下降沿，从而触发 EXTI_Line6 中断，使得 LED6 熄灭。

3.5　STM32 的串口通信

STM32 的 USART，在这里就是串行通信端口，简称为串口。

USART 的重要性不仅表现在它能够实现与外部设备之间的全双工串行数据通信，还能用于输出调试信息，以及进行 ISP 下载编程。

3.5.1　USART 概述

USART1 接口通信速率可达 4.5Mbit/s，USART2 等其他接口的通信速率可达 2.25Mbit/s。USART 接口具有硬件的 CTS（Require To Send，发送请求）和 RTS（Clear To Send，清除发送或请求发送）流控管理功能等。

所有 USART 接口都可以使用 DMA 操作。

1．USART 的主要特性

（1）全双工的异步通信。发送和接收共用可编程波特率，常用的波特率有 115200bit/s（简写为 bps，该单位表示串行通信的快慢）和 9600bit/s，最高可达 4.5Mbit/s。

（2）支持可编程数据字长度（8 个或 9 个数据位），可配置一个或两个停止位。

（3）能够检测接收缓冲区满、发送缓冲区空，以及数据传输结束等标志。

（4）可以发送校验位，并对接收数据进行校验。

（5）提供 4 个错误检测标志。

2．USART 功能概述

USART 通信端口可以简化为 3 线通信，分别是 RXD（Receive Data，接收数据）、TXD（Transmit Data，发送数据）、GND（Ground，地线）。

USART 通信的数据帧包含一个起始位、一个数据字（8 位或 9 位，最低有效位在前）和一个停止位。USART 数据帧格式如图 3-44 所示。在起始位期间，TXD 引脚处于低电平；在停止位期间，TXD 引脚处于高电平。

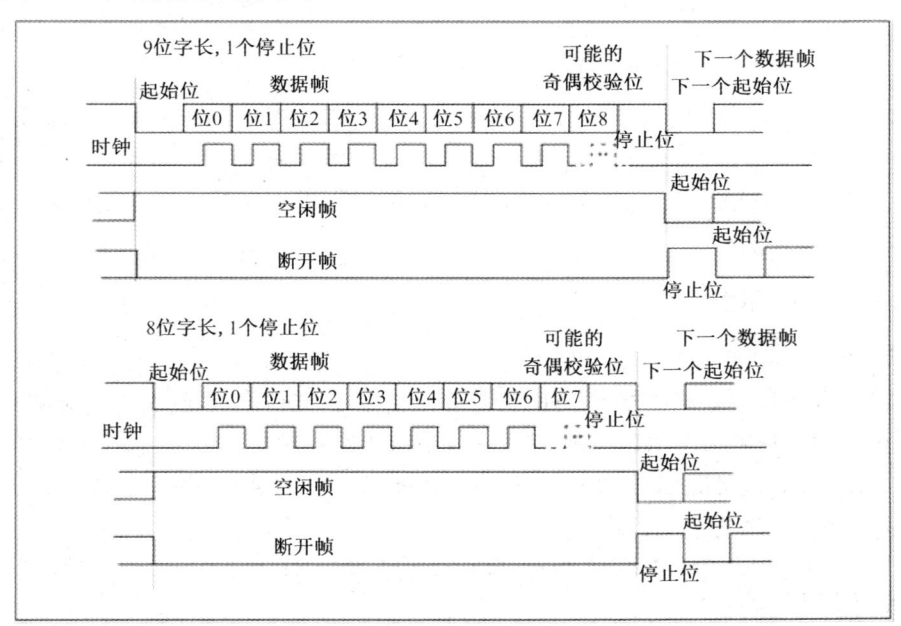

图 3-44　USART 数据帧格式

USART 的发送和接收均由同一个波特率发生器驱动，当发送器和接收器的使能位被分别置位时，波特率发生器分别为其产生所需的时钟信号。

3.5.2 USART 编程应用

STM32 的 USART 范例非常多，本节只是通过一个简单的基础实验来掌握如何使用 USART。

实验 3-7　printf 函数输出到 USART1（标准库）

本实验演示如何将 C 标准库的 printf 函数重定向到 USART1，实现使用 USART1 在超级终端或串口助手软件中输出字符，使用串口输出调试信息就是这样做的。

1．硬件设计

AS-07 实验板的 USART 电路原理图如图 3-45 所示。

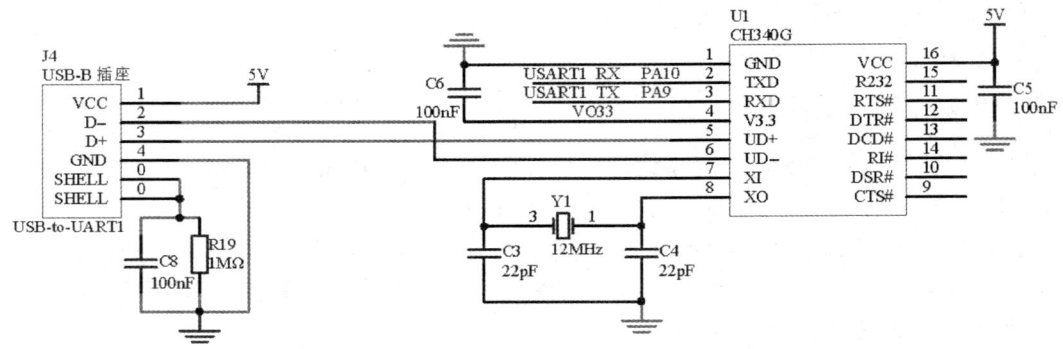

图 3-45　AS-07 实验板的 USART 电路原理图

使用 USB 线将 AS-07 实验板的 USB 转串口与计算机的 USB A 接口相连，需要先在计算机上安装 USB 转串口集成电路驱动程序，参见 2.1.5 节的内容。

STM32 的 PA9 复用为串口 USART1 的串行数据发送引脚 TX，PA10 复用为 USART1 的串行数据接收引脚 RX。

2．软件设计（编程）

（1）设计分析。

使能 GPIOA 的时钟，原因是 USART1 的数据发送线（引脚）和接收线（引脚）是 PA9 和 PA10 的复用功能；使能 USART1 的时钟；使能 AFIO 的时钟。

设置 PA9 为复用功能推挽输出（GPIO_Mode_AF_PP）模式，设置 PA10 为浮空输入（GPIO_Mode_IN_FLOATING）模式。

使用库函数 USART_Init 初始化 USART1 来配置 USART1 的工作参数；使能 USART1；使用 USART1 发送数据。

特别注意：由于 C 语言中的 printf 函数默认输出到显示器，因此需要将输出重定向到

USART1。此外，在 MDK 工程的目标选项配置中，需要勾选"Use MicroLIB"（微库）复选框，如图 3-46 所示。

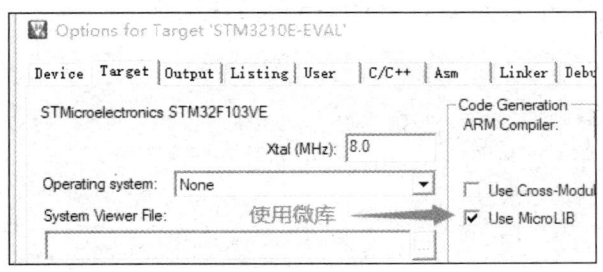

图 3-46　勾选"Use MicroLIB"复选框

（2）程序源码。

使用 STM32 的 V3.5.0 版标准库的关键程序段如下（前面分析过的源码不再分析解释）。

```c
#include "stm32f10x.h"          //包含头文件
#include "stm32_eval.h"         //包含评估板头文件
#include <stdio.h>              //包含 C 语言标准输入输出头文件，因为要使用 printf 函数

USART_InitTypeDef USART_InitStructure; //定义 USART_InitStructure 结构体

#ifdef __GNUC__
  /* With GCC/RAISONANCE, small printf (option LD Linker->Libraries
                                        ->Small printf
     set to 'Yes') calls __io_putchar() */
  #define PUTCHAR_PROTOTYPE int __io_putchar(int ch)
#else
  #define PUTCHAR_PROTOTYPE int fputc(int ch, FILE *f)//使用写字符文件函数 fputc
#endif /* __GNUC__ */
```

① 主函数 main 在"main.c"文件中，程序如下。

```c
int main(void)                                      //主函数
{
  USART_InitStructure.USART_BaudRate = 115200;        //设置波特率为115200bit/s
  USART_InitStructure.USART_WordLength = USART_WordLength_8b;//设置数据位为8位
  USART_InitStructure.USART_StopBits = USART_StopBits_1;     //设置停止位为1位
  USART_InitStructure.USART_Parity = USART_Parity_No;        //没有奇偶校验位
                                                             //不使用硬件流控
  USART_InitStructure.USART_HardwareFlowControl = USART_HardwareFlowControl_None;
  USART_InitStructure.USART_Mode = USART_Mode_Rx | USART_Mode_Tx; //全双工通信

  STM_EVAL_COMInit(COM1, &USART_InitStructure);              //初始化 USART1

  printf("\n\rUSART Printf Example: retarget the C library printf function
           to the USART\n\r");                               //使用 USART1 输出信息
  while (1)
```

```
    {}
}
```

② 输出重定向函数 PUTCHAR_PROTOTYPE 的程序如下。

```
PUTCHAR_PROTOTYPE                                              //输出重定向函数
{
  USART_SendData(EVAL_COM1, (uint8_t) ch);              //发送数据函数(使用USART1)
  while (USART_GetFlagStatus(EVAL_COM1, USART_FLAG_TC) == RESET) //直到发送完毕
  {}
  return ch;
}
```

③ 调用 STM_EVAL_COMInit 函数来初始化 USART1，该函数在"stm3210e_eval.c"文件中，具体程序如下。

```
void STM_EVAL_COMInit(COM_TypeDef COM, USART_InitTypeDef* USART_InitStruct)
{
  GPIO_InitTypeDef GPIO_InitStructure;

  RCC_APB2PeriphClockCmd(COM_TX_PORT_CLK[COM]|COM_RX_PORT_CLK[COM]|
                           RCC_APB2Periph_AFIO, ENABLE);        //使能GPIOA和AFIO的时钟

  if (COM == COM1)
  {
    RCC_APB2PeriphClockCmd(COM_USART_CLK[COM], ENABLE); //使能USART1的时钟
  }
  else
  {
    RCC_APB1PeriphClockCmd(COM_USART_CLK[COM], ENABLE);
  }

  GPIO_InitStructure.GPIO_Mode = GPIO_Mode_AF_PP; //配置PA9为复用功能推挽输出模式
  GPIO_InitStructure.GPIO_Pin = COM_TX_PIN[COM];
  GPIO_InitStructure.GPIO_Speed = GPIO_Speed_50MHz;
  GPIO_Init(COM_TX_PORT[COM], &GPIO_InitStructure);

  GPIO_InitStructure.GPIO_Mode = GPIO_Mode_IN_FLOATING;   //配置PA10为浮空输入模式
  GPIO_InitStructure.GPIO_Pin = COM_RX_PIN[COM];
  GPIO_Init(COM_RX_PORT[COM], &GPIO_InitStructure);

  USART_Init(COM_USART[COM], USART_InitStruct);            //初始化USART1

  USART_Cmd(COM_USART[COM], ENABLE);                       //使能USART1
}
```

上述通信端口的相关宏定义在"stm3210e_eval.h"头文件中，具体代码如下。

```
#define EVAL_COM1                        USART1
```

```
#define EVAL_COM1_CLK                RCC_APB2Periph_USART1
#define EVAL_COM1_TX_PIN             GPIO_Pin_9
#define EVAL_COM1_TX_GPIO_PORT       GPIOA
#define EVAL_COM1_TX_GPIO_CLK        RCC_APB2Periph_GPIOA
#define EVAL_COM1_RX_PIN             GPIO_Pin_10
#define EVAL_COM1_RX_GPIO_PORT       GPIOA
#define EVAL_COM1_RX_GPIO_CLK        RCC_APB2Periph_GPIOA
#define EVAL_COM1_IRQn               USART1_IRQn
```

3. 实验过程和实验观察

实验过程参考 3.2.2 节。

首先，将"Project\STM32F10x_StdPeriph_Examples\USART"文件夹中的"Printf"文件夹复制到"Project"文件夹中，并将其重命名为"3-7 Printf"。其次，将工程模板中的全部文件选中并复制到"3-7 Printf"文件夹中，跳过同名文件。再次，将"3-7 Printf"文件夹中的"readme.txt"文件复制到"MDK-ARM"文件夹中，替换目标文件中的同名文件。最后，双击打开 MDK 工程，编译完成后，将程序下载到实验板上运行。

在本实验中，需要使用 USB 线将 AS-07 实验板与计算机连接起来。在计算机上运行串口助手或超级终端软件，并打开串口，将程序下载到 AS-07 实验板上。下载完成后，按下 AS-07 实验板上的复位键再次运行程序，观察实验现象，如图 3-47 和图 3-48 所示。

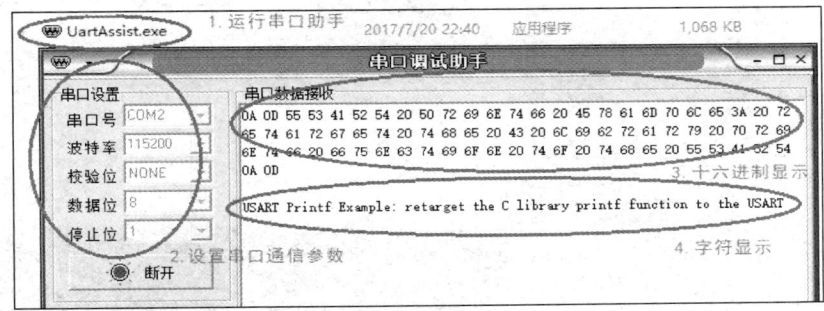

图 3-47　串口助手显示的 AS-07 实验板的 USART1 的输出信息

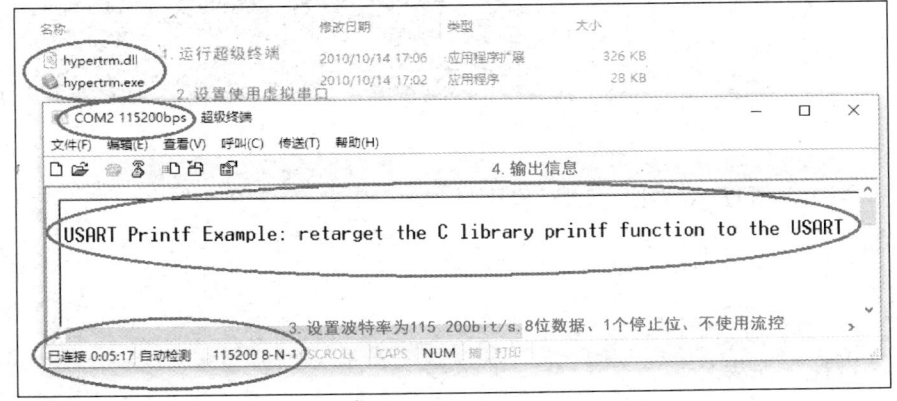

图 3-48　超级终端显示的 AS-07 的 USART1 的输出信息

实验 3-8 Proteus 仿真 STM32：printf 函数输出到 USART1（标准库）

本实验使用 Proteus 对 STM32F103R6 进行仿真，演示如何将 C 标准库的 printf 函数重定向到 USART1，实现使用 USART1 在仿真虚拟终端上输出 printf 函数的输出信息。

1．硬件设计

使用 Proteus 进行电路设计（新建或修改之前的），如图 3-49 所示，方法参见 3.2.5 节。

2．软件设计（编程）

将实验 3-7 的文件夹复制并粘贴到相同路径下，将其重命名为"3-8 Printf - Proteus"。添加实验 3-8 的程序执行文件后开始运行，如图 3-49 所示。

3．实验过程与现象

添加程序执行文件并开始运行，如图 3-49 所示。

> **注意**：在 Proteus 8.13 中，因为仿真 STM32 的时钟频率被设置为 8MHz，而程序的 RCC 设置的是 72MHz，所以虚拟终端的波特率设置为 115200/9=12800bit/s。

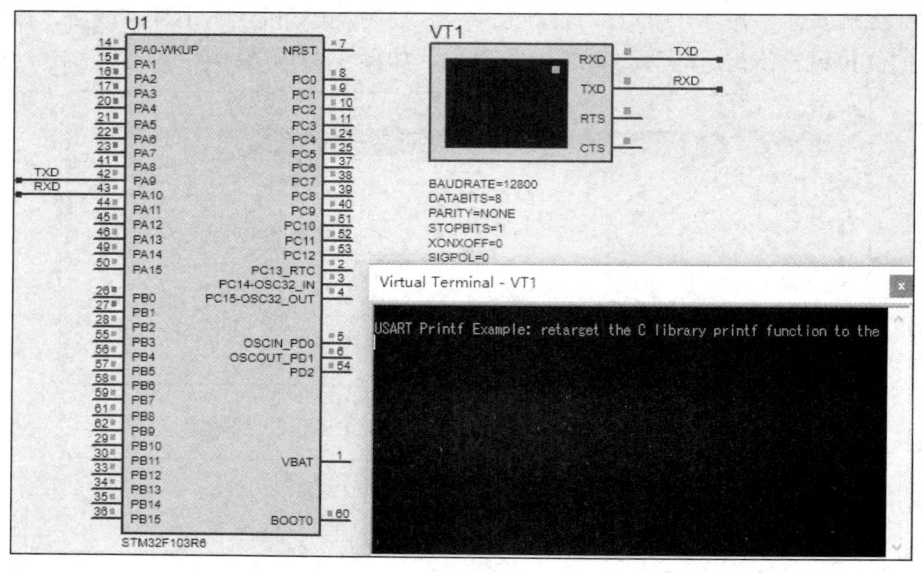

图 3-49 USART1 的 Proteus 仿真运行

实验 3-9 printf 函数输出到 USART1（HAL 库）

1．硬件设计

硬件设计与实验 3-7 的相同。

2．软件设计（编程）

（1）设计分析。

使用 STM32CubeMX 配置 STM32F103VET6 的相应初始化 C 程序和创建 MDK 工程。

在创建的 MDK 工程中的 "main.c" 文件中，已经包含了初始化函数 HAL_Init、系统时钟配置函数 SystemClock_Config、GPIO 初始化函数 MX_GPIO_Init 和 USART 初始化函数 MX_USART1_UART_Init。用户只需要添加 "stdio.h" 头文件、重定向函数，并编写 printf 输出语句即可。

> **注意**：用户的头文件应添加在/* USER CODE BEGIN Includes */和/* USER CODE END Includes */之间；用户的程序需要添加在/* USER CODE BEGIN x */和/* USER CODE END x */之间，否则使用 STM32CubeMX 重新生成工程时，用户的头文件和程序会被删除。
>
> 在 STM32CubeMX 软件生成的程序中，串口的英文缩写是 UART，不是 USART，但本质是一样的。

（2）程序源码。

```c
#include "main.h"
#include "stdio.h"

UART_HandleTypeDef    huart1;
void SystemClock_Config(void);
static void MX_GPIO_Init(void);
static void MX_USART1_UART_Init(void);

#ifdef __GNUC__
#define PUTCHAR_PROTOTYPE int __io_putchar(int ch)
#else
#define PUTCHAR_PROTOTYPE int fputc(int ch, FILE *f)
#endif /* __GNUC__ */

int main(void)                                      //主函数
{
  HAL_Init();
  SystemClock_Config();
  MX_GPIO_Init();
  MX_USART1_UART_Init();                            //USART1 初始化
  /* USER CODE BEGIN 2 */
  printf("\n\r UART Printf Example: retarget the C library
          printf function to the UART\n\r");
  printf("** Test finished successfully. ** \n\r");
  /* USER CODE END 2 */
  while (1)
  {}
}

PUTCHAR_PROTOTYPE                                   //输出重定向函数
{
  USART_SendData(EVAL_COM1, (uint8_t) ch);          //发送数据函数（使用 USART1）
  while (USART_GetFlagStatus(EVAL_COM1, USART_FLAG_TC) == RESET)//直到发送完毕
```

```
    {}
    return ch;
}
```

上述程序中的部分函数由 STM32CubeMX 工具软件生成，包括 MX_USART1_UART_Init 函数、HAL_UART_Init 函数和 HAL_UART_MspInit 函数等。

① USART1 初始化函数 MX_USART1_UART_Init 的具体程序如下。

```
static void MX_USART1_UART_Init(void)
{
    huart1.Instance = USART1;                              //设置 huart1 的实例为 USART1
    huart1.Init.BaudRate = 115200;                        //设置波特率为 115200bit/s
    huart1.Init.WordLength = UART_WORDLENGTH_8B;          //设置数据位为 8 位
    huart1.Init.StopBits = UART_STOPBITS_1;               //设置 1 个停止位
    huart1.Init.Parity = UART_PARITY_NONE;               //设置没有奇偶校验位
    huart1.Init.Mode = UART_MODE_TX_RX;                  //设置全双工通信
    huart1.Init.HwFlowCtl = UART_HWCONTROL_NONE;         //设置不使用硬件流控
    huart1.Init.OverSampling = UART_OVERSAMPLING_16;     //设置过采样
    if (HAL_UART_Init(&huart1) != HAL_OK)                //初始化 USART1
    {
        Error_Handler();                                 //错误处理程序
    }
}
```

说明：程序中，串口的英文缩写使用的是 UART，而实际上应该是 USART。

② UART 初始化函数 HAL_UART_Init 的具体程序如下。

```
HAL_StatusTypeDef  HAL_UART_Init(UART_HandleTypeDef *huart)
{
…（省略部分程序语句）
 #if (USE_HAL_UART_REGISTER_CALLBACKS == 1)
    UART_InitCallbacksToDefault(huart);
    if (huart->MspInitCallback == NULL)
    {
        huart->MspInitCallback = HAL_UART_MspInit;
    }
    huart->MspInitCallback(huart);
 #else
    HAL_UART_MspInit(huart);                             //UART 底层硬件初始化
 #endif /*使用 HAL 用户注册和回调*/
 }

…（省略部分程序语句）
 return HAL_OK;
}
```

③ UART 底层硬件初始化函数 HAL_UART_MspInit 的具体程序如下。

```
void HAL_UART_MspInit(UART_HandleTypeDef* huart)       //UART 底层硬件初始化
{
```

```
GPIO_InitTypeDef GPIO_InitStruct = {0};
if(huart->Instance==USART1)
{
  __HAL_RCC_USART1_CLK_ENABLE();                        //使能 USART1 时钟
  __HAL_RCC_GPIOA_CLK_ENABLE();                         //使能时钟 GPIOA 时钟

  GPIO_InitStruct.Pin = GPIO_PIN_9;
  GPIO_InitStruct.Mode = GPIO_MODE_AF_PP;
  GPIO_InitStruct.Speed = GPIO_SPEED_FREQ_HIGH;
  HAL_GPIO_Init(GPIOA, &GPIO_InitStruct); //PA9 初始化为复用功能的推挽输出

  GPIO_InitStruct.Pin = GPIO_PIN_10;
  GPIO_InitStruct.Mode = GPIO_MODE_INPUT;
  GPIO_InitStruct.Pull = GPIO_NOPULL;
  HAL_GPIO_Init(GPIOA, &GPIO_InitStruct); //PA10 初始化为没有上下拉，即浮空输入
}
}
```

3. 实验过程和实验观察

实验过程参考 3.2.6 节，确保 RCC 和时钟配置与本节描述一致。USART1 配置如图 3-50 所示。

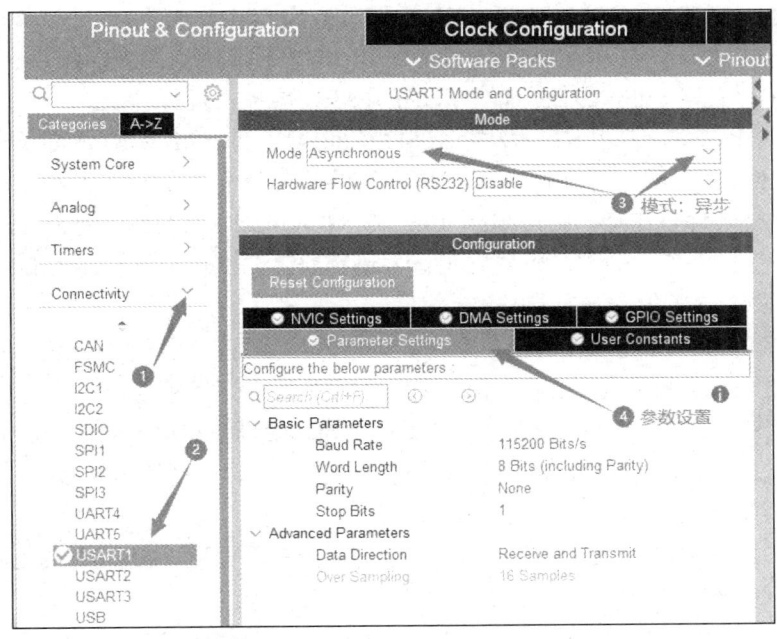

图 3-50　USART1 配置

STM32CubeMX 的工程名称为 "3-9 Printf"。

在 MDK 工程中，按照上述步骤添加用户程序后进行编译。编译完成后，将程序下载到 AS-07 实验板上运行。

本实验中，需要使用 USB 线将 AS-07 实验板与计算机连接起来，在计算机上运行串口助手软件并打开串口。将程序下载到 AS-07 实验板上运行，按下实验板上的复位键并松开后，观察实验现象，如图 3-51 所示。

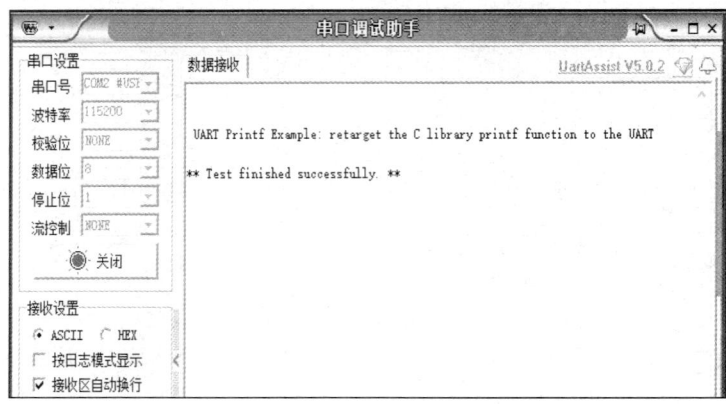

图 3-51　串口助手显示 AS-07 实验板上的 USART1 输出的信息

3.6　思考与练习

（1）练习使用 MDK、STM32CubeMX 和 STM32CubeIDE 软件。

（2）进行编程练习，使用 STM32 的 V3.5.0 标准外设库函数的方法，点亮或熄灭 LED，并分别使用 MDK 仿真、Proteus 仿真，以及在开发/实验板上运行验证。

（3）进行编程练习，使用 STM32 的 STM32CubeMX 和 HAL 库函数的方法，点亮或者熄灭 LED，并分别使用 MDK 仿真、Proteus 仿真，以及在开发/实验板上运行验证。

（4）使用 "STM32F10x_StdPeriph_Lib_V3.5.0\Project\STM32F10x_StdPeriph_Examples\GPIO\IOToggle" 文件夹下的程序，建立工程并进行修改，然后分别使用 MDK 仿真、Proteus 仿真，以及在开发/实验板上运行验证。

（5）使用 STM32CubeMX 和 HAL 库建立工程后，编写程序，实现 LED 流水灯效果，并分别使用 MDK 仿真、Proteus 仿真，以及在开发/实验板上运行验证。

（6）使用 "STM32F10x_StdPeriph_Lib_V3.5.0\Project\STM32F10x_StdPeriph_Examples\EXTI\EXTI_Config" 文件夹下的程序，建立工程并进行修改，然后分别使用 MDK 仿真、Proteus 仿真，以及在开发/实验板上运行验证。

（7）使用 STM32CubeMX、HAL 库建立工程后，编写程序，实现 EXTI_Line5，并分别使用 MDK 仿真、Proteus 仿真，以及在开发/实验板上运行验证。

（8）使用 "STM32F10x_StdPeriph_Lib_V3.5.0\Project\STM32F10x_StdPeriph_Examples\USART\Printf" 文件夹下的程序，建立工程并进行修改，然后分别使用 MDK 仿真、Proteus 仿真，以及在开发/实验板上运行验证。

（9）使用 STM32CubeMX、HAL 库建立工程后，编写程序，实现 USART 的 Printf 功能，并分别使用 MDK 仿真、Proteus 仿真，以及在开发/实验板上运行验证。

第 4 章　STM32 应用编程

STM32 微控制器在嵌入式系统领域的应用十分广泛，包括使用定时器产生 PWM（Pulse Width Modulation，脉冲宽度调制）信号来控制电机，以及通过对 I2C 和 SPI 接口读写存储器等。

本章将深入学习 STM32 的定时器、I2C、SPI 和 ADC 等的工作原理和编程应用。

在嵌入式系统中，LCD（Liquid Crystal Display，液晶显示器）显示和触摸屏控制是普遍使用的外设，也是必须学习并掌握的内容。

通过本章的学习，读者将进一步熟悉和掌握 STM32 的标准库和 HAL 库的编程方法，同时提高对 STM32CubeMX 和 MDK 开发环境的应用能力，为基于 STM32 的嵌入式系统开发打下坚实基础。

在使用 STM32 开发/实验板等硬件做实验的同时，本章会继续使用 Proteus 对 STM32 进行仿真实验，这样能够取长补短、优势互补，提升读者学习和开发的效率。

4.1　LCD 显示和 STM32 的 FSMC

LCD 是一种广泛使用的显示设备。LCD 的种类繁多，常用的是 TFT（Thin Film Transistor，薄膜晶体管）LCD。

目前，OLED（Organic Light Emitting Diode，有机发光显示器）越来越多地应用于嵌入式系统作为显示外设。与传统的 LCD 显示方式不同，OLED 技术的主要优点在于其自发光特性。

本节将以 ILI9320 驱动器的并行接口的 LCD 为例，介绍 LCD 的外形、特性、引脚及驱动，并给出 FSMC 接口模式的编程应用。其他类型的显示器，如 SSD1306 驱动器的 I2C 或 SPI 接口的 OLED，也将在后续内容中介绍其应用方法。

4.1.1　LCD 简介

LCD 由 4 部分构成：触摸屏、显示面板、背光灯组件和驱动器。

LCD 的显示面板是由两片玻璃基板夹着中间一层的液晶材料构成的。上层的玻璃基板与彩色滤光片贴合，形成每个像素的红、蓝、绿三原色；而下层的玻璃基板则嵌有晶体管，电流通过晶体管改变液晶分子排列而调整由背光灯提供的投射光线的偏振，再利用偏振片改变透过光线量来调整像素的亮暗。这样就实现了显示面板上的像素的亮暗和彩色变化，呈现出丰富多彩的图形画面。

按照触摸屏的结构和工作原理，触摸屏分为 4 种：电阻式、电容感应式、红外线式及表面声波式。高级嵌入式产品通常使用触摸屏作为输入设备，以代替鼠标或键盘。

LCD 的驱动器与外接的 MCU 或 MPU（Micro Processor Unit，微处理器）一起协同工作，控制显示器上的文字、符号或者图形的显示。

4.1.2 LCD 的外部引脚

带触摸屏的 16 位并行接口 LCD 有 37 个引脚。这些引脚按照功能分为电源引脚（VCC1 和 GND1）、数据引脚（DB0～DB7 和 DB10～DB17）、控制引脚（/CS、RS、/WR、/RD、/RESET）、背光灯引脚（LEDA 和 LEDK）、触摸引脚（X 和 Y）、MCU/MPU 控制接口模式引脚（IM）等几个类别。16 位并行接口 LCD 的外部部分引脚的定义如表 4-1 所示。

表 4-1　16 位并行接口 LCD 的外部部分引脚的定义

引　　脚	名　　称	描　　述
1～4	DB0～DB3	数据线
5	GND1	地线 GND：GND=0V
6	VCC1	内部电源：V_{CC}=2.5～3.3V
7	/CS	片选（低电平有效）
8	RS	命令/数据选择引脚，RS=“H”时 DB0～DB7 线上是显示数据，RS=“L”是 DB1～DB7 线上是控制数据
9	/WR	写引脚
10	/RD	读引脚。当/RD=“L”时，DB0～DB7 处于输出状态
11	IM0	选择 8 位或 16 位并行。8 位数据总线是 D0～D7，16 位数据总线是 D0～D15
21	IM3	选择与 MCU/MPU 接口的模式。在串行接口操作中，IM0 引脚用于设置设备代码的 ID 位
22	DB4	数据线
23～30	DB10～DB17	数据线
31	/RESET	复位，低电平有效
34	GND	地线 GND：GND=0V
35～37	DB5～DB7	数据线

4.1.3 LCD 的主要特性

典型的 2.8 寸（1 寸≈3.33cm）TFT LCD 的主要特性如表 4-2 所示。

表 4-2　典型的 2.8 寸 TFT LCD 的主要特性

参　　数	值	单　　位
颜色数	262/65	K
分辨率	240×320	像素
LCD 驱动器	ILI9320	—
MCU/MPU 接口标准	支持标准的 8080 系统，提供 8 位或 16 位并行	—
电源电压	2.5～3.6	V

4.1.4　LCD 驱动器

常用的 LCD 驱动器有 ILITEK 公司的 ILI9320/9325/9328/9341、Solomon Systech 公司的 SSD1306 和 Sitronix 公司的 ST7735 等。下面将简要介绍 ILI9320，其他驱动器的原理和应用类似，读者可自行查阅数据手册。

1．ILI9320 的内部结构

ILI9320 驱动 LCD 以 262K（262144）颜色、240 像素×320 像素分辨率显示。它包括一个 720 通道的源驱动、一个 320 通道的门驱动、容量为 172800 字节的 GRAM（Graphics RAM，图像存储器），以及供电电路。驱动器的工作就是通过读写相关的寄存器，将显示数据送到 GRAM，在显示屏上以像素点的形式显示出来。

2．ILI9320 的 MPU 接口

ILI9320 与 MPU 硬件接口有 Intel 8080 MPU（简称 i80）系统的 8 位、9 位、16 位、18 位并行接口和 SPI 串行接口两类。

3．ILI9320 的 i80 的 16 位数据接口

LCD 与 MCU 间的 16 位数据接口如图 4-1 所示。

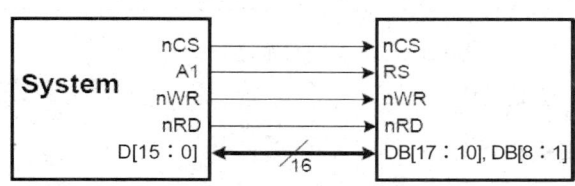

图 4-1　LCD 与 MCU 间的 16 位数据接口

如图 4-2 所示，当显示 65K（RGB565）色时，只需要传输一次 16 位显示数据。当显示 262K（RGB666）色时，需要第一次传输 16 位显示数据、第二次传输剩余的 2 位显示数据；或者第一次传输 2 位显示数据、第二次传输剩余的 16 位显示数据。

注意： 引脚或信号名称中的前缀 "n" 表示信号低电平有效。

4．ILI9320 的寄存器

ILI9320 采用高性能微处理器架构的 18 位总线接口，能够通过 18 位、16 位、9 位、8 位接口从外部微处理器接收到正确指令后开始工作。

ILI9320 的寄存器分为以下几类。

（1）索引寄存器。

（2）读取状态寄存器。

（3）显示控制寄存器。

（4）电源管理控制寄存器。

（5）图形数据处理寄存器。

（6）设置内部 GRAM 地址寄存器。

（7）传输数据寄存器。

（8）γ 校正寄存器。

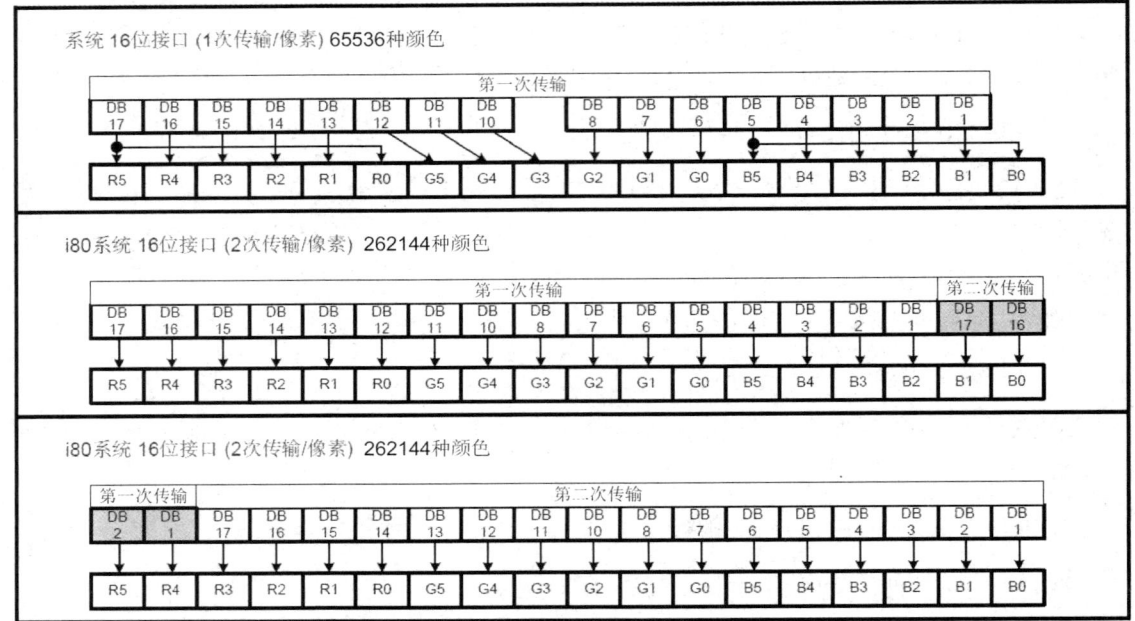

图 4-2　16 位接口的数据传输格式

ILI9320 通过直接寄存器访问，对 GRAM 进行频繁的更新，以实现显示内容的更新。

ILI9320 的一些重要寄存器如下。

（1）开始振荡（Start Oscillation）寄存器 R00H。

将 R00H 的 OSC 位设置为 "1" 以启动内部振荡器，设置为 "0" 以停止振荡器。

（2）进入模式（Entry Mode）寄存器 R03H。

进入模式寄存器用来设置显示的正反、上下、左右等方向。

（3）显示 GRAM 的水平/垂直地址初值（GRAM Horizontal/Vertical Address Set）寄存器 R20H 和 R21H。

（4）写数据到 GRAM（Write Data to GRAM）寄存器 R22H。

R22H 用于将显示数据写入 GRAM 寄存器，通过这个寄存器更新显示数据时，地址计数器会自动增加或减少。在数据真正写入 LCD 的 GRAM 之前，必须先写入 R22H，这一点需要特别注意。

（5）水平和垂直 RAM 地址位置（Horizontal and Vertical RAM Address Position）寄存器 R50H、R51H、R52H 和 R53H。

设置显示窗口水平方向的开始和结束地址、显示窗口垂直方向的开始和结束地址。

4.1.5　FSMC 概述

FSMC 是内置于大容量 STM32F103xxx 的外部存储器控制器，可以与许多存储器连接，包括 NOR Flash 和 PSRAM（Pseudo Static Random Access Memory，伪静态随机存取存储器）

等。此外，还可以与 LCD 连接，实现 LCD 显示控制。

1．FSMC 的主要模块

FSMC 主要由 4 个模块组成，分别是 AHB 总线接口（包含配置寄存器）、NOR/PSRAM 存储器控制器、NAND/PC 卡存储器控制器，以及外部设备接口。FSMC 的内部结构框图如图 4-3 所示。

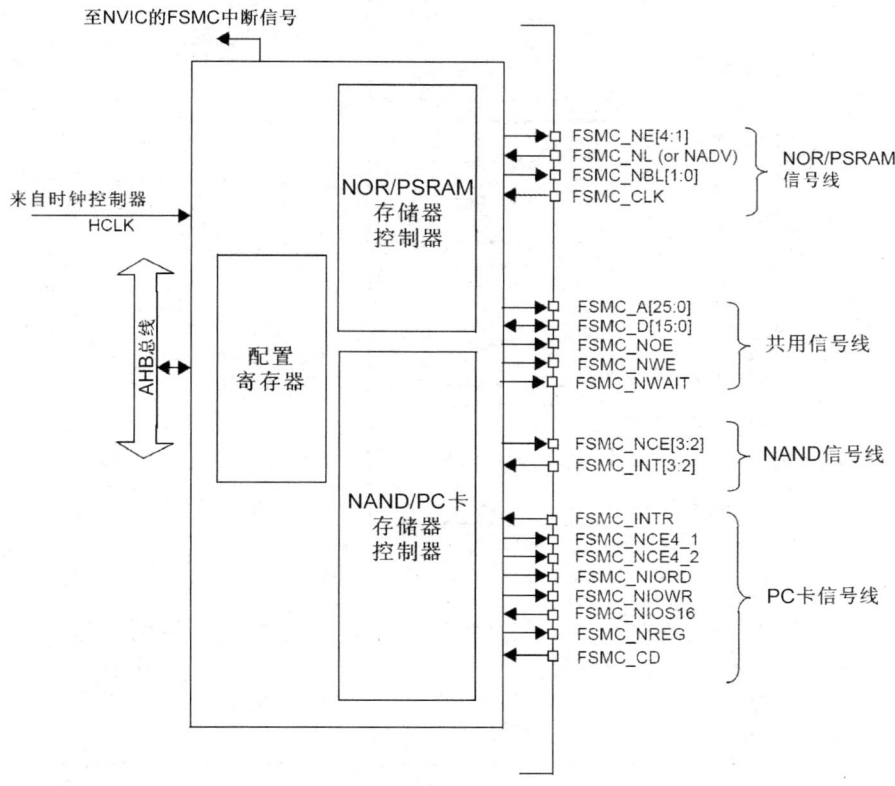

图 4-3　FSMC 的内部结构框图

2．FSMC 的存储器控制器分类

FSMC 包含以下两类存储器控制器。

（1）NOR/PSRAM 存储器控制器：可以与 NOR Flash、SRAM 和 PSRAM 存储器进行接口。

（2）NAND/PC 卡存储器控制器：可以与 NAND Flash、PC 卡存储器进行接口。

使用 FSMC 时，存储器控制器将产生以下信号。

（1）16 个数据 D[15:0]信号，用于连接 8 位或 16 位存储器。

（2）26 个地址 A[25:0]信号，最多可连接 64MB 的存储器。

（3）4 个独立的片选 NE[4:1]信号。

（4）读/写控制信号。

3．FSMC 的存储器控制地址

从 FSMC 的角度看，外部存储器分为 4 个固定大小为 256MB 的存储块（Bank），如图 4-4 所示。

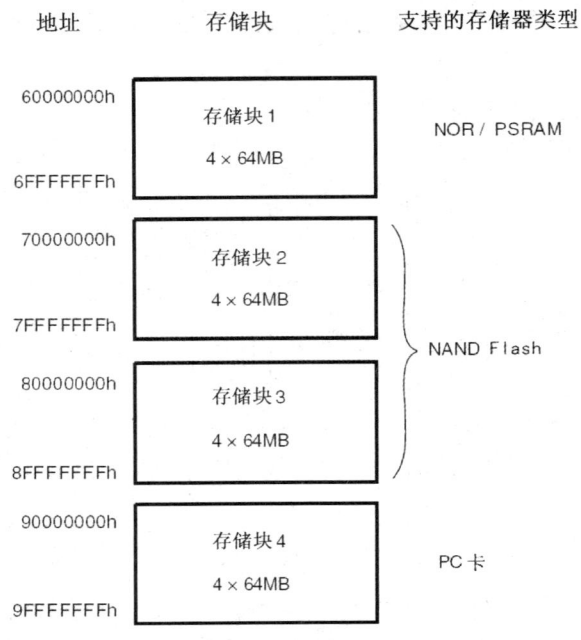

图 4-4　外部存储器的 4 个存储块

（1）NOR/PSRAM 存储器控制器使用存储块 1。这个存储块又被划分为 4 个子块，如表 4-3 所示，具有 4 个独立的片选信号。

表 4-3　存储块 1 的 4 个子块

子　　块	地址（H）	片选信号	引　　脚
Bank 1- NOR/PSRAM 1	60000000～63FFFFFF	NE1	PD7
Bank 1- NOR/PSRAM 2	64000000～67FFFFFF	NE2	PG9
Bank 1- NOR/PSRAM 3	68000000～6BFFFFFF	NE3	PG10
Bank 1- NOR/PSRAM 4	6C000000～6FFFFFFF	NE4	PG12

（2）NAND Flash 存储器控制器使用存储块 2 和存储块 3。

（3）PC 卡存储器控制器使用存储块 4。

对于每个存储块，用户可以通过配置寄存器来定义所使用的存储器类型。

背景知识

Flash 存储器的分类

Flash 存储器的英文全称为 Flash EEPROM Memory，也翻译为"闪存"，是一种非易失性存储器，在没有通电的情况下也能够长久地保持数据。

Flash 又分为 NOR Flash 与 NAND Flash 两类，NOR Flash 的读取速度比 NAND Flash 稍快一些，NAND Flash 的写入速度比 NOR Flash 快很多。通常 NAND Flash 中每个块的最大擦写次数是一百万次，而 NOR Flash 的擦写次数是十万次。

NOR Flash 使用独立的地址线和数据线，价格比较贵，容量比较小，比较适合频繁随机读写的场合，通常用于存储程序代码；而 NAND Flash 采用共同的地址线和数据线，即 I/O 线，成本要低一些，而容量大得多，主要用来存储资料，常用于 U 盘、SD 卡和固态硬盘中。

4．FSMC 与 LCD 接口的典型使用

FSMC 一次只能访问一个外部存储器，每个外部存储器通过唯一的片选信号访问，但共享地址、数据和控制信号。

FSMC 的 NOR/PSRAM 存储器控制器提供了控制 LCD 所需的信号，因此可以用于控制 LCD。FSMC 与 LCD 的接口如图 4-5 所示，具体说明如下。

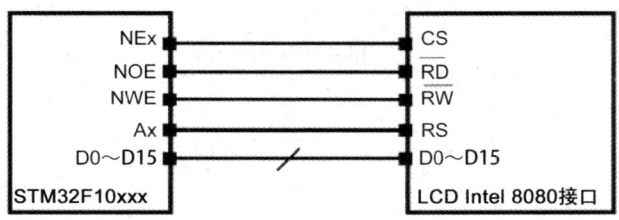

图 4-5　FSMC 与 LCD 的接口

NEx（x=1～4）：FSMC 的片选引脚，低电平有效，连接 LCD 的 CS 引脚。

NOE：FSMC 的输出使能读引脚，低电平有效，连接 LCD 的 $\overline{RD}$ 引脚。

NWE：FSMC 写入使能引脚，低电平有效，连接 LCD 的 $\overline{RW}$ 引脚。

Ax：FSMC_Ax（x=0～25）的地址引脚，连接 LCD 的 RS 引脚，可使用其中的任意一个引脚。对于 LCD，RS=0 时，表示读写命令（或读写寄存器）；RS=1 时，表示读写数据（或读写 GRAM）。

D0～D15：FSMC 数据总线引脚，连接 LCD 的 16 位数据总线。

注意：引脚或信号名称中的前缀"N"表示信号低电平有效。

图 4-6 所示为 STM3210E-EVAL 评估板的 LCD 局部电路图。LCD 使用 Intel 8080 并行 16 位与 STM32 的 FSMC 接口。LCD 是 Ampire 公司的产品，型号是 AM-240320L8TNQW00H，内嵌 ILI9320 驱动器，其颜色为 18 位或 16 位，分辨率为 320 像素×240 像素。

对于 FSMC 与 LCD 接口的程序设计，最重要的是 LCD 的地址计算，这取决于所使用的 FSMC 的 NOR/PSRAM 存储块的片选引脚（NEx）和所选的地址引脚（Ax）。详细说明如下。

（1）STM3210E-EVAL 评估板使用 NE4 引脚和 A0 引脚：选择 Bank 1 - NOR/PSRAM 4 的 NE4（PG12 复用）作为 LCD 片选，使用 FSMC_A0（PF0 复用）控制 LCD 的 RS 引脚，则访

问 LCD 寄存器的地址为 6C000000H，此时 A0 为低电平；GRAM 的基址为 0x6C000002（…00000001B），此时 A0 为高电平。

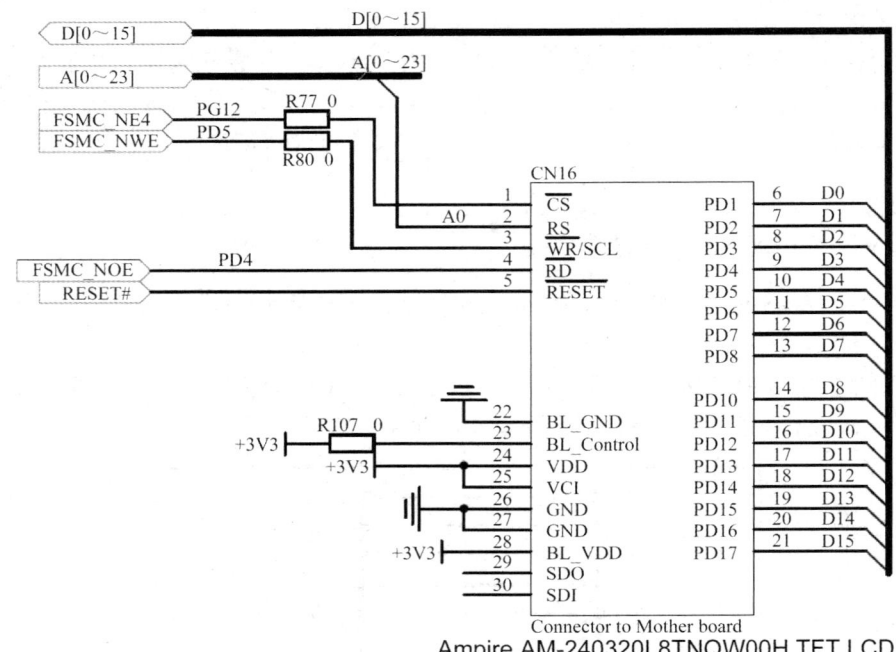

图 4-6 STM3210E-EVAL 评估板的 LCD 局部电路图

GRAM 的基址计算：数据位宽为 16 位，GRAM 的基址=0x6C000000+2^0×2=0x6C000000+0x2=0x6C000002。

（2）AS-07 实验板使用 NE1 引脚和 A16 引脚：选择 Bank 1 - NOR/PSRAM 1 的 NE1（PD7 复用）作为 LCD 片选，使用 FSMC_A16（PD11 复用）控制 LCD 的 RS 引脚，则访问 LCD 寄存器的地址为 60000000H，此时 A16 为低电平；GRAM 的基址为 0x60020000（…000100000000 00000000B），此时 A16 为高电平。

GRAM 的基址计算：数据位宽为 16 位，GRAM 的基址=0x60000000+2^{16}×2=0x60000000+0x10000×2=0x60020000。

> 注意：实际编程时，GRAM 的基址要减 0x2，就是右移 1 位。

4.1.6 LCD 编程应用

LCD 的基本功能是显示字符，实际应用中也常使用 LCD 显示图片及使用触摸屏控制。

实验 4-1 LCD 显示中英文（标准库）

本实验将使用 STM32 的 FSMC 与 LCD（ILI9320 驱动器）接口实现 LCD 显示中英文字符。

1. 硬件设计

AS-07 实验板的 LCD 模块插座设计原理图如图 4-7 所示。

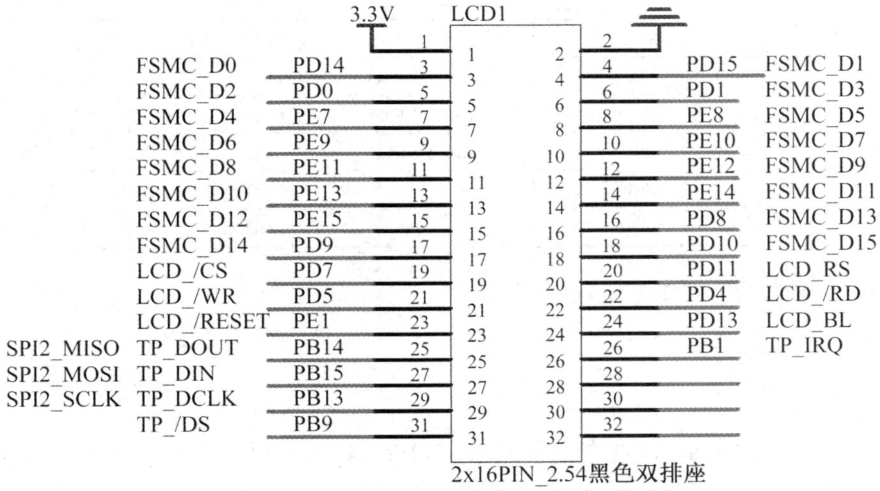

图 4-7　AS-07 实验板的 LCD 模块插座设计原理图

AS-07 实验板 LCD 的控制引脚、数据引脚和触摸屏控制引脚如表 4-4 所示。

表 4-4　AS-07 实验板 LCD 的控制引脚、数据引脚和触摸屏控制引脚

LCD 引脚	GPIO 引脚	AFIO 引脚	描　述
LCD_/CS	PD7	FSMC_NE1	LCD 控制引脚：片选
LCD_RS	PD11	FSMC_A16	LCD 控制引脚：命令/数据选择
LCD_/WR	PD5	FSMC_NWE	LCD 控制引脚：写引脚
LCD_/RD	PD4	FSMC_NOE	LCD 控制引脚：读引脚
LCD_/RESET	PE1	—	LCD 控制引脚：复位
LCD_BL	PD13	—	LCD 控制引脚：背光灯控制
FSMC_D0	PD14	FSMC_D0	LCD 数据 D0
FSMC_D1	PD15	FSMC_D1	LCD 数据 D1
FSMC_D2	PD0	FSMC_D2	LCD 数据 D2
FSMC_D3	PD1	FSMC_D3	LCD 数据 D3
FSMC_D4	PE7	FSMC_D4	LCD 数据 D4
FSMC_D5	PE8	FSMC_D5	LCD 数据 D5
FSMC_D6	PE9	FSMC_D6	LCD 数据 D6
FSMC_D7	PE10	FSMC_D7	LCD 数据 D7
FSMC_D8	PE11	FSMC_D8	LCD 数据 D8
FSMC_D9	PE12	FSMC_D9	LCD 数据 D9
FSMC_D10	PE13	FSMC_D10	LCD 数据 D10
FSMC_D11	PE14	FSMC_D11	LCD 数据 D11
FSMC_D12	PE15	FSMC_D12	LCD 数据 D12

续表

LCD 引脚	GPIO 引脚	AFIO 引脚	描　　述
FSMC_D13	PD8	FSMC_D13	LCD 数据 D13
FSMC_D14	PD9	FSMC_D14	LCD 数据 D14
FSMC_D15	PD10	FSMC_D15	LCD 数据 D15
TP_DOUT	PB14	SPI2_MISO	LCD 触摸屏控制线：数据输出
TP_DIN	PB15	SPI2_MOSI	LCD 触摸屏控制线：数据输入
TP_DCLK	PB13	SPI2_SCLK	LCD 触摸屏控制线：串行时钟
TP_/CS	PB9	—	LCD 触摸屏控制线：片选
TP_IRQ	PB1	—	LCD 触摸屏控制线：中断请求

说明： 引脚或信号名称中的前缀 "/" 指信号低电平有效。

2. 软件设计（编程）

（1）设计分析。

在 "main.c" 文件的 main 函数中，调用 "stm3210e_eval_lcd.c" 文件中的 STM3210E_LCD_Init 函数，用于初始化 LCD；调用 LCD_Clear 函数，用于清屏；调用 LCD_SetBackColor 函数，用于设置显示的背景色；调用 LCD_SetTextColor 函数，用于设置显示的字符颜色；调用 LCD_DisplayStringLine 函数，用于显示一行字符串（使用英文字库 fonts.h，即 ASCII 表）；调用 LCD_DisplayHZLine 函数，用于显示一行字符串（使用中文字库 HZK.h，需要自行添加）。

（2）程序源码与分析。

```
#include "stm32f10x.h"
#include "stm32_eval.h"
#include <stdio.h>
#include "stm3210e_eval_lcd.h"
#define MESSAGE1    "HSTM32 High Density "
#define MESSAGE2    " Device running on  "
#define MESSAGE3    "        AS-07        "
```

① main 函数的程序如下。

```
int main(void)
{
  STM3210E_LCD_Init();                                //初始化 LCD
  LCD_Clear(LCD_COLOR_WHITE);                         //清屏（全屏白色）
  LCD_SetBackColor(LCD_COLOR_BLUE);                   //设置显示的背景色为蓝色
  LCD_SetTextColor(LCD_COLOR_WHITE);                  //设置字体颜色为白色
  LCD_DisplayStringLine(LCD_LINE_0, (uint8_t *)MESSAGE1);//显示英文字符串 MESSAGE1
  LCD_DisplayStringLine(LCD_LINE_1, (uint8_t *)MESSAGE2);
  LCD_DisplayStringLine(LCD_LINE_2, (uint8_t *)MESSAGE3);

  LCD_SetBackColor(LCD_COLOR_WHITE);                  //设置显示的背景色为白色
  LCD_SetTextColor(LCD_COLOR_RED);                    //设置字体颜色为红色
```

```
LCD_DisplayStringLine(LCD_LINE_4, (uint8_t *)" AS-07 Experiment    ");
//显示中文字符，系统输入法的半角/全角必须是全角，空格必须是中文空格。双引号是英文符号
LCD_DisplayHZLine(LCD_LINE_6, (uint8_t *)"              显示中英文字符");
while (1)
{ }
}
```

② LCD 初始化函数 STM3210E_LCD_Init t 的程序如下。

```
void STM3210E_LCD_Init(void)            //STM3210E 评估板的 LCD 初始化程序
{
  LCD_CtrlLinesConfig();                //配置 LCD 控制引脚
  LCD_FSMCConfig();                     //配置 FSMC
  GPIO_ResetBits(GPIOE,GPIO_Pin_1);     //LCD 硬件复位
  _delay_(5);                           //延时
  GPIO_SetBits(GPIOE,GPIO_Pin_1);       //LCD 退出硬件复位
  /*开始初始化配置序列*/
  LCD_WriteReg(R229,0x8000);
  LCD_WriteReg(R0,   0x0001);           //将 OSC 位设为"1"，启动内部振荡器
  LCD_WriteReg(R1,   0x0100);
  LCD_WriteReg(R2,   0x0700);
  LCD_WriteReg(R3,   0x1030);           //设置显示的正反、上下、左右等方向
  …（省略部分程序语句，详见具体程序）
  /*上电配置序列*/
  LCD_WriteReg(R16,  0x0000);
  LCD_WriteReg(R17,  0x0000);
  …（省略部分程序语句，详见具体程序）
  /*γ曲线调整*/
  LCD_WriteReg(R48,  0x0006);
  LCD_WriteReg(R49,  0x0101);
  …（省略部分程序语句，详见具体程序）
  LCD_WriteReg(R32,  0x0000);           //设置 GRAM 的水平地址初值
  LCD_WriteReg(R33,  0x0000);           //设置 GRAM 的垂直地址初值
  …（省略部分程序语句，详见具体程序）
  /*设置显示区域水平为 0~239、垂直为 0~319*/
  LCD_WriteReg(R80,  0x0000);           //水平方向的开始地址 0
  LCD_WriteReg(R81,  0x00EF);           //水平方向的结束地址 239
  LCD_WriteReg(R82,  0x0000);           //垂直方向的开始地址 0
  LCD_WriteReg(R83,  0x013F);           //垂直方向的结束地址 319
  LCD_WriteReg(R96,  0x2700);           //ILI9320 设置为 0x2700，ILI9325 设置为 0xA700
  …（省略部分程序语句，详见具体程序）
  LCD_WriteReg(R128, 0x0000);           //局部显示控制
  LCD_WriteReg(R129, 0x0000);
  …（省略部分程序语句，详见具体程序）
  LCD_WriteReg(R144, 0x0010);           //显示面板控制
  LCD_WriteReg(R146, 0x0000);
  …（省略部分程序语句，详见具体程序）
  LCD_WriteReg(R3,   0x1018);           //设置为横屏显示
```

```
    //LCD_WriteReg(R3, 0x1030);          //设置为竖屏显示
    LCD_WriteReg(R7, 0x0173);            //打开显示，颜色深度为 262K 颜色
}
```

③ LCD 与 FSMC 接口配置函数 LCD_FSMCConfig 的程序如下。

```
void LCD_FSMCConfig(void)
{
  FSMC_NORSRAMInitTypeDef   FSMC_NORSRAMInitStructure;
  FSMC_NORSRAMTimingInitTypeDef   p;
  /*FSMC_Bank1_NORSRAM1 配置*/
  p.FSMC_AddressSetupTime = 1;                       //地址建立时间
…（省略部分程序语句，详见具体程序）
  /*LCD 配置如下：
        - Data/Address MUX = Disable   （地址和数据不复用）
        - Memory Type = SRAM   （存储器类型为 SRAM）
        - Data Width = 16bit   （数据总线宽度为 16 位）
        - Write Operation = Enable   （允许写操作）
        - Extended Mode = Enable   （允许外部扩展模式）
        - Asynchronous Wait = Disable   （禁止异步等待）*/
  FSMC_NORSRAMInitStructure.FSMC_Bank=FSMC_Bank1_NORSRAM1;//选用存储块 1 的子块
  FSMC_NORSRAMInitStructure.FSMC_DataAddressMux=FSMC_DataAddressMux_Disable;
                                     //非总线共享存储器（地址和数据不复用）
  FSMC_NORSRAMInitStructure.FSMC_MemoryType=FSMC_MemoryType_SRAM;
…（省略部分程序语句，详见具体程序）            //存储器类型为 SRAM
  FSMC_NORSRAMInit(&FSMC_NORSRAMInitStructure);//初始化 FSMC_NORSRAM
  FSMC_NORSRAMCmd(FSMC_Bank1_NORSRAM1, ENABLE);//使能存储块 1 的子块 1
}
```

④ AS-07 实验板的初始化程序中的引脚配置函数 LCD_CtrlLinesConfig 的程序如下。

```
void LCD_CtrlLinesConfig(void)
{
  GPIO_InitTypeDef GPIO_InitStructure;

  /*使能 FSMC, GPIOD, GPIOE 和 AFIO 的时钟*/
  RCC_AHBPeriphClockCmd(RCC_AHBPeriph_FSMC, ENABLE);
  RCC_APB2PeriphClockCmd(RCC_APB2Periph_GPIOD | RCC_APB2Periph_GPIOE |
  RCC_APB2Periph_AFIO, ENABLE);

  /*配置 LCD 背光灯控制*/
  GPIO_InitStructure.GPIO_Mode = GPIO_Mode_Out_PP;
  GPIO_InitStructure.GPIO_Speed = GPIO_Speed_50MHz;
  GPIO_InitStructure.GPIO_Pin = GPIO_Pin_13;
  GPIO_Init(GPIOD, &GPIO_InitStructure);

  /*配置 LCD 复位控制*/
  GPIO_InitStructure.GPIO_Pin = GPIO_Pin_1 ;
```

```
GPIO_Init(GPIOE, &GPIO_InitStructure);

/*设置 PD.00(D2)，PD.01(D3)，PD.04(NOE)，PD.05(NWE)，PD.08(D13)，PD.09(D14)，
      PD.10(D15)，PD.14(D0)，PD.15(D1)为 AFIO 推挽工作模式*/
GPIO_InitStructure.GPIO_Pin = GPIO_Pin_0 | GPIO_Pin_1 | GPIO_Pin_4 |
GPIO_Pin_5 |GPIO_Pin_8 | GPIO_Pin_9 | GPIO_Pin_10 | GPIO_Pin_14 | GPIO_Pin_15;
GPIO_InitStructure.GPIO_Speed = GPIO_Speed_50MHz;
GPIO_InitStructure.GPIO_Mode = GPIO_Mode_AF_PP;
GPIO_Init(GPIOD, &GPIO_InitStructure);

/*设置 PE.07(D4)，PE.08(D5)，PE.09(D6)，PE.10(D7)，PE.11(D8)，
      PE.12(D9)，PE.13(D10)，PE.14(D11)，PE.15(D12) 为 AFIO 推挽工作模式*/
GPIO_InitStructure.GPIO_Pin = GPIO_Pin_7 | GPIO_Pin_8 | GPIO_Pin_9 |
GPIO_Pin_10 | GPIO_Pin_11 | GPIO_Pin_12 | GPIO_Pin_13 | GPIO_Pin_14 |
GPIO_Pin_15;
GPIO_Init(GPIOE, &GPIO_InitStructure);

/*配置 LCD_RS*/
GPIO_InitStructure.GPIO_Pin = GPIO_Pin_11;
GPIO_Init(GPIOD, &GPIO_InitStructure);

/*配置 LCD_CS*/
GPIO_InitStructure.GPIO_Pin = GPIO_Pin_7;
GPIO_Init(GPIOD, &GPIO_InitStructure);

/*开启 LCD 背光灯（高电平开启*/
GPIO_SetBits(GPIOD, GPIO_Pin_13);                    //开启 LCD 背光灯（高电平开启）
}
```

⑤ 显示一行英文字符的函数 LCD_DisplayStringLine 的程序如下。

```
void LCD_DisplayStringLine(uint8_t Line, uint8_t *ptr)
{
  uint16_t refcolumn = LCD_PIXEL_WIDTH - 1;

  while ((*ptr != 0) & (((refcolumn + 1) & 0xFFFF) >= LCD_Currentfonts-> Width))
  {
    LCD_DisplayChar(Line, refcolumn, *ptr);          //调用 LCD 显示字符函数
    refcolumn -= LCD_Currentfonts->Width;
    ptr++;
  }
}
```

函数 LCD_DisplayChar 的程序如下。

```
void LCD_DisplayChar(uint8_t Line, uint16_t Column, uint8_t Ascii)
{
  Ascii -= 32;
  LCD_DrawChar(Line,Column,&LCD_Currentfonts->table[Ascii*
```

```
                    LCD_Currentfonts->Height]);        //调用 LCD 画出字符函数
}
```

⑥ 显示一行中文字符函数 LCD_DisplayHZLine。

LCD_DisplayHZLine 函数用于显示一行中文字符。

MDK 工程中需要中文字库 HZK.h，该字库需要用户自行添加。

首先，LCD_DisplayHZLine 函数会调用 LCD_DisplayHZChar 函数。接着，LCD_DisplayHZChar 函数会调用 LCD_DrawHZ 函数。LCD_DrawHZ 函数与 LCD_DrawChar 函数类似。最后，不要忘记修改"stm3210e_eval_lcd.c"文件中的 LCD 寄存器的地址和 GRAM 地址，程序如下。

```
#define LCD_BASE ((uint32_t)(0x60000000 | 0x0001FFFE))
```

3．实验过程与现象

实验过程参考 3.2.2 节，MDK 仿真和调试程序参考 3.2.3 节。

首先，将"Project"文件夹中的"STM32F10x_StdPeriph_Template"文件夹复制并粘贴到相同路径下，将其重命名为"4-1 LCD(ILI9320)_FSMC_english_and_chinese"。然后，双击打开 MDK 工程，根据实验 4-1 的程序代码修改，并编译工程。编译完成后，将程序下载到 AS-07 实验板上运行。

实验现象如图 4-8 所示。

特别说明，由于实验 4-1 和 STM32 标准库 V3.5.0 中 STM3210E-EVAL 的 MDK 工程模板 LCD 使用的是同一个文件"stm3210e_eval_lcd.c"，因此将 STM3210E-EVAL 的 MDK 工程模板打开并重新编译后下载到 AS-07 实验板上，就可以同时观察到 LCD 显示、LED 点亮及串口输出的现象，如图 4-9 所示。

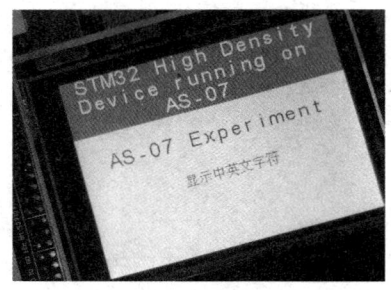

图 4-8　LCD 显示中英文字符

图 4-9　STM3210E-EVAL 的 MDK 工程模板 LCD 显示

实验 4-2　LCD 显示图片（标准库）

本实验将使用 STM32 的 FSMC 与 LCD（ILI9320 驱动器）接口实现 LCD 显示图片。

1．硬件设计

硬件设计与实验 4-1 的相同。

2．软件设计（编程）

（1）设计分析。

main 函数调用 LCD_DrawPicture 函数，显示一张分辨率为 240 像素×320 像素的图片。其他分析过程与实验 4-1 相同，因此不再详细分析。

（2）程序源码与分析。

① 声明外部图片数据。

```
extern const unsigned char gImage_liantong[153600];      //外部图片数据
```

② 主函数 main 的程序如下。

```
int main(void)
{
  STM3210E_LCD_Init();                              //LCD 初始化
  LCD_Clear(LCD_COLOR_WHITE);                       //清屏（全屏白色）
  LCD_DrawPicture(gImage_liantong1);                //竖屏显示图片
  while (1)
  {}
}
```

③ 显示图像函数 LCD_DrawPicture 的程序如下。

```
void LCD_DrawPicture(const uint8_t* picture)
{
  int index;
  LCD_SetCursor(0x00, 0x0000);
  LCD_WriteRAM_Prepare();
  for(index = 0; index < 76800; index++)
  {
    LCD->LCD_RAM = picture[2*index+1]<<8|picture[2*index];//将图片数据写入 GRAM
  }
}
```

④ 图片数据。

在处理外部图片数据时，const unsigned char gImage_liantong[153600]数组是通过使用 Image2Lcd 软件生成的，如图 4-10 所示，用于存储要显示的图片数据。为了在 LCD 上显示该图片，需要将"liantong.c"文件添加到工程中。

3．实验过程与现象

实验过程参考 3.2.2 节，MDK 仿真和调试程序参考 3.2.3 节。

首先，将"Project"文件夹中的"4-1 LCD(ILI9320)_FSMC_english_and_chinese"文件夹复制并粘贴到相同路径下，将其重命名为"4-2 LCD(ILI9320)_FSMC_picture"。然后，双击打开 MDK 工程按照实验 4-2 的程序代码修改。另外，在 LCD 初始化函数中找到 R03h 配置这一行代码，并修改为如下设置。

```
//LCD_WriteReg(LCD_REG_3, 0x1018);        //横屏显示
LCD_WriteReg(LCD_REG_3, 0x1030);          //竖屏显示
```

之后编译工程，编译完成后下载到 AS-07 实验板上运行。

实验现象如图 4-11 所示。

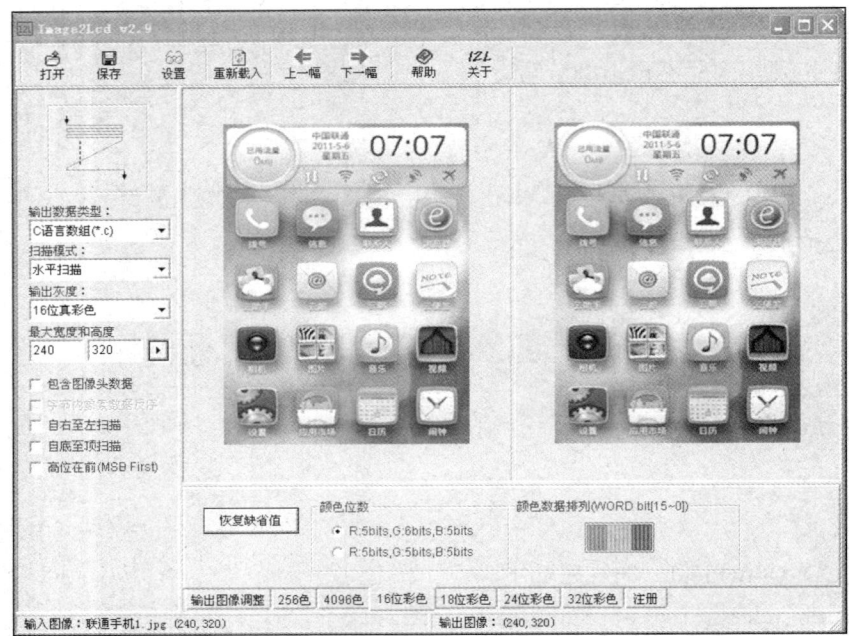

图 4-10　Image2Lcd 软件生成图片数据文件　　　　图 4-11　LCD 显示图片

实验 4-3　LCD 显示英文（HAL 库）

在使用 STM32CubeF1 固件中的 STM32F1 的工程模板时，可以选择多种 LCD 驱动器来驱动 LCD。这些驱动器包括 ILI9320、ILI9325、HX8347、ST7735 和 SPFD5408。本实验将选择 ILI9320 驱动的 LCD 显示英文字符。

1．硬件设计

与实验 4-1 相同。

2．软件设计（编程）

（1）设计分析。

在"main.c"文件的 main 函数中调用 BSP_LCD_Init 函数，进行板级支持包（Board Support Package，BSP）的 LCD 初始化。在初始化过程中，可以指定 LCD 驱动器的型号，或者让程序自动检测。初始化完成后，再调用显示字符函数来显示字符。

（2）程序源码与分析。

```
#include "main.h"
#include "stm3210e_eval_lcd.h"                        //添加 lcd 头文件
```

① 主函数 main 的程序如下。

```
int main(void)
{
    HAL_Init();
    SystemClock_Config();
```

```
  BSP_LCD_Init();                                       //LCD 初始化
  BSP_LCD_Clear(LCD_COLOR_WHITE);                       //LCD 清屏（白色）
  //在（X,Y）坐标处显示字符串
  BSP_LCD_DisplayStringAt(0, 10, (uint8_t *)"STM32F103xE BSP", CENTER_MODE);
  BSP_LCD_DisplayStringAtLine(2, (uint8_t *)"Hello World !");//指定行显示字符串
  while (1)
  {}
}
```

② 板级支持包中的 LCD 初始化函数 **BSP_LCD_Init** 在 "stm3210e_eval_lcd.c" 文件中，具体代码如下。

```
uint8_t BSP_LCD_Init(void)
{
  uint8_t ret = LCD_ERROR;

  DrawProp.BackColor = 0xFFFF;          //设置背景为白色
  DrawProp.pFont     = &Font24;         //设置字体的大小
  DrawProp.TextColor = 0x0000;          //设置字体为黑色

  /*为了可靠自动读取不同的 LCD 驱动器，从而适配相应初始化，添加硬件复位 LCD*/
  LCD_IO_Init();                        //初始化 LCD 控制引脚
  HAL_GPIO_WritePin (GPIOE, GPIO_PIN_1, GPIO_PIN_RESET);//硬件复位 LCD
  HAL_Delay(500);
  HAL_GPIO_WritePin (GPIOE, GPIO_PIN_1, GPIO_PIN_SET);
  if(hx8347d_drv.ReadID() == HX8347D_ID)
  {
    lcd_drv = &hx8347d_drv;
    ret = LCD_OK;
  }
  else if(spfd5408_drv.ReadID() == SPFD5408_ID)
  {
    lcd_drv = &spfd5408_drv;
    ret = LCD_OK;
  }
  else if(ili9320_drv.ReadID() == ILI9320_ID)     //读取到的 LCD 驱动器为 ILI9320
  {
    lcd_drv = &ili9320_drv;
    LCD_SwapXY = 1;
    ret = LCD_OK;
  }

  if(ret != LCD_ERROR)
  {
    lcd_drv->Init();                              //初始化 LCD
    BSP_LCD_SetFont(&LCD_DEFAULT_FONT);
  }
```

```
    return ret;
}
```

③ 读取 ILI9320 驱动器的函数 ili9320_ReadID 在"ili9320.c"文件中，具体代码如下。

```
uint16_t ili9320_ReadID(void)
{
  if(Is_ili9320_Initialized == 0)
  {
    ili9320_Init();
  }
  return (ili9320_ReadReg(0x00));
}
```

④ LCD 初始化函数 ili9320_Init 在"ili9320.c"文件中，具体代码如下。

```
void ili9320_Init(void)
{
  if(Is_ili9320_Initialized == 0)
  {
    Is_ili9320_Initialized = 1;
    LCD_IO_Init();                    //初始化 LCD 底层硬件，如引脚和 FSMC
    …（省略部分程序语句）
  }
}
```

⑤ LCD 底层硬件如 FSMC 的 LCD_IO_Init 函数在"stm3210e_eval.c"文件中，具体代码如下。

```
void LCD_IO_Init(void)
{
  FSMC_BANK1NORSRAM4_Init();               //初始化 FSMC
}
```

在 FSMC_BANK1NORSRAM4_Init 函数中，调用了 MSP 初始化函数 FSMC_BANK1NORSRAM4_MspInit，在该初始化函数中，由于 AS-07 实验板使用 NE1 引脚和 A16 引脚，因此需要将 LCD_RS 和 LCD_CS 的引脚修改为如下的程序语句才正确。

```
gpioinitstruct.Pin = GPIO_PIN_11;
HAL_GPIO_Init(GPIOD, &gpioinitstruct);  //初始化 LCD_RS
gpioinitstruct.Pin = GPIO_PIN_7;
HAL_GPIO_Init(GPIOD, &gpioinitstruct);  //初始化 LCD_CS
```

为了自动读取不同的 LCD 驱动器，从而适配相应的初始化，需要添加 LCD 硬件引脚复位的初始化程序，具体代码如下。

```
gpioinitstruct.Mode = GPIO_MODE_OUTPUT_PP;
gpioinitstruct.Speed = GPIO_SPEED_FREQ_HIGH;
gpioinitstruct.Pin = GPIO_PIN_1;
HAL_GPIO_Init(GPIOE, &gpioinitstruct);  //初始化 LCD_RESET
```

最后，由于 AS-07 实验板使用 NE1 引脚和 A16 引脚，因此 FSMC_BANK1NORSRAM4_Init 函数需要修改为如下的程序语句。

```
hsram.Init.NSBank = FSMC_NORSRAM_BANK1;
```

最后，修改 LCD 寄存器的地址和显存地址，程序如下。

```
#define TFT_LCD_BASE        ((uint32_t)(0x60000000 | 0x0001FFFE))
```

3. 实验过程与现象

实验过程参考 3.2.7 节。

在 "D:\STM32\STM32Cube_FW_F1_V1.8.5\Projects\STM3210E_EVAL\Templates\MDK-ARM" 文件夹中，双击 "Project.uvprojx" 文件，打开 MDK 工程，按照实验 4-3 的程序代码修改，并编译工程。编译完成后，下载到 AS-07 实验板上运行。

实验现象如图 4-12 所示。

图 4-12　LCD 显示英文字符

4.2　STM32 定时器

STM32 的 TIM（定时器）分为 3 种类型，每种类型的功能和特性不同，具体如下。

（1）基本定时器（Basic Timers）：没有任何对外输入/输出，常用作时基，可实现基本的计数、定时功能。

（2）通用定时器（General-purpose Timers）：除基本定时器的时基功能外，还可对外做输入捕获、输出比较，以及连接其他传感器接口，如编码器和霍尔传感器。

（3）高级控制定时器（Advanced-control Timers）：此类定时器的功能最为强大，除具备通用定时器的功能外，还包含一些与电机控制和数字电源应用相关的功能，比如，具有死区控制的互补信号输出、紧急刹车关断控制。

STM32F103xx 系列的微控制器根据其内置 Flash 的大小，分为大容量、中容量和小容量 3 类，每类定时器的种类和数量是不同的。

大容量的 STM32F103xx 系列产品（如 STM32F103VE）包含 2 个高级控制定时器（TIM1、TIM8），4 个通用定时器（TIM2、TIM3、TIM4、TIM5）和 2 个基本定时器（TIM6、TIM7），以及 2 个看门狗定时器和 1 个系统滴答定时器。

中容量的 STM32F103xx 系列产品（如 STM32F103VB 和 STM32F103C8）包含 1 个高级控制定时器（TIM1），3 个通用定时器（TIM2、TIM3、TIM4），以及 2 个看门狗定时器和 1 个系统滴答定时器。

小容量的 STM32F103xx 系列产品（如 STM32F103R6）包含 1 个高级控制定时器（TIM1），2 个通用定时器（TIM2、TIM3），以及 2 个看门狗定时器和 1 个系统滴答定时器。

4.2.1　基本定时器（TIM6 和 TIM7）

1. TIM6 和 TIM7 简介

基本定时器 TIM6 和 TIM7 各包含一个 16 位自动重装载计数器，由各自的可编程预分频器驱动。这两个定时器可以作为通用定时器提供时间基准，也可以为 DAC 提供时钟。这 2 个定时器是互相独立的，不共享任何资源。

2．TIM6 和 TIM7 的主要特性

TIM6 和 TIM7 的主要特性如下。

（1）16 位自动重装载计数器。

（2）16 位可编程预分频器，计数器时钟频率的预分频系数为 1～65536 之间的任意数值（可以实时修改）。

（3）可触发 DAC。

（4）在更新事件（计数器溢出）时产生中断和 DMA 请求。

3．TIM6 和 TIM7 的功能

TIM6 和 TIM7 由时钟源和时基单元组成，如图 4-13 所示。

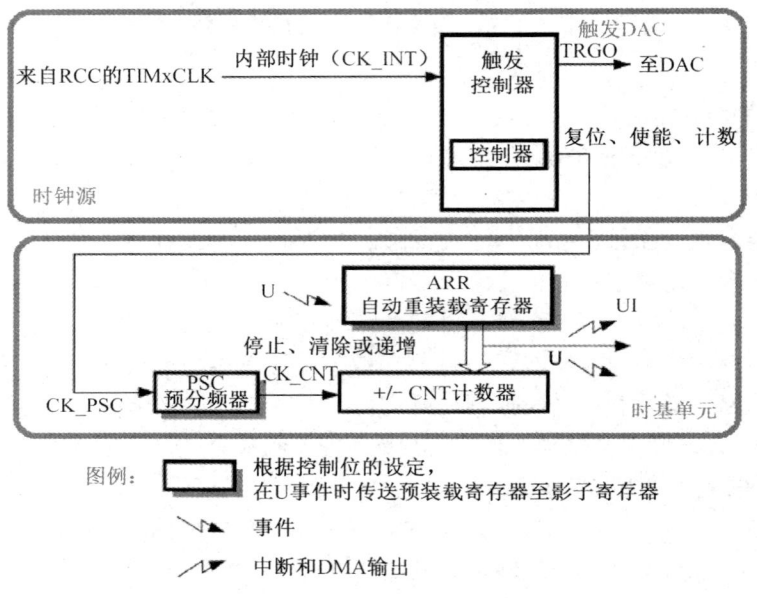

图 4-13　STM32 的基本定时器框图

（1）时钟源。

基本定时器的计数器时钟 CK_INT（Internal Clock，内部时钟）来源于 RCC 的 TIMxCLK。

（2）时基单元。

时基单元包含 TIMx_PSC（Prescaler Register，预分频器）、TIMx_CNT（Counter，计数器）、TIMx_ARR（Auto-Reload Register，自动重装载寄存器）。

基本定时器的主要部分是一个可自动重装载的 16 位计数器，该计数器的时钟信号是通过预分频器得到的。软件可以读写计数器、自动重装载寄存器和预分频器，即使计数器运行时也可以操作。

自动重装载寄存器是预装载的，每次读写自动重装载寄存器，实际上是读写预装载寄存器。如果使能了自动重装载预装载，那么写入预装载寄存器的内容能够立即或在每次更新事

件时，传送到它的影子寄存器；如果使能了更新事件，那么每当计数器达到溢出值时，硬件发出更新事件。

> 说明：（1）真正起作用的是影子寄存器。
>
> （2）软件也可以产生更新事件。更新事件的英文全称为 Update Event，缩写为 UEV，在图 4-13 中标示为 U。
>
> 此外，图 4-13 中 UI 的表示产生更新中断和 DMA。UI 缩写的全称是 Update Interrupt。

预分频器是 16 位的，预分频系数是 1～65536 之间的任意数值。预分频器具有缓冲功能，所以可以在运行过程中改变预分频的数值，新的预分频数值将在下一个更新事件起作用。

（3）计数模式。

基本定时器的计数器从 0 开始累加计数到 TIMx_ARR 值，产生计数器溢出事件后重新从 0 开始下一次的计数。这种计数模式称为向上计数模式。

每次计数器溢出时可以产生 UEV，也可以通过软件或使用从模式控制器产生 UEV。

设置控制寄存器可以禁止产生 UEV，这可以避免在写入预装载寄存器时更改真正起作用的影子寄存器，但计数器和预分频器依然会在产生 UEV 时重新从 0 开始计数（预分频系数不变）。另外，若设置控制寄存器产生一次 UEV，但不设置更新中断标志，则不产生更新中断和 DMA 请求。

当发生一次 UEV 时，所有寄存器会被更新，并传送预装载值（TIMx_PSC 寄存器的内容）至预分频器的缓冲区、自动重装载影子寄存器被更新为预装载值（TIMx_ARR 寄存器的内容）。

4.2.2　通用定时器（TIMx）

1．TIMx 简介

TIMx（TIM2、TIM3、TIM4 和 TIM5）是由一个可编程预分频器驱动的 16 位自动重装载计数器构成的。

TIMx 适用于多种场合，包括测量输入信号的脉冲宽度（输入捕获）、产生输出波形（输出比较和 PWM）。

通过使用定时器的预分频器和 RCC 时钟控制器的预分频器，可以实现输出波形的脉冲宽度和周期在几微秒到几毫秒间调整。

每个 TIMx 都是完全独立的，它们之间不互相共享任何资源，可以同时进行各自的操作。

2．TIMx 的主要特性

TIMx 的主要特性如下。

（1）16 位向上、向下、向上/向下自动装载计数器。

（2）16 位可编程预分频器，计数器时钟频率的预分频系数为 1～65536 之间的任意数值（可以实时修改）。

（3）具有 4 个独立通道，用于输入捕获、输出比较、PWM 产生和单脉冲模式输出。

（4）具有使用外部信号控制定时器和定时器互连的同步电路。

（5）如下事件发生时，产生中断和 DMA。

① 更新事件，如计数器向上计数溢出/向下计数溢出、计数器初始化（通过软件或者内部/外部触发）。

② 触发事件，如计数器启动、停止、初始化或由内部/外部触发计数。

③ 输入捕获。

④ 输出比较。

（6）支持用于定位的增量（正交）编码器和霍尔传感器电路。

3. TIMx 的功能

TIMx 的原理框图如图 4-14 所示。

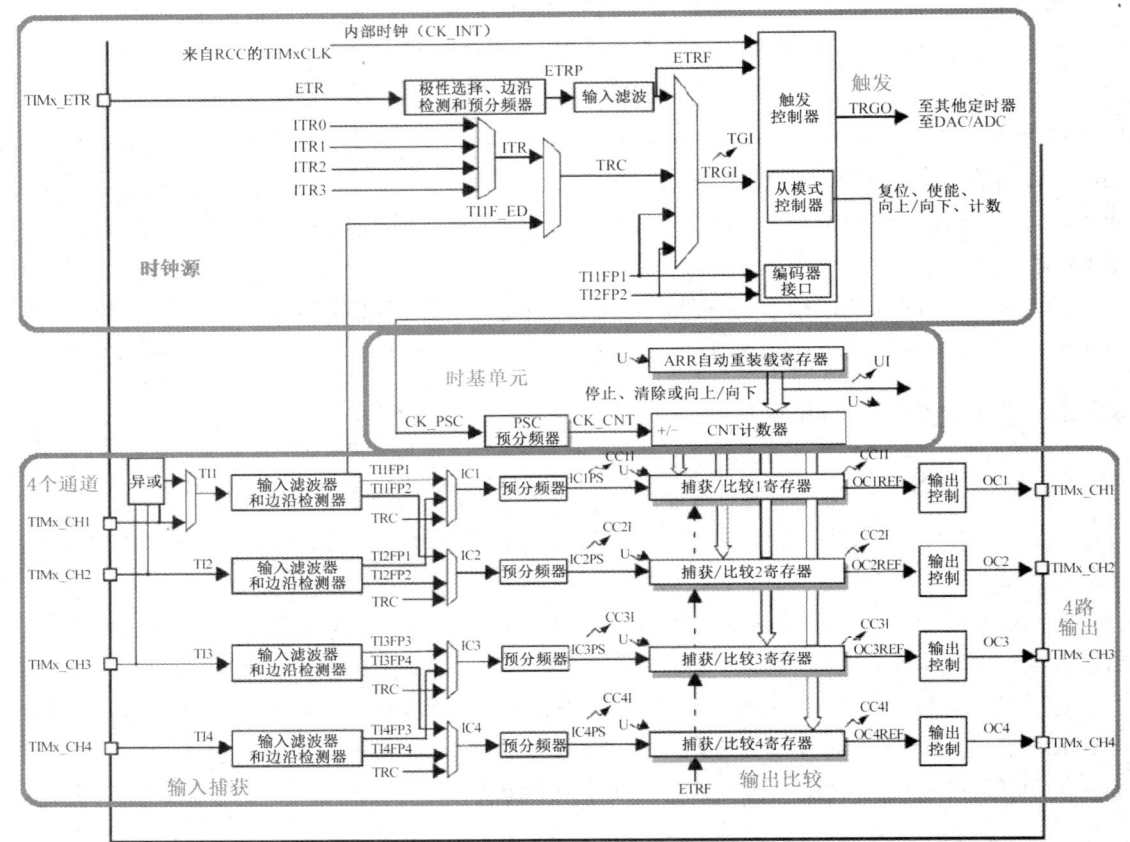

图 4-14　TIMx 的原理框图

TIMx 的主要功能如下。

（1）时钟选择。

计数器时钟可由下列时钟源提供。

① 内部时钟（Internal Clock，CK_INT），来自 RCC。

② 外部时钟模式 1，由外部引脚输入（External Input Pin，TIx）。

③ 外部时钟模式 2，由外部触发输入（External Trigger Input，ETR）。

④ 内部触发输入（Internal Trigger Input，ITRx），使用一个定时器作为另一个定时器的预分频器，如可以配置一个定时器 Timer1 作为另一个定时器 Timer2 的预分频器。

（2）时基单元。

TIMx 的主要部分是一个 16 位计数器和一个与其相关的自动装载寄存器。这个计数器模式可以是向上计数模式、向下计数模式或中央对齐（向上/向下双向）计数模式。此计数器时钟由预分频器分频得到。

其他方面与基本定时器相同。

（3）向上计数模式。

在向上计数模式下，计数器从 0 开始加计数到 TIMx_ARR 的值，并且产生一个计数器溢出事件。然后重新从 0 开始下一次的计数。

（4）向下计数模式。

在向下计数模式下，计数器从 TIMx_ARR 的值开始减计数到 0，产生一个计数器向下溢出事件。然后从 TIMx_ARR 的值开始下一次的计数。

（5）中央对齐（向上/向下）计数模式。

在中央对齐计数模式下，计数器从 0 开始加计数到 TIMx_ARR-1 的值，并且产生一个计数器溢出事件。然后计数器从 TIMx_ARR 的值开始减计数到 1，产生一个计数器向下溢出事件。最后再从 0 开始下一次的计数。

（6）捕获/比较通道。

每一个捕获/比较通道都是围绕着一个捕获/比较寄存器（包含影子寄存器）进行的，包括捕获的输入部分（数字滤波、多路复用和预分频器）和输出部分（比较器和输出控制）。

（7）输入捕获模式。

在输入捕获模式下，当检测到 ICx 信号上相应的时钟边沿后，计数器的当前值被锁存到捕获/比较寄存器中。当捕获事件发生时，若使能了中断或 DMA 操作，则将产生中断或 DMA 操作。

（8）输出比较模式。

此项功能用来控制一个输出波形，或者指示一段给定的时间已经到时。

（9）PWM 模式。

PWM 模式可以产生一个由 TIMx_ARR 寄存器确定频率、由 TIMx_CCRx（Capture/Compare Registers，捕获/比较寄存器）寄存器确定占空比的信号。

在 PWM 模式（模式 1 或模式 2）下，TIMx_CNT 和 TIMx_CCRx 始终在进行比较，依据计数器的计数方向确定是否符合 TIMx_CCRx≤TIMx_CNT 或者 TIMx_CNT≤TIMx_CCRx。

> 说明：PWM 模式 1：在向上计数时，TIMx_CNT 和 TIMx_CCRx 始终在进行比较，如果 TIMx_CNT<TIMx_CCRx，那么 TIMx 通道的输出为有效电平，否则为无效电平；在向下计数时，如果 TIMx_CNT>TIMx_CCRx，那么 TIMx 通道的输出为有效电平，否则为无效电平。有效电平可以设置为高电平或低电平。

> PWM 模式 2：在向上计数时，TIMx_CNT 和 TIMx_CCRx 始终在进行比较，如果 TIMx_CNT>TIMx_CCRx，那么 TIMx 通道的输出为有效电平，否则为无效电平；在向下计数时，如果 TIMx_CNT<TIMx_CCRx，那么 TIMx 通道的输出为有效电平，否则为无效电平。

（10）编码器接口模式。

两个输入 TI1 和 TI2 用来作为增量编码器的接口。

4.2.3　高级控制定时器（TIM1 和 TIM8）

1．TIM1 和 TIM8 简介

高级控制定时器（TIM1 和 TIM8）由一个 16 位的自动装载计数器组成，并由一个可编程的预分频器驱动。它具有多种功能，包括测量输入信号的脉冲宽度（输入捕获），或者产生输出波形（输出比较、PWM 和嵌入死区时间的互补 PWM 等）。

其他与通用定时器相同。

2．TIM1 和 TIM8 的主要特性

TIM1 和 TIM8 除具有 TIMx 的所有特性外，还具有安全控制电机的特性。

（1）死区时间可编程的互补输出。

（2）刹车输入信号可以将定时器输出信号置于复位状态或一个已知状态。

3．TIM1 和 TIM8 的功能

TIM1 和 TIM8 的原理框图如图 4-15 所示，除具有 TIMx 的功能外，还具有重复计数和刹车功能。

（1）时基单元。

时基单元包含计数器、预分频器、自动装载寄存器和重复次数寄存器。

（2）重复计数。

计数器向上溢出或向下溢出时会产生更新事件，然而事实上更新事件只能在重复计数达到 0（重复次数计数器在计数器向上溢出或向下溢出时是递减的）时产生。这个特性对产生 PWM 信号非常有用。

（3）使用刹车功能。

刹车源既可以是刹车输入引脚，也可以是一个时钟失败事件。时钟失败事件由复位时钟控制器中的时钟安全系统产生，系统复位后，刹车电路被禁止。

（4）产生 6 步 PWM 输出。

6 步 PWM 波用于无刷电机驱动。

（5）与霍尔传感器进行接口。

使用高级控制定时器产生 PWM 信号驱动电机时，可以用另一个通用定时器作为"接口定时器"来连接霍尔传感器。

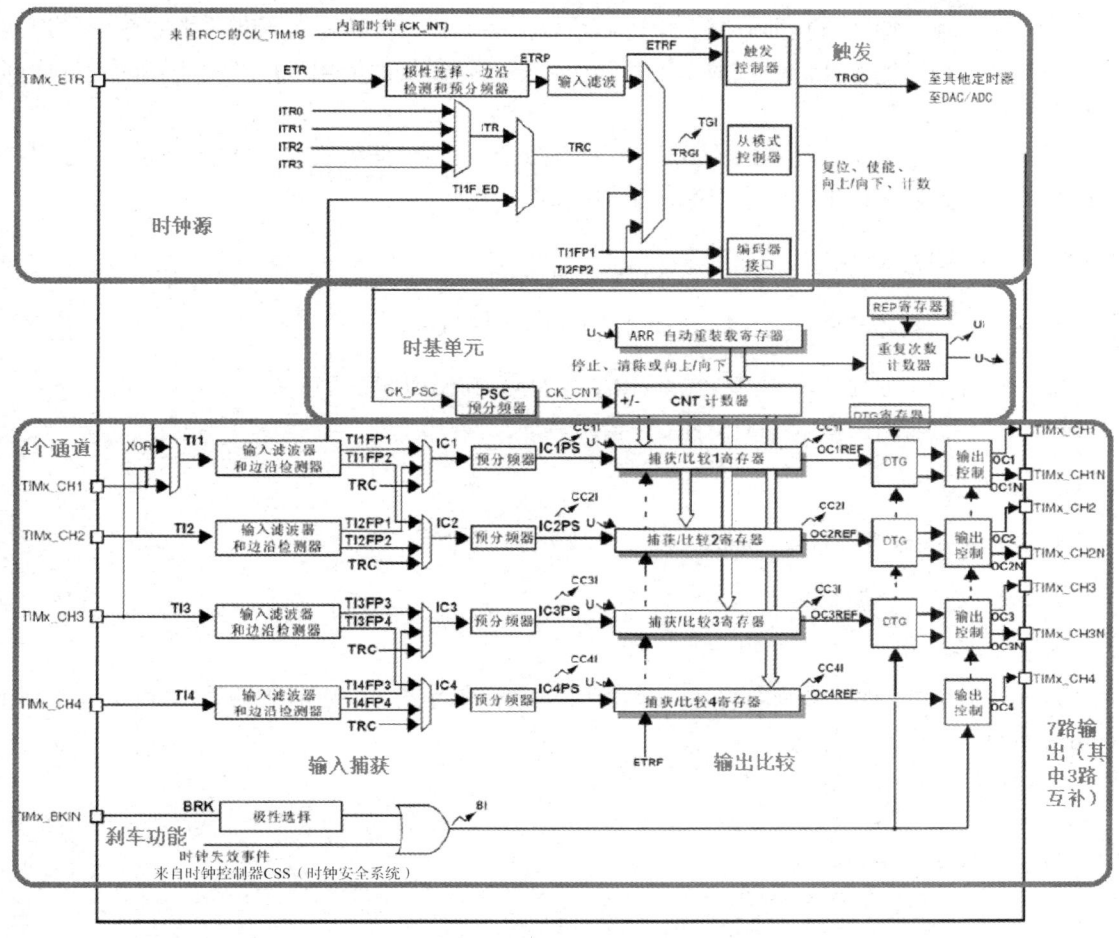

图 4-15　TIM1 和 TIM8 的原理框图

4.2.4　系统滴答定时器 SysTick

SysTick 是专为实时操作系统设计的定时器，也可以作为一个标准的递减计数器使用。SysTick 具有以下特性。

（1）SysTick 是一个 24 位的递减计数器。

（2）具有自动重装载功能。

（3）当计数器的值为 0 时，能产生一个可屏蔽的系统中断。

（4）时钟源是可编程的。

4.2.5　看门狗

STM32F103xx 内置独立看门狗和窗口看门狗，提供了更高的安全性、时间的精确性和使用的灵活性。这两个看门狗可用来检测和解决由软件错误引起的故障；当计数器达到给定的超时值时，触发一个中断（仅适用于窗口看门狗）或产生系统复位。

独立看门狗是由专用的 LSI 驱动的，即使主时钟发生故障也仍然有效。窗口看门狗由

111

APB1 时钟分频后得到的时钟驱动，通过可配置的时间窗口来检测应用程序非正常的过迟或过早的操作，如监测由外部干扰或不可预见的逻辑条件造成的应用程序背离正常的运行序列而产生的软件故障。

独立看门狗适用于需要看门狗独立于主程序运行且对时间精度要求较低的场合。窗口看门狗则适用于要求在精确计时窗口起作用的应用程序。

4.2.6 TIM 编程应用

实验 4-4　基本定时器 TIM6 定时 1ms（HAL 库）

本实验将介绍如何使用 STM32CubeMX 和 HAL 库函数配置 TIM6，以实现 1ms 的定时，并通过 LED1 的闪烁来指示 TIM6 的工作情况。

1. 硬件设计

使用 LED 的硬件设计见实验 3-1。

2. 软件设计（编程）

（1）设计分析。

TIM6 的计数时钟信号频率为 72MHz，预分频系数为 72-1，定时周期为 1000-1，则计数周期为 1ms。

（2）程序源码与分析。

```
#include "main.h"
TIM_HandleTypeDef htim6;
__IO uint16_t timer_count=0;
void SystemClock_Config(void);
static void MX_GPIO_Init(void);
static void MX_TIM6_Init(void);
```

① 主函数 main 的程序如下。

```
int main(void)
{
  HAL_Init();                      //复位所有外设、初始化 Flash 接口和 SysTick
  SystemClock_Config();            //配置系统时钟频率为 72MHz
  MX_GPIO_Init();                  //初始化 GPIO
  MX_TIM6_Init();                  //初始化 TIM6
  HAL_TIM_Base_Start_IT(&htim6);   //开启 TIM6 中断
  while (1)
  {}
}
```

② TIM6 初始化函数 MX_TIM6_Init 的程序如下。

```
static void MX_TIM6_Init(void)
{
```

```
TIM_MasterConfigTypeDef sMasterConfig = {0};

htim6.Instance = TIM6;
htim6.Init.Prescaler = 71;                                  //预分频系数为 72-1
htim6.Init.CounterMode = TIM_COUNTERMODE_UP;                //向上计数
htim6.Init.Period = 999;                                    //定时周期为 1000-1
htim6.Init.AutoReloadPreload = TIM_AUTORELOAD_PRELOAD_DISABLE; //自动重装禁止
if (HAL_TIM_Base_Init(&htim6) != HAL_OK)                    //初始化时基
{
  Error_Handler();
}


sMasterConfig.MasterOutputTrigger = TIM_TRGO_RESET;   //复位 TIM 触发输出
sMasterConfig.MasterSlaveMode = TIM_MASTERSLAVEMODE_DISABLE;
                                                      //TIM 主从模式禁止
if (HAL_TIMEx_MasterConfigSynchronization(&htim6, &sMasterConfig) != HAL
   _OK)                                               //TIM 主机配置同步
{
  Error_Handler();
}
}
```

③ TIM6 中断函数 TIM6_IRQHandler 的程序如下。

```
void TIM6_IRQHandler(void)
{
  HAL_TIM_IRQHandler(&htim6);                               //中断处理函数
}
```

④ 非阻塞模式下定时器的回调函数 HAL_TIM_PeriodElapsedCallback 的程序如下。

```
void HAL_TIM_PeriodElapsedCallback(TIM_HandleTypeDef *htim)
{
  timer_count++;
  if(timer_count==1000)                                     //定时 1ms×1000=1s
  {
    timer_count=0;
    HAL_GPIO_TogglePin(GPIOC, GPIO_PIN_6);                  //PC6 输出状态翻转
  }
}
```

3. 实验过程与现象

实验过程：使用 STM32CubeMX 建立一个工程，将其命名为"4-4 TIM6"，然后配置调试方式和系统时钟，并配置 LED 引脚，具体参考 3.2.6 节的内容。STM32F103VET6 的 TIM6 设置如图 4-16 所示。然后，在 NVIC 中设置 TIM6 的中断。设置完成后，生成 MDK 工程文件，

将其打开，参照上述内容添加回调函数的程序代码。编译完成后，下载到 AS-07 实验板上运行。

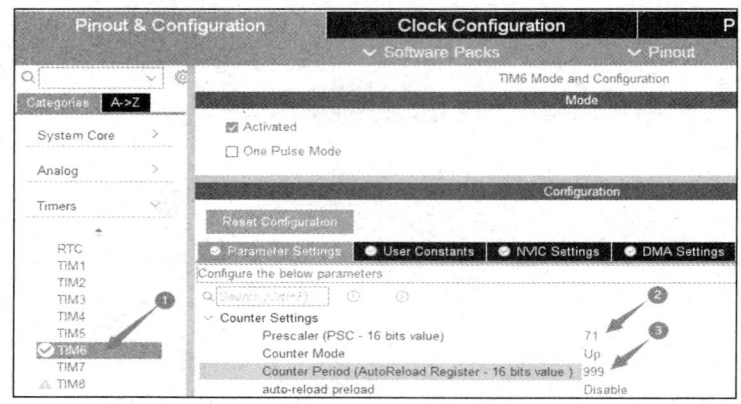

图 4-16　STM32F103VET6 的 TIM6 设置

实验现象：AS-07 实验板上的 LED1 以 1ms 为周期交替点亮和熄灭。

实验 4-5　Proteus 仿真 STM32：TIM3 定时 1ms（HAL 库）

本实验将介绍如何使用 HAL 库函数配置 TIM3 以实现 1ms 的定时，并通过 NUCLEO-F103RB 开发板 LED2 的闪烁来指示 TIM3 的工作情况。

1. 硬件设计

NUCLEO-F103RB 开发板的用户 LED2（D1）连接的是 PA5，对应的 Proteus 仿真原理图如图 4-17 所示。

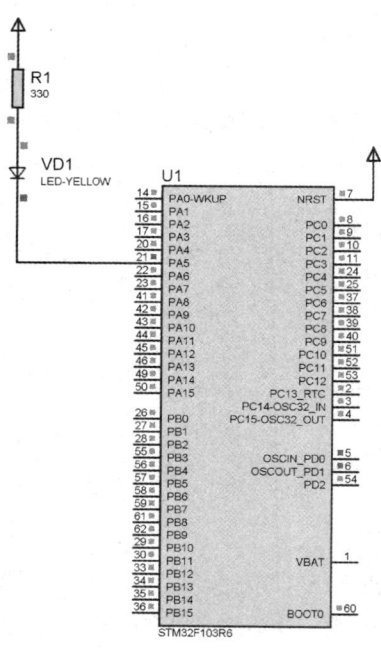

图 4-17　LED2 闪烁

2. 软件设计（编程）

（1）设计分析。

NUCLEO-F103RB 开发板没有焊接 HSE 外接的晶振，因此系统时钟被设置为 HSI/2 的 16 倍频，即 64MHz，所以 TIM3 时钟也为 64MHz。当预分频系数为 6400-1、定时周期为 10000-1 时，TIM3 计数器时钟为 10kHz（周期为 0.1s）。

TIM3 ARR 寄存器值等于 10000-1，更新速率等于 TIM3 计数器时钟/（周期+1）=10kHz/10000=1Hz，因此 TIM3 每 1s 产生一次中断。

当计数器值达到自动重新装载寄存器的值时，TIM3 产生更新事件和中断，在中断处理程序中，引脚 PA5（CN10 连接器中的引脚 11，连接到 NUCLEO-F103RB 开发板上的 LED2）以 0.5Hz 的频率切换输出高低电平。

（2）程序源码与分析。

①主函数 main 的程序如下。

```
int main(void)
{
  HAL_Init();
  SystemClock_Config();                               //系统时钟配置为 64MHz
  BSP_LED_Init(LED2);                                 //初始化 LED2 连接的 PA5

  /*1.配置 TIM 外围设备）*/
  uwPrescalerValue = (uint32_t)(SystemCoreClock / 10000) - 1;//设置预分频系数
  TimHandle.Instance = TIMx;                          // 设置定时器实例为 TIM3

  TimHandle.Init.Period            = 10000 - 1;
  TimHandle.Init.Prescaler         = uwPrescalerValue;      //设置预分频系数
  TimHandle.Init.ClockDivision     = 0;                     //设置时钟分割为 0
  TimHandle.Init.CounterMode       = TIM_COUNTERMODE_UP;    //向上计数模式
  TimHandle.Init.RepetitionCounter = 0;                     //设置重复次数为 0
  TimHandle.Init.AutoReloadPreload = TIM_AUTORELOAD_PRELOAD_DISABLE;
                                                            //不预装载

  if (HAL_TIM_Base_Init(&TimHandle) != HAL_OK)             //初始化时基
  {
    /* Initialization Error */
    Error_Handler();
  }

  /*2.启动时基计数，并设置为中断模式*/
  if (HAL_TIM_Base_Start_IT(&TimHandle) != HAL_OK)
                                                //启动时基计数，并设置为中断模式
  {
    Error_Handler();
  }
```

```
    while (1)
    {}
}
```

② TIM3 中断函数 TIMx_IRQHandler 的程序如下。

```
void TIMx_IRQHandler(void)
{
  HAL_TIM_IRQHandler(&TimHandle);                //中断处理函数
}
```

③ 非阻塞模式下定时器的回调函数 HAL_TIM_PeriodElapsedCallback 的程序如下。

```
void HAL_TIM_PeriodElapsedCallback(TIM_HandleTypeDef *htim)
{
  BSP_LED_Toggle(LED2);                          //LED2 输出状态翻转
}
```

3．实验过程与现象

实验过程：首先，将"D:\STM32\STM32Cube_FW_F1_V1.8.5\Projects\STM32F103RB-Nucleo\Examples\TIM"下的"TIM_TimeBase"文件夹复制并粘贴到相同路径下，然后将其重命名为"4-5 TIM_TimeBase－Proteus"。

其次，参见 3.2.5 节，新建一个 Proteus 项目，将其命名为"4-5 TIM_TimeBase.pdsprj"，并将其保存到"4-5 TIM_TimeBase－Proteus"文件夹中。此外，也可以将 Proteus 的 Cortex-M3 仿真范例 STM32F103 Blink LED 打开，将其原理图复制到"4-5 TIM_TimeBase.pdsprj"中，并设置电源和时钟。

再次，打开"4-5 TIM_TimeBase－Proteus"文件夹中的 MDK-ARM 工程，编译完成后，下载到 NUCLEO-F103RB 实验板上进行验证。

最后，打开"4-5 TIM_TimeBase.pdsprj"，双击"STM32"元件，选择实验 4-5 的程序执行文件，开始进行仿真。

实验现象：NUCLEO-F103RB 开发板上的 LED2 以 1ms 为周期交替点亮和熄灭。

实验 4-6　TIM3 产生 PWM 的呼吸灯（HAL 库）

本实验将介绍如何使用 STM32CubeMX 和 HAL 库函数配置 TIM3，以产生可变占空比的 PWM 信号，从而实现驱动 LED 亮度变化的"呼吸灯"效果。

1．硬件设计

使用 LED 的硬件设计见实验 3-1。

2．软件设计（编程）

（1）设计分析。

TIM3 的时钟频率为 72MHz，预分频系数为 72-1，定时周期即 ARR 值，为 1000-1，则计数周期=[（ARR 值+1）×（预分频系数+1）]/时钟频率=（1000×72）/72000000=1ms。而占空比=CCR/ARR。

（2）程序源码与分析。

```
#include "main.h"
TIM_HandleTypeDef htim3;
void SystemClock_Config(void);
static void MX_GPIO_Init(void);
static void MX_TIM3_Init(void);
```

① 主函数 main 的程序如下。

```
int main(void)
{
  HAL_Init();
  SystemClock_Config();
  MX_GPIO_Init();
  MX_TIM3_Init();                                    //初始化 TIM3
  HAL_TIM_PWM_Start(&htim3,TIM_CHANNEL_1);           //开启 TIM3_CH1 的 PWM 输出
  HAL_TIM_PWM_Start(&htim3,TIM_CHANNEL_2);           //开启 TIM3_CH2 的 PWM 输出
  while (1)
  {
    for(uint32_t CNT=0;CNT<1000;CNT++)               //改变 CCR，改变 PWM 的占空比
    {
      __HAL_TIM_SetCompare(&htim3,TIM_CHANNEL_1,CNT);
                                                     //改变 TIM3_CH1PWM 的占空比
      __HAL_TIM_SetCompare(&htim3,TIM_CHANNEL_2,CNT);
                                                     //改变 TIM3_CH2PWM 的占空比
      HAL_Delay(1);
    }
    for(uint32_t CNT=1000;CNT>0;CNT--)
    {
      __HAL_TIM_SetCompare(&htim3,TIM_CHANNEL_1,CNT);
      __HAL_TIM_SetCompare(&htim3,TIM_CHANNEL_2,CNT);
    HAL_Delay(1);
    }
  }
}
```

② TIM3 初始化函数 MX_TIM3_Init 的程序如下。

```
static void MX_TIM3_Init(void)
{
  TIM_ClockConfigTypeDef sClockSourceConfig = {0};
  TIM_MasterConfigTypeDef sMasterConfig = {0};
  TIM_OC_InitTypeDef sConfigOC = {0};

  htim3.Instance = TIM3;
  htim3.Init.Prescaler = 71;                         //设置预分频系数为 72-1
  htim3.Init.CounterMode = TIM_COUNTERMODE_UP;       //向上计数模式
  htim3.Init.Period = 999;                           //设置定时周期为 1000-1
```

```
htim3.Init.ClockDivision = TIM_CLOCKDIVISION_DIV1;
                    //时钟分频因子为 0，数字滤波器的采样频率与 CK_INT 的频率相同
htim3.Init.AutoReloadPreload = TIM_AUTORELOAD_PRELOAD_ENABLE;//使能预装载
if (HAL_TIM_Base_Init(&htim3) != HAL_OK)                     //初始化时基
{
    Error_Handler();
}
sClockSourceConfig.ClockSource = TIM_CLOCKSOURCE_INTERNAL; //使用内部时钟源
if (HAL_TIM_ConfigClockSource(&htim3, &sClockSourceConfig) != HAL_OK)
{
    Error_Handler();
}
if (HAL_TIM_PWM_Init(&htim3) != HAL_OK)                      //初始化 PWM
{
    Error_Handler();
}
…（省略部分程序语句）
}
```

3. 实验过程与现象

实验过程：使用 STM32CubeMX 建立一个工程，将其命名为"4-7 TIM3"，然后配置调试方式和系统时钟，具体参考 3.2.6 节的内容。

STM32F103VET6 的 TIM3 设置如图 4-18 所示，TIM3 通道 1 和通道 2 输出 PWM 的设置如图 4-19 所示。设置完成后，生成 MDK 工程文件，将其打开，参照上述内容修改程序代码。编译完成后下载到 AS-07 实验板上运行。

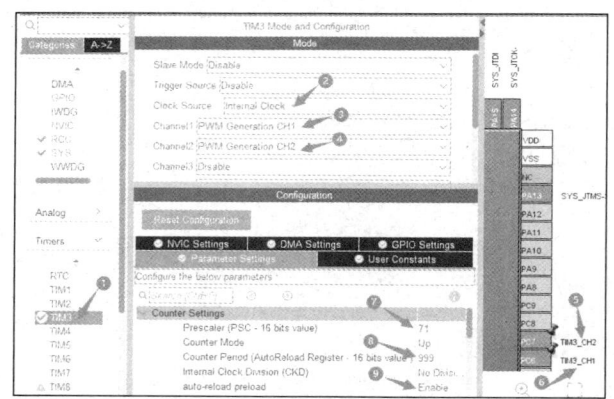
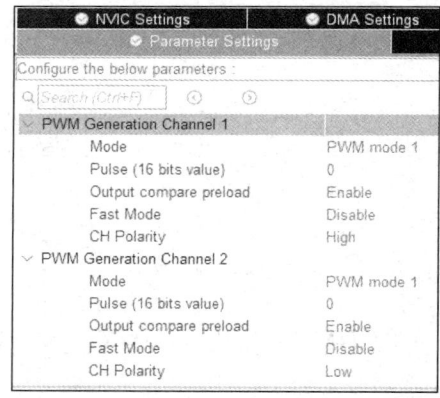

图 4-18　STM32F103VET6 的 TIM3 设置　　图 4-19　TIM3 通道 1 和通道 2
输出 PWM 的设置

实验现象：AS-07 实验板的 LED1 和 LED2 亮度变化形成呼吸灯效果。使用 Protues 软件仿真运行也可以观察到呼吸灯效果。

实验 4-7　Proteus 仿真 STM32：TIM1 输出 7 个 PWM（标准库）

本实验将说明如何配置 TIM1 外设以产生 7 个具有 4 种不同占空比的 PWM 信号。若要

使用示波器观察 TIM1 波形，则需要将 TIM1 的引脚连接到示波器上。此外，使用 Protues 软件的虚拟示波器，也可以很方便地观察到 PWM 波形及相关参数值。

1．硬件设计

将 TIM1 的引脚连接到虚拟示波器上，如图 4-20 所示，观察相应的 PWM 波形。

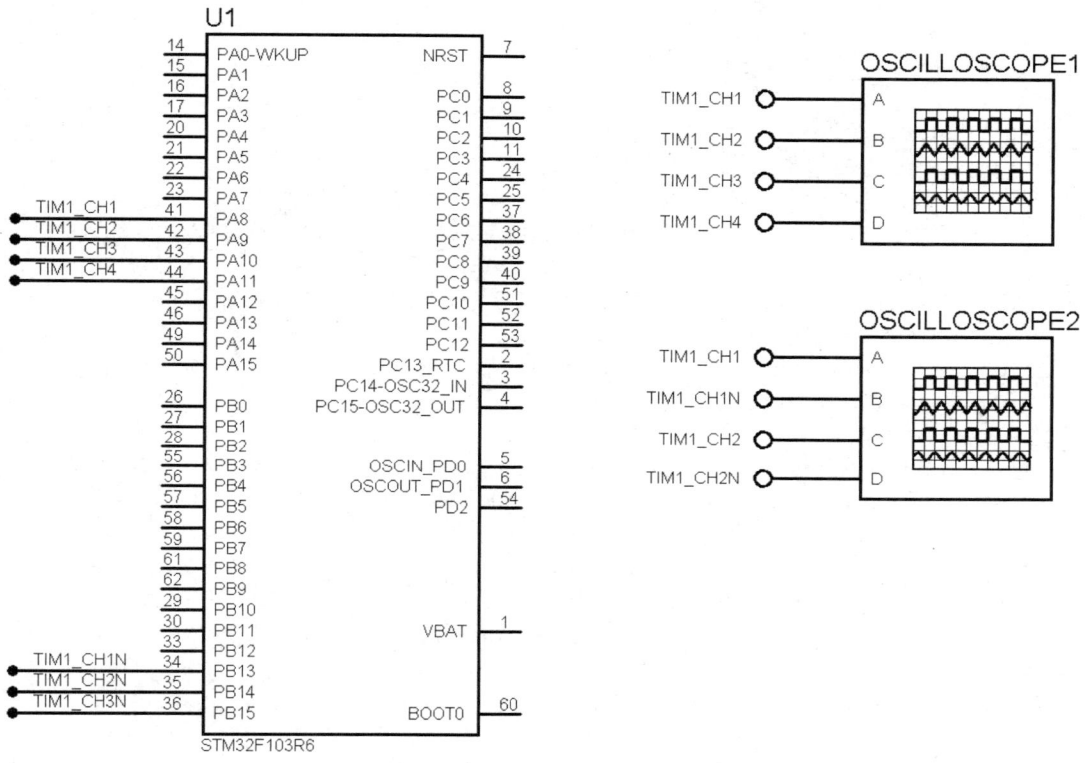

图 4-20　STM32F103xx 的 TIM1 输出

STM32F103VE 的 TIM1 有 4 个通道，其中通道 1、2、3 有互补输出，TIM1 的引脚如下。

（1）TIM1_CH1 连接到 PA8 引脚，TIM1_CH1N 连接到 PB13 引脚。

（2）TIM1_CH2 连接到 PA9 引脚，TIM1_CH2N 连接到 PB14 引脚。

（3）TIM1_CH3 连接到 PA10 引脚，TIM1_CH3N 连接到 PB15 引脚。

（4）TIM1_CH4 连接到 PA11 引脚。

2．软件设计（编程）

（1）设计分析。

TIM1 的时钟 TIM1_CLK 固定为 72MHz，将 TIM1 预分频器的值设置为 0，也就是不分频；定时器的一个定时周期 TIM1_Period 的值，即 ARR 设置为 4097，则可以得到 TIM1 频率 =TIM_CLK/（TIM1_Period+1）=72MHz/（4097+1）≈17.57kHz。

再将 TIM1_CCR1 的值设置为 2048，因此可以得到，TIM1 通道 1 的占空比=TIM1_CCR1/（TIM1_Period+1）=2048/（4097+1）≈50%。

其他类推如下。

TIM1 通道 2 占空比=TIM1_CCR2/（TIM1_Period+1）=1536/（4097+1）≈37.5%。

TIM1 通道 3 占空比=TIM1_CCR3/（TIM1_Period+1）=1024/（4097+1）≈25%。

TIM1 通道 4 占空比=TIM1_CCR4/（TIM1_Period+1）=512/（4097+1）≈12.5%。

（2）程序源码与分析。

① 主函数 main 的程序如下。

```
int main(void)
{
  RCC_Configuration();
  GPIO_Configuration();

  /* 计算 TIM1 的 Period，即 ARR 的值和 CCR1、CCR2、CCR3、CCR4 的值*/
  TimerPeriod = (SystemCoreClock / 17570 ) - 1;
  Channel1Pulse = (uint16_t) (((uint32_t) 5 * (TimerPeriod - 1)) / 10);
  Channel2Pulse = (uint16_t) (((uint32_t) 375 * (TimerPeriod - 1)) / 1000);
  Channel3Pulse = (uint16_t) (((uint32_t) 25 * (TimerPeriod - 1)) / 100);
  Channel4Pulse = (uint16_t) (((uint32_t) 125 * (TimerPeriod- 1)) / 1000);
  /* TIM1 时基配置*/
  TIM_TimeBaseStructure.TIM_Prescaler = 0;                    //设置 PSC 为 0，不分频
  TIM_TimeBaseStructure.TIM_CounterMode = TIM_CounterMode_Up; //设置向上计数模式
  TIM_TimeBaseStructure.TIM_Period = TimerPeriod;            //从 0 计数到 4097 为一个周期
  TIM_TimeBaseStructure.TIM_ClockDivision = 0;              //时钟分频因子为 0
  TIM_TimeBaseStructure.TIM_RepetitionCounter = 0;          //设置重复次数为 0
  TIM_TimeBaseInit(TIM1, &TIM_TimeBaseStructure);          //初始化 TIM1 时基

  /* TIM1 的通道 1、2、3、4 配置为 PWM 模式）*/
  TIM_OCInitStructure.TIM_OCMode = TIM_OCMode_PWM2;           //配置为 PWM 模式 2
  TIM_OCInitStructure.TIM_OutputState = TIM_OutputState_Enable;  //使能输出比较状态
  TIM_OCInitStructure.TIM_OutputNState = TIM_OutputNState_Enable; //使能互补输出
  TIM_OCInitStructure.TIM_Pulse = Channel1Pulse;
  //设置捕获比较寄存器的值(0x0000 和 0xFFFF 之间)，当计数器计数到这个值时，电平发生跳变
  TIM_OCInitStructure.TIM_OCPolarity = TIM_OCPolarity_Low;    //输出比较极性为低
  //TIM_OCInitStructure.TIM_OCNPolarity = TIM_OCNPolarity_High;//互补输出比较极性为高
  TIM_OCInitStructure.TIM_OCNPolarity = TIM_OCNPolarity_Low;  //互补输出比较极性为低
  TIM_OCInitStructure.TIM_OCIdleState = TIM_OCIdleState_Set;  //设置输出比较空闲状态
  TIM_OCInitStructure.TIM_OCNIdleState = TIM_OCIdleState_Reset;//重置互补输出比较空闲状态
  TIM_OC1Init(TIM1, &TIM_OCInitStructure);                   //初始化 TIM1 输出通道 1

  TIM_OCInitStructure.TIM_Pulse = Channel2Pulse;
  TIM_OC2Init(TIM1, &TIM_OCInitStructure);                   //初始化 TIM1 输出通道 2

  TIM_OCInitStructure.TIM_Pulse = Channel3Pulse;
  TIM_OC3Init(TIM1, &TIM_OCInitStructure);                   //初始化 TIM1 输出通道 3

  TIM_OCInitStructure.TIM_Pulse = Channel4Pulse;
```

```
TIM_OC4Init(TIM1, &TIM_OCInitStructure);                          //初始化 TIM1 输出通道 4

    /*使能定时器 TIM1 */
    TIM_Cmd(TIM1, ENABLE);//使能定时器 TIM1

    /*使能 TIM1 的主输出，输出 PWM */
    TIM_CtrlPWMOutputs(TIM1, ENABLE);                             //使能 TIM1 输出 PWM

    while (1)
    {}
}
```

② TIM1 的 PWM 输出引脚配置函数 GPIO_Configuration 的程序如下。

```
void GPIO_Configuration(void)
{
  GPIO_InitTypeDef GPIO_InitStructure;
  /* 配置定时器通道 1、2、3、4 引脚为复用推挽输出模式 */
  GPIO_InitStructure.GPIO_Pin = GPIO_Pin_8 | GPIO_Pin_9 | GPIO_Pin_10
                              | GPIO_Pin_11;
  GPIO_InitStructure.GPIO_Mode = GPIO_Mode_AF_PP;
  GPIO_InitStructure.GPIO_Speed = GPIO_Speed_50MHz;
  GPIO_Init(GPIOA, &GPIO_InitStructure);
  /* 配置定时器互补通道 1、2、3 引脚为复用推挽输出模式 */
  GPIO_InitStructure.GPIO_Pin = GPIO_Pin_13 | GPIO_Pin_14 | GPIO_Pin_15;
  GPIO_Init(GPIOB, &GPIO_InitStructure);
}
```

3．实验过程与现象

实验过程参考 3.2.2 节，仿真和调试程序参考 3.2.3 节。

首先，将"Project\STM32F10x_StdPeriph_Examples\TIM"文件夹中的"7PWM_Output"文件夹复制到"Project"文件夹中，并重命名为"4-7 7PWM_Output"。其次，将工程模板的全部文件选中，复制到"4-7 7PWM_Output"文件夹中，并跳过同名文件。再次，将"4-7 7PWM_Output"文件夹中的"readme.txt"文件复制到"MDK-ARM"文件夹中，替换目标文件中的同名文件。最后，双击打开 MDK 工程，先编译一次，确保没有错误和警告。按照上述内容修改后再次编译。编译完成后下载到 AS-07 实验板上运行。

实验现象：在 MDK 软件仿真的逻辑分析器中可以观察到信号波形，如图 4-21 所示。方法是单击"System Analyzer Window"快捷图标，选择"Logic Analyzer"选项，再单击"setup"按钮，输入要观察的端口，如 PORTA.8，…，PORTB.15。接下来，仿真调试开始运行，几秒之后停止运行程序。

双击"STM32"元件，选择实验 4-7 的程序执行文件，开始进行仿真，观察到 TIM1 的 4 个通道输出的波形，如图 4-22 所示；TIM1 通道 1、2 及互补通道输出的波形如图 4-23 所示。

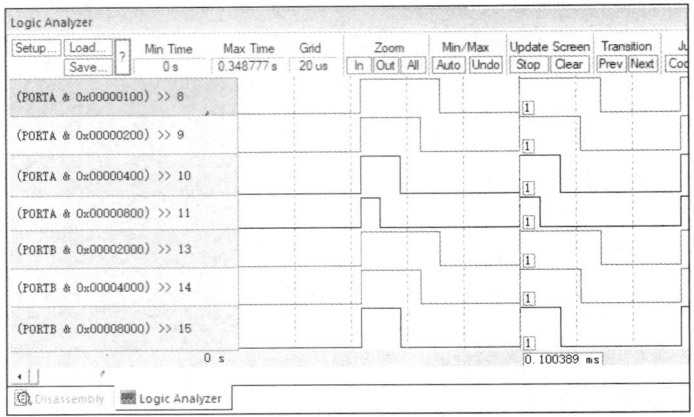

图 4-21　MDK 逻辑分析器显示 STM32F103xx 的 TIM1 通道 1、2、3、4 的信号波形

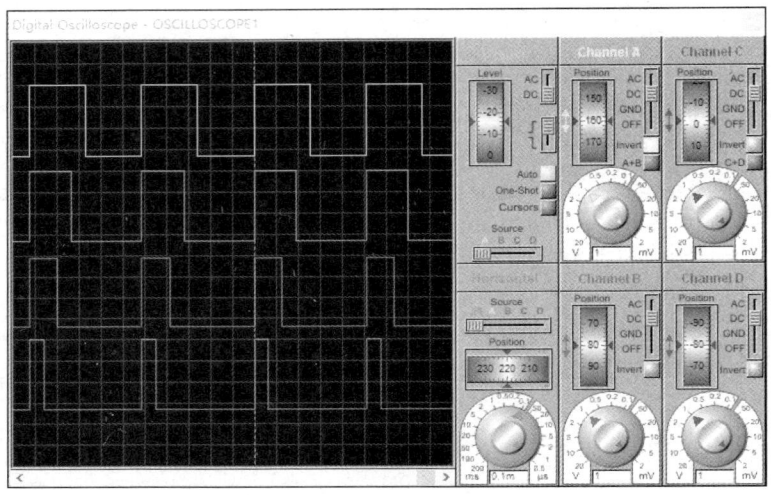

图 4-22　STM32F103xx 的 TIM1 通道 1、2、3、4 输出的波形

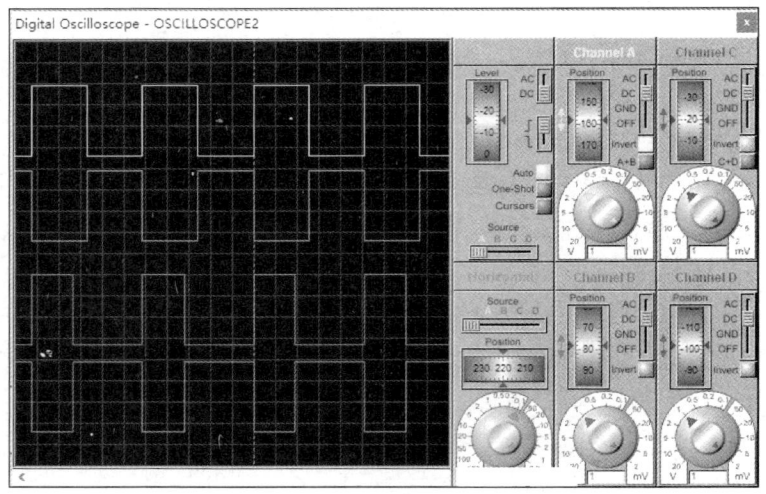

图 4-23　STM32F103xx 的 TIM1 通道 1、2 及互补通道输出的波形

实验 4-8　SysTick 生成 1 ms 的时基（标准库）

本实验将介绍如何配置 SysTick 以产生 1ms 的时基。

本实验的程序设计中使用了一个延时函数，该函数是基于 SysTick 计数实现的。通过该延时函数，LED 可以进行定时亮灭，从而实现流水灯效果。

1．硬件设计

LED 的硬件设计见实验 3-1。

2．软件设计（编程）

（1）设计分析。

SysTick 是一个 24 位的递减计数器，SysTick 计数递减为 0 时发生中断，时间刚好是 1ms，则 SysTick 重装值应为 9000 或 72000。若 SysTick 的时钟为 9MHz（HCLK/8），则其重装值为 9000；若 SysTick 的时钟为 72MHz（HCLK/1），则其重装值为 72000。

说明：产生 1ms 的时基计算为 9000/（9000000Hz）=1ms 或 72000/（72000000Hz）=1ms。

（2）程序源码与分析。

```
#include "main.h"
static __IO uint32_t TimingDelay;
void Delay(__IO uint32_t nTime);
```

① 主函数 main 的程序如下。

```
int main(void)
{
  STM_EVAL_LEDInit(LED1);
  STM_EVAL_LEDInit(LED2);
  STM_EVAL_LEDInit(LED3);

  /*系统时钟是 72MHz,参见 3.3.5 节的 RCC 编程应用。SysTick 的时钟是 72MHz 时，其重装值是
  72000*/
  if (SysTick_Config(SystemCoreClock / 1000))   //设置 SysTick 的重装值为 72000
  {
    while (1);
  }

  while (1)
  {
    STM_EVAL_LEDToggle(LED1);
    Delay(50);

    STM_EVAL_LEDToggle(LED2);
    Delay(50);

    STM_EVAL_LEDToggle(LED3);
    Delay(50);
```

```
    }
}
```

② 延时函数 Delay 的程序如下。

```
void Delay(__IO uint32_t nTime)
{
  TimingDelay = nTime;
  while(TimingDelay != 0);
}
```

③ SysTick 中断函数 SysTickHandler 在 TimeBase/stm32f10x_it.c 中，具体代码如下。

```
void SysTickHandler(void)
{
  TimingDelay_Decrement();   //SysTick 中断时调用此函数，实现多次延时，每次延时 1ms
}
```

④ 函数 TimingDelay_Decrement 的程序如下。

```
void TimingDelay_Decrement(void)
{
  if (TimingDelay != 0x00)
  {
    TimingDelay--;                    //变量 TimingDelay 自减 1
  }
}
```

3．实验过程与现象

实验过程参考 3.2.2 节，MDK 仿真和调试程序参考 3.2.3 节。

首先，将"Project\STM32F10x_StdPeriph_Examples\SysTick"文件夹中的"TimeBase"文件夹复制到"Project"文件夹中，并重命名为"4-8 SysTick"。其次，将工程模板的全部文件选中，复制到"4-8 SysTick"文件夹中，并跳过同名文件。再次，将"4-8 SysTick"文件夹中的"readme.txt"文件复制到"MDK-ARM"文件夹中，并替换目标文件中的同名文件。最后，双击打开 MDK 工程，先编译一次，确保没有错误和警告。按照上述内容修改后再次编译。编译完成后下载到 AS-07 实验板上运行。

实验现象：AS-07 实验板上的 LED1、LED2 和 LED3 将依次点亮和熄灭，形成流水灯的效果。

实验 4-9 Proteus 仿真 STM32：SysTick 生成 1ms 的时基

首先，复制"4-8 SysTick"文件夹并粘贴到相同路径下，将其重命名为"4-9 SysTick-Proteus"。接下来，为了使用 Protues 软件进行仿真实验，需要将实验 3-4 的"3-4 LED 流水灯.pdsprj"文件复制到新创建的"4-9 SysTick-Proteus"文件夹中，并重命名为"4-9 SysTick.pdsprj"，然后双击将其打开。最后，双击"STM32"元件，选择实验 4-9 的程序执行文件，开始仿真运行，如图 4-24 所示。

实验现象：开始仿真运行后，可以观察到 3 个 LED 将依次点亮和熄灭 50ms，形成流水灯的效果。

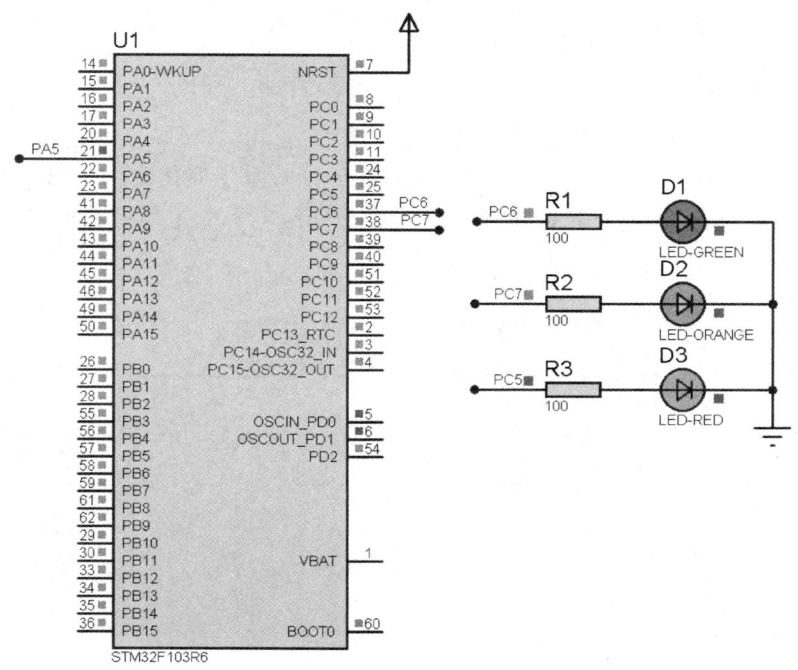

图 4-24　使用 Protues 软件仿真 LED 点亮、熄灭形成流水灯

4.3　STM32 的 I2C 总线

STM32 有两个 I2C 接口，这些接口能够支持多主模式或从模式，并且兼容标准和快速模式。

I2C 总线支持 7 位或 10 位寻址，在 7 位从模式下，还支持双从地址寻址。此外，I2C 总线还内置了硬件 CRC 发生器/校验器。

特别说明：STM32 的 I2C 总线兼容 Philips 公司的 I2C 总线，因此本节先介绍 Philips 的 I2C 总线，再介绍 STM32 的 I2C 总线。

4.3.1　Philips 的 I2C 总线

1．I2C 总线简述

Philips 的 I2C 总线规范有 1.0-1992、2.0-1998 和 2.1-2000 等版本。

I2C 总线使用 SDA（Serial Data，串行数据）和 SCL（Serial Clock，串行时钟）两线串行通信，在连接到总线的器件间传递信息。

每个 I2C 总线器件都有一个唯一的地址，以便在通信时能够被识别，这些器件可以是微控制器、LCD 驱动器、存储器等，而且它们都可以作为发送器或接收器。除发送器和接收器外，器件在执行数据传输时也可以被看作主机或从机。主机是指初始化总线的数据传输并产生允许传输的时钟信号的器件，而从机是指被寻址的器件。

每个 I2C 总线器件内部的 SDA 和 SCL 引脚都是开漏的，因此外部需要接上拉电阻。

2．I2C 总线协议

（1）只有在总线空闲时，才允许启动数据传输。

（2）在数据传输过程中，数据在 SCL 线为低电平时发生变化；当 SCL 线为高电平时，SDA 线必须保持稳定状态，不允许跳变，SDA 线的任何电平变化都将被看作总线的开始条件（信号）或停止条件（信号），如图 4-25 所示。

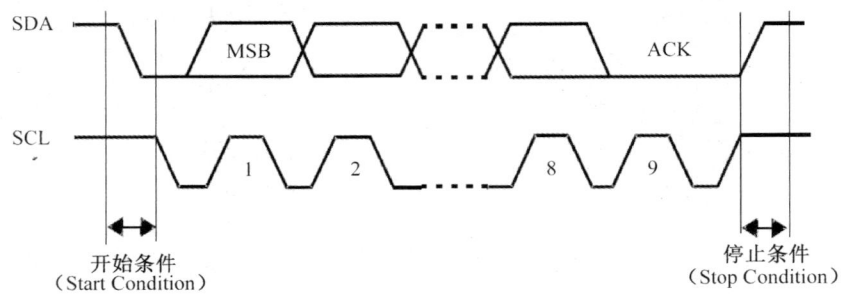

图 4-25　I2C 总线协议时序图

① 开始条件：在 SCL 线保持高电平期间，SDA 线从高电平到低电平的跳变。

② 停止条件：在 SCL 线保持高电平期间，SDA 线从低电平到高电平的跳变。

数据和地址按 8 位/字节进行传输，高位在前。在一个字节传输 8 个时钟后的第 9 个时钟期间，接收器必须回送一个应答（Acknowledge，ACK）位（信号）给发送器。软件可以开启或禁止应答，并设置 I2C 接口的地址（包括 7 位、10 位地址或广播呼叫地址）。

4.3.2　STM32 的 I2C 总线简介

STM32 的 I2C 总线用来连接微控制器和串行 I2C 总线器件，如存储器、LCD 驱动器等，提供多主机功能，控制所有 I2C 总线特定的时序、协议、仲裁和定时。I2C 总线支持标准和快速两种模式，同时与 SMBus2.0 兼容。

STM32 的 I2C 总线还有多种用途，包括 CRC 码的生成和校验、SMBus（System Management Bus，系统管理总线）和 PMBus（Power Management Bus，电源管理总线）。

根据特定设备的需要，可以使用 DMA 来减轻 CPU 的负担。

4.3.3　STM32 的 I2C 总线的主要特点

STM32 的 I2C 总线的主要特点如下。

（1）可以作为并行总线和 I2C 总线之间的协议转换器。

（2）提供多主机功能：既可以作为主机，也可以作为从机。

（3）提供 I2C 主设备功能：产生时钟信号、开始条件和停止条件。

（4）提供 I2C 从设备功能：能够进行可编程的 I2C 地址检测，具有可响应两个从地址的双地址能力，以及停止位检测。

（5）能够产生并检测 7 位和 10 位的设备地址及广播呼叫地址。

（6）支持不同的通信速率，包括标准（高达 100kHz）和快速（高达 400kHz）。

（7）具备单字节缓冲器的 DMA 功能。

4.3.4　STM32 的 I2C 总线功能描述

STM32 的 I2C 总线接口接收数据时，将数据从串行转换成并行；发送数据时，将数据从并行转换成串行。STM32 的 I2C 总线接口有如下 4 种工作模式。

（1）从发送器模式。

（2）从接收器模式。

（3）主发送器模式。

（4）主接收器模式。

STM32 的 I2C 总线模块默认工作于从模式。当接口产生开始条件后，它会自动地由从模式切换到主模式。而当仲裁丢失或产生停止条件时，它会由主模式切换回从模式。

在主模式下，I2C 总线接口启动数据传输并产生时钟信号，所有串行数据传输总是以开始条件开始，并以停止条件结束。开始条件和停止条件都是在主模式下由软件控制产生的。

在从模式下，I2C 总线接口能识别它自己的地址（7 位或 10 位）和广播呼叫地址。软件能够控制开启或禁止广播呼叫地址的识别。

数据和地址均按 8 位/字节进行传输，高位在前。跟在开始条件之后的 1 个或 2 个字节是地址（7 位模式为 1 个字节，10 位模式为 2 个字节）。地址只在主模式下发送。

在一个字节传输 8 个时钟后的第 9 个时钟期间，接收器必须回送一个应答位给发送器，具体参见 I2C 总线协议。软件可以开启或禁止应答，并可以设置 I2C 总线接口的地址（包括 7 位和 10 位的设备地址及广播呼叫地址）。

DMA 请求（当被使能时）仅用于数据传输。若发送时数据寄存器变空或接收时数据寄存器变满，则产生 DMA 请求。DMA 请求必须在当前字节传输结束之前被响应。当为相应 DMA 通道设置的数据传输量完成时，DMA 控制器发送传输结束信号到 I2C 总线接口，并且在中断允许时产生一个传输结束信号完成中断。

4.3.5　I2C 总线存储器 24C02

24Cxx 系列 I2C 总线 CMOS（Complementary Metal Oxide Semiconductor，互补金属氧化物半导体） EPROM（Electrically Erasable and Programmable Read-Only Memory，电可擦除的可编程只读存储器）是一种掉电后数据不丢失（非易失性）的存储器。

下面介绍常用的 24C02。

1. 存储器的存储容量、缓冲器、内部存储组织与地址寻址

24C02 是 2KB 串行 EEPROM，内部有 256 字节的存储容量。

24C02 有一个 8 字节页写缓冲器，它的内部存储器被组织成 32 页，每页包含 8 字节，并

且需要 8 条数据地址线用于字节的随机寻址。

在执行页写操作时，24C02 可一次将 8 字节数据写入缓冲区。若写入的数据超过缓冲区容量，则地址计数器将自动翻转回去，先前写入的数据被覆盖。主机发送停止条件后，会启动内部写周期，在一个写周期内将数据写到数据区。

连续读时，从 24C02 输出的数据会按顺序从 N 到 $N+1$ 输出。在进行读操作时，地址计数器在 24C02 整个地址内增加，这样整个寄存器区的数据就可在一个读操作内全部读出。当读取的字节超过 E（对于 24C02，$E=255$）时，计数器将翻转到 0，并继续输出数据。

```
        8-lead SOIC
A0 □ 1        8 □ VCC
A1 □ 2        7 □ WP
A2 □ 3        6 □ SCL
GND □ 4       5 □ SDA
```

图 4-26　24C02 系列 EEPROM 的外部引脚

2. 存储器的引脚及寻址

（1）24C02 系列 EEPROM 的外部引脚如图 4-26 所示，引脚定义如表 4-5 所示。

表 4-5　24C02 系列 EEPROM 引脚定义

引脚名称	引脚定义
A0、A1、A2	器件地址
SDA	串行数据/地址
SCL	串行时钟
WP	写保护
VCC	1.7～5.5V 工作电压
GND	地

SCL：串行时钟输入引脚，用于产生器件所有数据发送或接收所需的时钟信号。

SDA：双向串行数据/地址引脚，用于器件所有数据的发送或接收。

WP：如果 WP 连接到 VCC，那么所有的内容都被写保护，即只读；当 WP 连接到 VSS 或悬空时，允许器件进行正常的读/写操作。

A0、A1、A2：器件地址，这些输入引脚用于多个器件级联时设置器件地址，当这些引脚悬空时，默认值为 0。当使用 24C02 时，最大可级联 8 个器件，如果只有一个 24C02 被总线寻址，那么这些输入引脚可悬空或连接到 GND。

（2）主机（如 MCU）先通过发送一个开始条件启动发送过程，然后发送它所要寻址的从机（如 24C02）的器件地址。24C02 的器件地址如图 4-27 所示，高 4 位是固定的 1010，是器件的类别标识，低 3 位（A2、A1、A0）是器件的从地址。低位作为读写控制位，1 表示对从机进行读操作，0 表示对从机进行写操作。

当主机发送开始条件、从机地址，24C02 监视总线并检测到其地址与发送的从地址相符时，24C02 会先通过 SDA 线响应一个应答信号，再根据读写控制位 R/$\overline{\text{W}}$ 的状态进行读/写操作。

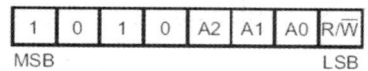

图 4-27　24C02 的器件地址

说明：在图 4-27 中，MSB 和 LSB 是二进制数中的两个重要概念，分别代表最高有效位（Most Significant Bit）和最低有效位（Least Significant Bit）。

（3）24C02 内部存储字地址。

图 4-28 所示为 24C02 的内部存储字地址，24C02 的页写操作允许在同一写周期内写入多达 8 个字节，前提是所有字节都在内存阵列的同一行（其中高 5 位地址位 A7、A6、A5、A4、A3 相同）。所以，在执行页写操作时，低 3 位地址位 A2、A1、A0 表示 1 页内的 8 个字节的字节寻址地址，高 5 位地址位 A7、A6、A5、A4、A3 表示 32 个页的地址。

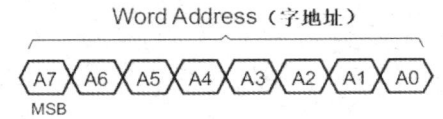

图 4-28　24C02 的内部存储字地址

3．存储器的读写

对存储器读写，也称为访问存储器或者存储器访问。

I2C 总线数据传输时，每成功传输一个字节数据，接收器都必须产生一个应答信号。应答的器件在第 9 个时钟周期时将 SDA 线拉低，表示其已收到一个 8 位数据。

24C02 收到开始条件和从器件地址之后响应一个应答信号，若 24C02 执行写操作，则在每接收一个 8 位数据后都响应一个应答信号。

24C02 收到开始条件和从器件地址之后响应一个应答信号，若 24C02 执行读操作，则在发送一个 8 位数据后释放 SDA 线并监视一个应答信号，一旦收到应答信号，将继续发送数据；若主器件没有发送应答信号，则停止传输数据并等待一个停止条件。

4．24C02 编程应用

（1）开始条件：当 SCL 线为高电平时，SDA 线从高电平到低电平跳变。

使用 GPIO 模拟开始条件（信号）的程序如下。

```
/*****************************************************************************
函数：I2C_Start
功能：产生 I2C 总线的开始条件
说明：SCL 线保持高电平期间，当 SDA 出现下降沿时启动 I2C 总线，本函数也用来产生重复开始条件
*****************************************************************************/
void I2C_Start()
{
    I2C_SDA_HIGH; //将 SDA 线置为高电平
    I2C_Delay();

    I2C_SCL_HIGH; //将 SCL 线置为高电平
    I2C_Delay();

    I2C_SDA_LOW;  //将 SDA 线置为低电平，实现 SDA 线从高电平到低电平跳变，启动 I2C 总线
```

```
    I2C_Delay();

    I2C_SCL_LOW;   //将 SCL 线置为低电平(准备写入地址或数据)
    I2C_Delay();
}
```

延时函数的程序如下。

```
/*******************************************************************
函数: I2C_Delay
功能: 模拟 I2C 总线延时
说明: 请根据具体情况调整延时
*******************************************************************/
void I2C_Delay()
{
    unsigned char t;
    t = 10;
    while ( --t != 0 );   //延时大于 4μs
}
```

类似的停止条件、确认的程序参见实验 4-10 的程序。

（2）24C02 的写操作。

24C02 有 2 种写操作: 字节写和页写。

24C02 的字节写操作如图 4-29 所示。在字节写操作中，主机首先发送开始条件和从机地址，在从机发回应答信号后，主机发送 24C02 的字节地址，主机在收到从机的应答信号后，发送数据到被寻址的存储单元，从机再次应答，并在主机产生停止条件后，24C02 开始内部数据的擦写，在内部数据的擦写过程中将不再应答主机的任何请求。

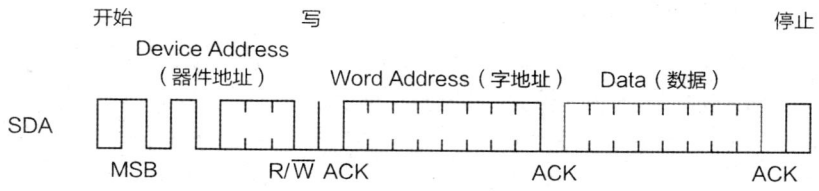

图 4-29　24C02 的字节写操作

使用 GPIO 模拟向 I2C 总线写入一个字节数据的程序如下。

```
/*******************************************************************
函数: I2C_Write
功能: 向 I2C 总线写入一个字节数据
参数: data 是要写到总线上的数据
*******************************************************************/
void I2C_Write(unsigned char data)
{
    unsigned char t = 8;
    do
```

```
{
  //I2C_SDA = (bit)(data & 0x80);
  I2C_SCL_LOW;           //将 SCL 线置为低电平(SDA 线数据在 SCL 线为低电平时改变有效)
  if(data & 0x80)
    I2C_SDA_HIGH;        //将 SDA 线置为高电平
  else
    I2C_SDA_LOW;         //将 SDA 线置为低电平
    data <<= 1;
  I2C_SCL_HIGH;          //将 SCL 线置为高电平(发送数据)
  I2C_SCL_LOW;           //将 SCL 线置为低电平(等待应答信号)
  I2C_Delay();
  } while ( --t != 0 );
}
```

类似的页写操作程序参见实验 4-10 的程序。

（3）24C02 的读操作。

24C02 有 3 种读操作：当前读（也称为立即读）、随机读（也称为选择读）、顺序读（也称为连续读）。

24C02 的当前读操作如图 4-30 所示。

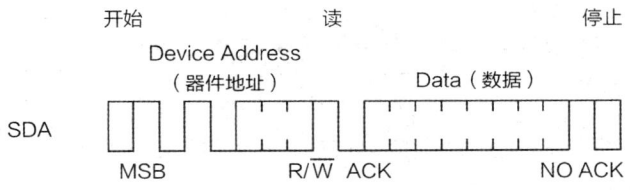

图 4-30　24C02 的当前读操作

24C02 的地址计数器内容为最后操作字节的地址加 1。也就是说，若上次读/写的操作地址为 N，则当前读从地址 $N+1$ 开始。若 $N=E$（对于 24C02，$E=255$），则计数器将翻转到 0 且继续输出数据。

24C02 收到从机地址信号后，首先发送一个应答信号，然后发送一个 8 位的字节数据，在收到数据后，主机不需要发送应答信号，但要产生一个停止条件。

使用 GPIO 模拟从 I2C 总线读取 1 个字节数据的程序如下。

```
/*******************************************************************
函数：I2C_Read
功能：从从机读取 1 个字节的数据
返回：读取的 1 个字节数据
*******************************************************************/
unsigned char I2C_Read(void)
{
  unsigned char data;
  unsigned char n = 8;
```

```
I2C_SDA_HIGH;        //在读取数据之前，将 SDA 线置为高电平，使之处于输入状态
do
{
  I2C_SCL_HIGH;      //将 SCL 线置为高电平（读数据）
  I2C_Delay();
  data <<= 1;
  if ( I2C_SDA_READ ) data++;
  I2C_SCL_LOW;
  I2C_Delay();
} while ( --n != 0 );
return data;
}
```

随机读和顺序读操作程序参见实验 4-10 的程序。

4.3.6　I2C 总线编程应用

由于 STM32 硬件 I2C 总线是兼容 Philips 公司的 I2C 总线规范的，故编程时要注意一些问题。实验 4-10 使用 STM32 的 GPIO 模拟产生图 4-25 所示的 I2C 总线协议时序图。实验 4-11 则使用库函数间接操作 STM32 硬件 I2C 总线的寄存器。

实验 4-10　STM32 控制 24C02 读写（模拟 I2C）

本实验移植原广州周立功单片机发展有限公司为 80C51 单片机编写的模拟 I2C 总线程序，使用 STM32 的 GPIO 模拟 I2C 总线协议时序对 24C02 进行读/写操作。

1．硬件设计

在 AS-07 实验板上，焊接的是 Atmel 公司的 EEPROM 产品，型号是 AT24C02C-SSHM-T（芯片丝印是 AT24C02CM，本实验称为 AT24C02），原理图如图 4-31 所示。

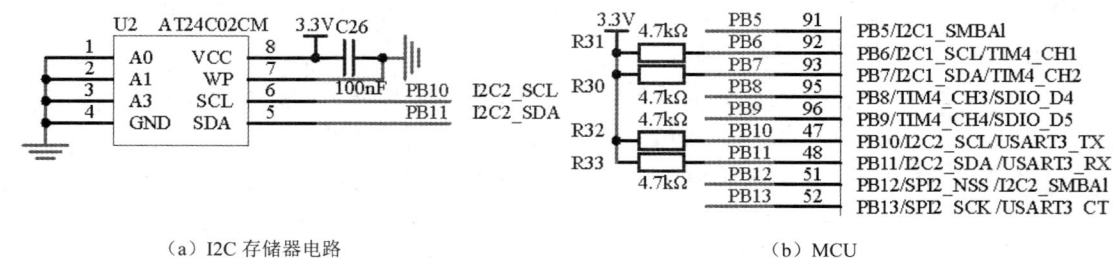

（a）I2C 存储器电路　　　　　　　　　　　　　　　　（b）MCU

图 4-31　STM32F103VE 控制 AT24C02 硬件设计原理图

AT24C02 的器件地址为 1010000x，其中写地址是 0xA0，读地址是 0xA1。

2．软件设计（编程）

（1）设计分析。

模拟 I2C 总线主机的字节写过程：①主机发送开始条件；②发送从机地址（写），等待应

答；③发送从机的写入字地址，等待应答；④从机发送数据，等待应答；⑤发送完毕，主机发送停止条件。

模拟 I2C 总线主机的随机读过程：①主机发送开始条件；②发送从机地址（写），等待应答；③发送从机的读出地址，等待应答；④主机发送重复开始条件；⑤发送从机地址（读），等待应答；⑥主机接收数据。接收完毕后，主机发送停止条件。

模拟程序代码见 4.3.5 节及以下内容，相关代码在 "i2c_ee.c" 文件中。

（2）程序源码与分析。

AT24C02 的读写程序如下。

```
/* Includes ------------------------------------------------------------*/
#include "stm3210e_eval_lcd.h"
#include "i2c_ee.h"


/* Private define ------------------------------------------------------*/
#define sEE_WRITE_ADDRESS           0x0
#define sEE_READ_ADDRESS            0x0
#define BUFFER_SIZE                 (countof(Tx_Buffer)-1)


/* Private variables ---------------------------------------------------*/
uint8_t Tx_Buffer[] = "1234ABC89";
uint8_t Rx_Buffer[32];
```

① 主函数 main 在 "main.c" 文件中，程序如下。

```
int main(void)
{
  STM3210E_LCD_Init();                              //初始化 LCD

  LCD_Clear(LCD_COLOR_BLUE);
  LCD_SetBackColor(LCD_COLOR_BLUE);
  LCD_SetTextColor(LCD_COLOR_WHITE);
  LCD_DisplayStringLine(LCD_LINE_0, (uint8_t *) "  Simulation I2C");
  LCD_DisplayStringLine(LCD_LINE_1, (uint8_t *) "AS-07 V4 24C02EEPROM");


  I2C_EE_Init();                                    //初始化 I2C 接口引脚

  LCD_DisplayStringLine(LCD_LINE_3, (uint8_t *) "write data...        ");
  I2C_Puts(0xA0,sEE_WRITE_ADDRESS,8,Tx_Buffer);     //对 24C02C 页写
  LCD_DisplayStringLine(LCD_LINE_4, Tx_Buffer);     //LCD 显示写入的数据

  LCD_DisplayStringLine(LCD_LINE_6, (uint8_t *) "read data...         ");
  I2C_Gets(0xA0,sEE_READ_ADDRESS,8,Rx_Buffer);      //从 24C02C 顺序读
  LCD_DisplayStringLine(LCD_LINE_7, Rx_Buffer);     //LCD 显示读出的数据


  while (1)
```

```
  {}
}
```

② 初始化 I2C 引脚驱动，函数 I2C_EE_Init 在"i2c_ee.c"文件中，程序如下。

```
void I2C_EE_Init()
{
  GPIO_InitTypeDef  GPIO_InitStructure;

  RCC_APB2PeriphClockCmd(RCC_APB2Periph_GPIOB, ENABLE);

  GPIO_InitStructure.GPIO_Pin = I2C_SCL_PIN |I2C_SDA_PIN;
  GPIO_InitStructure.GPIO_Speed = GPIO_Speed_50MHz;
  GPIO_InitStructure.GPIO_Mode = GPIO_Mode_Out_OD ; //I2C 引脚配置为开漏输出
  GPIO_Init(GPIO_PORT_I2C, &GPIO_InitStructure);

  I2C_SCL_HIGH;
  I2C_SDA_HIGH;                       //设置 SCL 线为高电平、SDA 线为高电平，即空闲状态
}
```

③ 定义 SCL 和 SDA 的宏（以增加代码的可移植性和可阅读性）在"i2c_ee.h"文件中，程序如下。

```
#define GPIO_PORT_I2C   GPIOB                              //定义 I2C 的端口
#define RCC_I2C_PORT    RCC_APB2Periph_GPIOB               //定义 I2C 的端口时钟
#define             I2C_SCL_PIN GPIO_Pin_10         //定义 I2C 的 SCL 引脚
#define             I2C_SDA_PIN GPIO_Pin_11         //定义 I2C 的 SDA 引脚

#define I2C_SCL_HIGH    GPIO_SetBits(GPIO_PORT_I2C, I2C_SCL_PIN)//定义 SCL=1
#define I2C_SCL_LOW     GPIO_ResetBits(GPIO_PORT_I2C, I2C_SCL_PIN)//定义 SCL=0

#define I2C_SDA_HIGH    GPIO_SetBits(GPIO_PORT_I2C, I2C_SDA_PIN) //定义 SDA=1
#define I2C_SDA_LOW     GPIO_ResetBits(GPIO_PORT_I2C, I2C_SDA_PIN) //定义 SDA=0

#define I2C_SDA_READ  GPIO_ReadInputDataBit(GPIO_PORT_I2C, I2C_SDA_PIN)
                                                    //定义读取 SDA 线状态的宏
```

④ 主机通过 I2C 总线向从机发送多个字节数据（页写）的函数 I2C_Puts 在"i2c_ee.c"文件中，程序如下。

```
/**********************************************************************
函数：I2C_Puts
功能：主机通过 I2C 总线向从机发送多个字节数据（页写）
参数：
    SlaveAddr：从机地址，高 7 位是从机地址，最低位是读写标志
    SubAddr：从机的子地址即读写的存储器地址
    size：数据大小（以字节单位）
```

```
        *dat: 要发送的数据
返回:
        0: 发送成功
        1: 在发送过程中出现异常
**************************************************************************/
u8 I2C_Puts(u8 SlaveAddr, u16 SubAddr, u8 size, u8 *dat)
{
    SlaveAddr &= 0xFE;                          //确保从机地址最低位是 0

    /*1.发送开始条件,启动 I2C 总线*/
    I2C_Start();

    /*2.发送从机地址(写),等待应答*/
    I2C_Write(SlaveAddr);
    if ( I2C_GetAck() )
    {
      I2C_Stop();
      return 1;
    }

    /*3.发送从机的子地址,等待应答*/
    I2C_Write(SubAddr);
    if ( I2C_GetAck() )
    {
      I2C_Stop();
      return 1;
    }

    /*4.发送数据,等待应答*/
    do
    {
      I2C_Write(*dat++);
      if (I2C_GetAck())
      {
          I2C_Stop();
          return 1;
      }
    } while ( --size != 0 );

    /*5.发送完毕,发送停止条件,停止 I2C 总线并返回*/
    I2C_Stop();
    return 0;
}
```

⑤ 主机通过 I2C 总线从从机接收多个字节数据(顺序读)的函数 I2C_Gets 在 "i2c_ee.c"
文件中,程序如下。

```
/*********************************************************************
```

```
    函数: I2C_Gets
    功能: 主机通过 I2C 总线从从机接收多个字节数据（顺序读）
    参数:
        SlaveAddr: 从机地址, 高 7 位是从机地址, 最低位是读写标志
        SubAddr: 从机的子地址即读写的存储器地址
        size: 数据大小（以字节为单位）
        *dat: 保存收到的数据
    返回:
        0: 接收成功
        1: 在接收过程中出现异常
********************************************************************************/
u8 I2C_Gets(u8 SlaveAddr,u16 SubAddr,u8 size,u8 *dat)
{
    SlaveAddr &= 0xFE;                               //确保从机地址最低位是 0

    /*1.发送开始条件, 启动 I2C 总线*/
    I2C_Start();

    /*2.发送从机地址(写), 等待应答*/
    I2C_Write(SlaveAddr);
    if ( I2C_GetAck() )
    {
      I2C_Stop();
      return 1;
    }

    /*3.发送从机的子地址,等待应答*/
    I2C_Write(SubAddr);
    if ( I2C_GetAck() )
    {
      I2C_Stop();
      return 1;
    }

    /*4.发送重复开始条件*/
    I2C_Start();

    /*5.发送从机地址（读）, 等待应答*/
    SlaveAddr |= 0x01;
    I2C_Write(SlaveAddr);
    if ( I2C_GetAck() )
    {
      I2C_Stop();
      return 1;
```

```
}

/*6.主机接收数据，每收到一个字节数据就发送应答信号，接收完最后一个字节数据后发送非应
    答信号*/
for (;;)
{
  *dat++ = I2C_Read();
  if ( --size == 0 )
  {
    I2C_PutAck(1);                    //发送非应答信号
    break;
  }
  I2C_PutAck(0);                      //发送应答信号
}

/*7.接收完毕，发送停止条件，停止 I2C 总线并返回*/
I2C_Stop();
return 0;
}
```

3. 实验过程与现象

实验过程参考 3.2.2 节，MDK 仿真和调试程序参考 3.2.3 节。

将 "Project\STM32F10x_StdPeriph_Examples\I2C" 文件夹中的 "EEPROM" 文件夹复制到 "Project" 文件夹中并重命名为 "4-10 EEPROM"，将工程模板的全部文件选中，复制到 "4-10 EEPROM" 文件夹中，跳过同名文件。另外，将 "4-10 EEPROM" 文件夹中的 "readme.txt" 文件复制到 "MDK-ARM" 文件夹中，替换目标文件中的同名文件。

在 "MDK-ARM" 文件夹中新建 "i2c_ee.c" 文件并加入工程，并将 4.3.5 节的程序代码写入。新建 "i2c_ee.h" 头文件，将上述 "（2）程序源码与分析" 中的 "③定义 SCL 和 SDA 的宏" 的程序代码写入。

按照上述修改 "main.c" 文件，编译完成后下载到 AS-07 实验板上运行。

实验现象：如图 4-32 所示，AS-07 实验板上的 LCD 显示 24C02 读写信息。

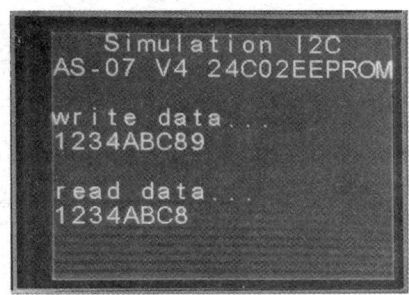

图 4-32　AS-07 实验板上的 LCD 显示 24C02 读写信息

实验 4-11　24C02 读写（标准库）

本实验使用 STM32 硬件 I2C 总线接口，并结合 STM32 的标准外设库 StdPeriph_Lib V3.5.0 的库函数和范例程序 STM32F10x_StdPeriph_Examples\I2C\EEPROM，对 AS-07 实验板上的 24C02 进行读写操作。

1. 硬件设计

硬件设计与实验 4-10 的相同。

2. 软件设计（编程）

（1）设计分析。

首先，初始化 STM32F103VE 的 I2C。其次，计算写入 EEPROM 的数据的页数、不足页的字节数及相应的写入地址。再次，发送开始条件并切换至主模式，主机发送 24C02 器件的从地址 A0，进入发送器模式。在发送了 24C02 内部写入地址后，将要发送的字节数据发送到 SDA 线上，写入 24C02。最后，主机产生一个停止条件，使 I2C 返回到从模式，关闭通信。

STM32F103VE 发送开始条件并切换至主模式；主机发送 24C02 器件从地址 A0，进入发送器模式；发送 24C02 内部读出地址；重发开始条件；主机发送 24C02 器件从地址 A1，进入接收器模式；主发送器转换为主接收器，开始读取 24C02 数据；关闭通信。

（2）程序源码与分析。

在"stm3210e_eval.h"文件中选择读写 24C02，程序如下。

```
#define sEE_M24C02                          //AS-07 实验板上焊接的是 AT24C02
```

① 读写地址，缓存内容、大小等。

```
#define sEE_WRITE_ADDRESS1       0x50
#define sEE_READ_ADDRESS1        0x50
#define BUFFER_SIZE1             (countof(Tx1_Buffer)-1)
#define BUFFER_SIZE2             (countof(Tx2_Buffer)-1)
#define sEE_WRITE_ADDRESS2       (sEE_WRITE_ADDRESS1 + BUFFER_SIZE1)
#define sEE_READ_ADDRESS2        (sEE_READ_ADDRESS1 + BUFFER_SIZE1)
#define countof(a)              (sizeof(a) / sizeof(*(a)))

uint8_t Tx1_Buffer[] = "STM32F10x I2C Firmware Library EEPROM driver example ";
uint8_t Tx2_Buffer[] = "/* STM32F10x I2C Firmware Library EEPROM driver example: \
                buffer 2 transfer into address sEE_WRITE_ADDRESS2 */";
uint8_t Rx1_Buffer[BUFFER_SIZE1], Rx2_Buffer[BUFFER_SIZE2];
volatile TestStatus TransferStatus1 = FAILED, TransferStatus2 = FAILED;
volatile uint16_t NumDataRead = 0;
```

② 主函数 main 的程序如下。

```
int main(void)
{
  STM3210E_LCD_Init();
  LCD_Clear(LCD_COLOR_BLUE);
```

```
LCD_SetBackColor(LCD_COLOR_BLUE);
LCD_SetTextColor(LCD_COLOR_WHITE);
LCD_DisplayStringLine(LCD_LINE_0, (uint8_t *) "SMT32F1xx FW Library");
LCD_DisplayStringLine(LCD_LINE_1, (uint8_t *) "AS-07 V4 24C02EEPROM");

sEE_Init();                                      //初始化 I2C EEPROM 驱动
sEE_WriteBuffer(Tx1_Buffer, sEE_WRITE_ADDRESS1, BUFFER_SIZE1);
                                                 //写入缓存的数据
NumDataRead = BUFFER_SIZE1;                      //读取的数据个数
sEE_ReadBuffer(Rx1_Buffer, sEE_READ_ADDRESS1, (uint16_t *)(&NumDataRead));
                                                 //读取数据到缓存

…（省略部分程序语句）
}
```

③ I2C EEPROM 驱动 I2C 初始化函数 sEE_Init 在 "stm32_eval_i2c_ee.c" 文件中，程序如下。

```
void sEE_Init(void)
{
  I2C_InitTypeDef   I2C_InitStructure;

  sEE_LowLevel_Init();                           //初始化外设用于 I2C EEPROM 驱动

  I2C_InitStructure.I2C_Mode = I2C_Mode_I2C;                      //设置 I2C 模式
  I2C_InitStructure.I2C_DutyCycle = I2C_DutyCycle_2;              //设置占空比为 50%
  I2C_InitStructure.I2C_OwnAddress1 = I2C_SLAVE_ADDRESS7;         //使用 7 位地址
  I2C_InitStructure.I2C_Ack = I2C_Ack_Enable;                    //允许应答
  I2C_InitStructure.I2C_AcknowledgedAddress = I2C_AcknowledgedAddress_7bit;
                                                                  //应答地址为 7 位
  I2C_InitStructure.I2C_ClockSpeed = I2C_SPEED;                  //设置 I2C 速度

  I2C_Cmd(sEE_I2C, ENABLE);                                      //使能 I2C 外设
  I2C_Init(sEE_I2C, &I2C_InitStructure);                        //初始化 I2C
  I2C_DMACmd(sEE_I2C, ENABLE);                                  //使能 DMA

#if defined (sEE_M24C32)
  sEEAddress = sEE_HW_ADDRESS;
#elif defined (sEE_M24C02)
#ifdef sEE_Block0_ADDRESS                                       //24C02 地址为 0xA0

…（省略部分程序语句）
}
```

④ 其他函数，如将缓存的数据写入 I2C EEPROM 的函数 sEE_WriteBuffer、页写函数 sEE_WritePage、读出到缓存函数 sEE_ReadBuffer 等，详细内容见实验过程。

3. 实验过程与现象

实验过程参考 3.2.2 节，MDK 仿真和调试程序参考 3.2.3 节。

首先，将"Project\STM32F10x_StdPeriph_Examples\I2C"文件夹中的"EEPROM"文件夹复制到"Project"文件夹中并重命名为"4-11 EEPROM"。其次，将工程模板的全部文件选中，复制到"4-11 EEPROM"文件夹中，并跳过同名文件。最后，将"4-11 EEPROM"文件夹中的"readme.txt"文件复制到"MDK-ARM"文件夹中，替换目标文件中的同名文件。双击打开"MDK-ARM"文件夹，进行以下操作。

（1）将"stm3210c_eval.c"文件中第 440～583 行的 void sEE_LowLevel_DeInit(void)、void sEE_LowLevel_Init(void)、void sEE_LowLevel_DMAConfig(uint32_t pBuffer, uint32_t BufferSize, uint32_t Direction)等函数复制到"stm3210e_eval.c"文件中"uint32_t SD_DMAEndOfTransfer Status(void)"函数后面的第 509 行之后。

（2）将"stm3210c_eval.h"文件中第 179～219 行的有关 STM3210C_EVAL_LOW_LEVEL_ I2C_EE 的部分复制到"stm3210e_eval.h"文件中"addtogroup STM3210E_EVAL_ LOW_LEVEL_SD_FLASH"后面的第 231 行之后，并修改 I2C 的引脚为"I2C2""GPIO_Pin_10"和"GPIO_Pin_11"，程序如下。

```
/**
  * @brief  I2C EEPROM Interface pins
  */
#define sEE_I2C                        I2C2
#define sEE_I2C_CLK                    RCC_APB1Periph_I2C2
#define sEE_I2C_SCL_PIN                GPIO_Pin_10
#define sEE_I2C_SCL_GPIO_PORT          GPIOB
#define sEE_I2C_SCL_GPIO_CLK           RCC_APB2Periph_GPIOB
#define sEE_I2C_SDA_PIN                GPIO_Pin_11
#define sEE_I2C_SDA_GPIO_PORT          GPIOB
#define sEE_I2C_SDA_GPIO_CLK           RCC_APB2Periph_GPIOB
```

（3）在"stm3210e_eval.h"文件中，找到 I2C EEPROM Interface pins 的定义，在其后添加新的定义，程序如下。

```
//#define sEE_M24C32        //AS-07 V2 实验板上焊接的是 AT24C32
#define sEE_M24C02          //AS-07 V4 实验板上焊接的是 AT24C02
```

（4）在"stm3210e_eval.h"文件中，找到 I2C EEPROM Interface pins 的定义，在其后修改 DMA 的宏定义，原因是 I2C 使用的是 DMA1 的通道 4 和通道 5，程序如下。

```
#define sEE_I2C_DMA                    DMA1
#define sEE_I2C_DMA_CHANNEL_TX         DMA1_Channel4
#define sEE_I2C_DMA_CHANNEL_RX         DMA1_Channel5
#define sEE_I2C_DMA_FLAG_TX_TC         DMA1_IT_TC4
#define sEE_I2C_DMA_FLAG_TX_GL         DMA1_IT_GL4
#define sEE_I2C_DMA_FLAG_RX_TC         DMA1_IT_TC5
#define sEE_I2C_DMA_FLAG_RX_GL         DMA1_IT_GL5
#define sEE_I2C_DMA_CLK                RCC_AHBPeriph_DMA1
#define sEE_I2C_DR_Address             ((uint32_t)0x40005810)
```

```
#define sEE_USE_DMA

#define sEE_I2C_DMA_TX_IRQn               DMA1_Channel4_IRQn
#define sEE_I2C_DMA_RX_IRQn               DMA1_Channel5_IRQn
#define sEE_I2C_DMA_TX_IRQHandler         DMA1_Channel4_IRQHandler
#define sEE_I2C_DMA_RX_IRQHandler         DMA1_Channel5_IRQHandler
```

（5）在"stm32_eval_i2c_ee.h"文件中修改页大小 sEE_PAGESIZE，程序如下。

```
#if defined (sEE_M24C02)
 #define sEE_PAGESIZE             8
```

完成上述修改后进行编译。编译完成后，下载到实验板上运行。

实验现象：如图 4-33 所示，AS-07 实验板上的 LCD 显示对 24C02 读写成功的信息。

图 4-33　　AS-07 实验板上的 LCD 显示对 24C02 读写成功的信息

实验 4-12　24C02 读写（STM32CubeMX，HAL 库）

本实验将使用 STM32CubeMX 工具建立一个 MDK 工程，并修改代码以对 AS-07 实验板上的 24C02 进行读写操作。

1．硬件设计

硬件设计与实验 4-10 的相同。

2．软件设计（编程）

（1）设计分析。

在 I2C 初始化过程中，首先，调用 stm32f1xx_hal_i2c 文件中的库函数 HAL_I2C_Mem_Write 向 AT24C02 写入数据。其次，调用 HAL_I2C_Mem_Read 函数从 AT24C02 读取数据。再次，调用 Buffercmp 函数对比写入的内容与读取的内容是否相同。最后，通过 LED 来指示对比结果。

（2）程序源码与分析。

① 写缓存和读缓存的定义，程序如下。

```
uint8_t Tx_Buffer[8] = "STM32";//由于程序不完善，因此24C02写入数据要少于8字节，否则出错
uint8_t Rx_Buffer[8];
```

② 主函数 main 的程序如下。

```
int main(void)
{
```

```
HAL_Init();
SystemClock_Config();
MX_GPIO_Init();
MX_I2C2_Init();                                      //初始化 I2C2

/*I2C 写函数的参数说明：hi2c 是指向 I2C_HandleTypeDef 结构体（包含指定 I2C 的配置信息）的
指针；0xA0 是器件地址；0x9 是存储地址；8 是指定存储地址的大小，对于 24C02 是 8 位；Tx_Buffer
是一个指向要写入的数据缓冲区的指针；8 是指定将要写入的数据长度；3000 是超时时间*/
HAL_I2C_Mem_Write(&hi2c2, 0xA0,0x9, 8, Tx_Buffer, 8, 3000);
HAL_Delay(5);                                        //短延时不能少

HAL_I2C_Mem_Read( &hi2c2, 0xA1,0x9, 8, Rx_Buffer, 5, 3000);
/*I2C 读函数，由于程序不完善，因此 24C02 读取数据要少于 8 字节，否则出错*/
HAL_Delay(5);                                        //短延时不能少

/*比对写入的内容与读取的内容是否相同*/
TransferStatus1 = Buffercmp(Tx_Buffer, Rx_Buffer, 8);
if (TransferStatus1 == PASSED)                       //若写入的内容与读取的内容相同
{
  HAL_GPIO_TogglePin(LED1_GPIO_Port,LED1_Pin); //则 LED1 亮灭状态翻转
}
Else                                                 //若写入的内容与读取的内容不相同
  {
    HAL_GPIO_TogglePin(LED2_GPIO_Port,LED2_Pin); //则 LED2 亮灭状态翻转
  }
while (1)
{ }
}
```

③ I2C2 初始化函数 MX_I2C2_Init 的程序如下。

```
static void MX_I2C2_Init(void)
{
  hi2c2.Instance = I2C2;                             //使用 I2C2 作为通信实例
  hi2c2.Init.ClockSpeed = 100000;                    //设置 I2C2 通信速率为 100kbit/s
  hi2c2.Init.DutyCycle = I2C_DUTYCYCLE_2;            //设置 I2C2 占空比为 50%
  hi2c2.Init.OwnAddress1 = 0;                         //设置本机地址为 0
  hi2c2.Init.AddressingMode = I2C_ADDRESSINGMODE_7BIT; //设置地址模式为 7 位地址
  hi2c2.Init.DualAddressMode = I2C_DUALADDRESS_DISABLE; //禁用双地址模式
  hi2c2.Init.OwnAddress2 = 0;                         //设置本机 I2C2 地址
  hi2c2.Init.GeneralCallMode = I2C_GENERALCALL_DISABLE; //禁用通用呼叫模式
  hi2c2.Init.NoStretchMode = I2C_NOSTRETCH_DISABLE;  //禁用扩展模式
  if (HAL_I2C_Init(&hi2c2) != HAL_OK)                //初始化 I2C2
  {
    Error_Handler();                                 //调用错误处理函数
  }
}
```

3．实验过程与现象

实验过程：使用 STM32CubeMX 建立工程"4-12 24C02"，参考 3.2.6 节配置调试方式和系统时钟、LED 引脚等参数。I2C2 的设置如图 4-34 所示。生成 MDK 工程后打开，参照上述内容添加 I2C 读写的代码。编译完成后，将程序下载到 AS-07 实验板上运行。

实验现象：AS-07 实验板的 LED1 点亮指示 24C02 读写成功，LED2 点亮指示 24C02 读写失败。

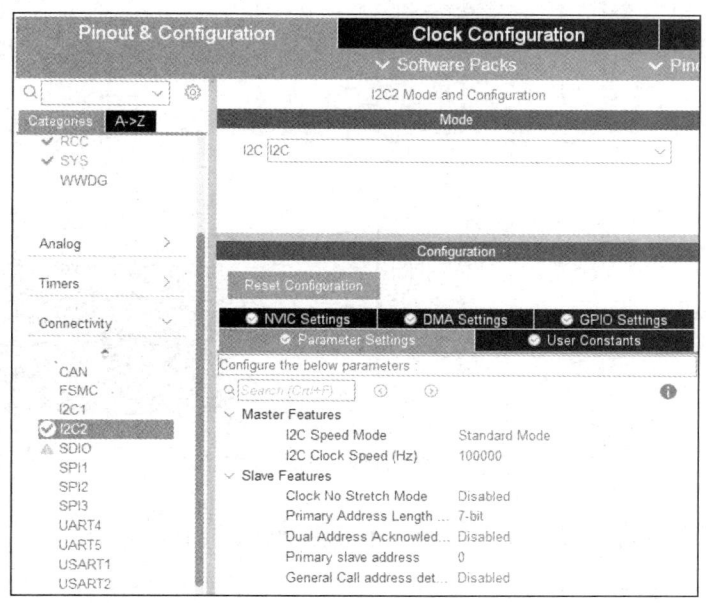

图 4-34　I2C2 的设置

实验 4-13　Proteus 仿真 STM32：OLED 显示（模拟 I2C）

OLED 显示技术与传统的 LCD 显示技术不同，主要区别在于其具有自发光特性。

SSD1306 是一款用于 OLED 的驱动器，它由 128 个区段（128 列）和 64 个公共区（64 行）组成。

SSD1306 的 I2C/SPI 串行接口 OLED 有 30 个引脚，这些引脚按照功能分类，分为电源（V_{DD}、V_{SS}、V_{CC}、V_{LSS}）、驱动（I_{REF}、V_{COMH}）、DC/DC 转换器（V_{BAT}、C1P/C1N、C2P/C2N）、接口（BS0、BS1、BS2）、数据（D0～D7）、控制［RES#、CS#、D/C#、E（RD#）、R/W#（WR#）］等类别。注："#"表示低电平有效。

SSD1306 嵌入了对比度控制、显示 RAM 和振荡器，减少了外部组件的数量和功耗，它具有 256 级亮度控制。数据/命令使用通用 MCU，通过硬件可选并行接口、I2C 或 SPI 串行接口发送。

使用 SSD1306 的 0.96 寸 OLED 显示屏是一种价格便宜的显示模块。它提供 I2C 和 SPI 两种串行接口，分别使用 4 个和 7 个单排针连接器，具有占用引脚少和使用简便的优点。

本实验使用 Proteus 仿真 STM32F103R6 来驱动 0.96 寸 I2C 总线接口的 OLED 显示屏。

1. 硬件设计

硬件设计如图 4-35 所示。

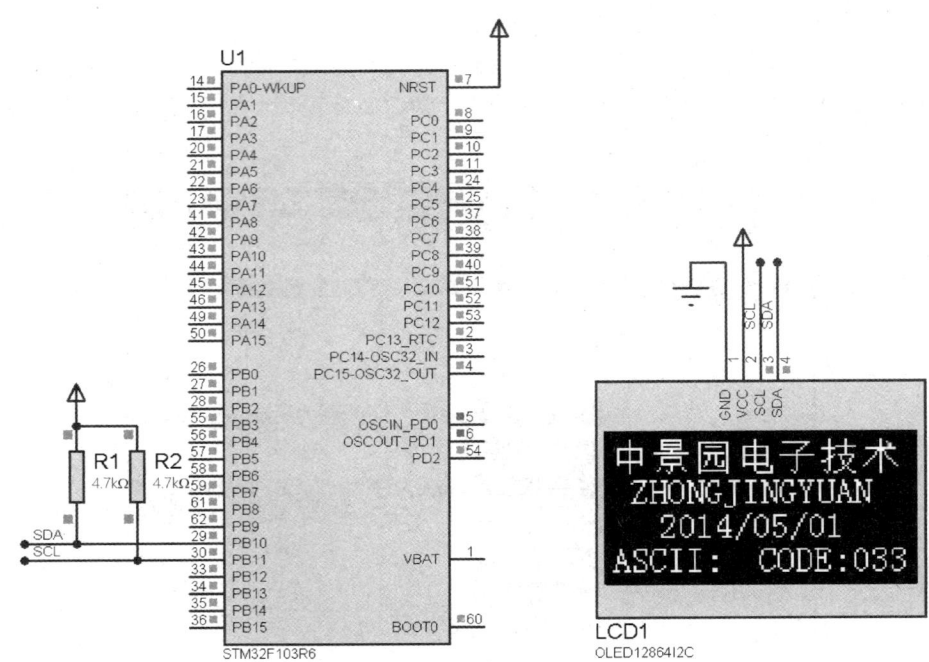

图 4-35　Proteus 仿真 STM32F103R6 驱动 OLED 显示硬件设计

2. 软件设计（编程）

（1）设计分析。

使用 STM32 的 GPIO 模拟 I2C 程序驱动 OLED 显示的底层程序与实验 4-10 基本相同。

OLED（SSD1306）的初始化和应用层函数与 LCD（ILI9320）类似，详见程序注释和 SSD1306 数据手册。

（2）程序源码与分析。

```
#include "delay.h"
#include "sys.h"
#include "oled.h"
#include "bmp.h"
```

① 主函数 main 的程序如下。

```
int main(void)
#include "delay.h"
#include "sys.h"
#include "oled.h"
#include "bmp.h"
int main(void)
{
  u8 t=' ';
```

```
delay_init();
OLED_Init();
OLED_ColorTurn(0);                          //0 为正常显示，1 为反色显示
OLED_DisplayTurn(0);                        //0 为正常显示，1 为屏幕翻转显示
while(1)
{
  OLED_ShowPicture(0,0,128,64,BMP1,1);      //显示图片
  OLED_Refresh();                           //显示刷新
  delay_ms(500);
  OLED_Clear();                             //清屏
  OLED_ShowChinese(0,0,0,16,1);             //显示"中"
  OLED_ShowChinese(18,0,1,16,1);            //显示"景"
  OLED_ShowChinese(36,0,2,16,1);            //显示"园"
  OLED_ShowChinese(54,0,3,16,1);            //显示"电"
  OLED_ShowChinese(72,0,4,16,1);            //显示"子"
  OLED_ShowChinese(90,0,5,16,1);            //显示"技"
  OLED_ShowChinese(108,0,6,16,1);           //显示"术"
  OLED_ShowString(8,16,"ZHONGJINGYUAN",16,1);   //显示字符串
  OLED_ShowString(20,32,"2014/05/01",16,1);     //显示字符串
  OLED_ShowString(0,48,"ASCII:",16,1);          //显示字符串
  OLED_ShowString(63,48,"CODE:",16,1);          //显示字符串
  OLED_ShowChar(48,48,t,16,1);              //显示 ASCII 码对应的字符
  t++;
  if(t>'~')t=' ';
  OLED_ShowNum(103,48,t,3,16,1);            //显示数字
  OLED_Refresh();
  delay_ms(500);
  OLED_Clear();
}
}
```

② OLED 的初始化函数 OLED_Init 的程序如下。

```
void OLED_Init(void)
{
  GPIO_InitTypeDef  GPIO_InitStructure;
  RCC_APB2PeriphClockCmd(RCC_APB2Periph_GPIOB, ENABLE);
  GPIO_InitStructure.GPIO_Pin = GPIO_Pin_10|GPIO_Pin_11;
  GPIO_InitStructure.GPIO_Mode = GPIO_Mode_Out_OD;
  GPIO_InitStructure.GPIO_Speed = GPIO_Speed_50MHz;
  GPIO_Init(GPIOB, &GPIO_InitStructure);        //初始化 PB10、PB11
  GPIO_SetBits(GPIOB,GPIO_Pin_10|GPIO_Pin_11);

  OLED_WR_Byte(0xAE,OLED_CMD);        //关闭显示
  OLED_WR_Byte(0x00,OLED_CMD);        //页地址模式下设置列起始地址低位
  OLED_WR_Byte(0x10,OLED_CMD);        //页地址模式下设置列起始地址高位
  OLED_WR_Byte(0x40,OLED_CMD);        //设置屏幕起始行(0x00~0x3F)
  OLED_WR_Byte(0x81,OLED_CMD);        //设置对比度
```

```
    OLED_WR_Byte(0xCF,OLED_CMD);  //设置亮度
    OLED_WR_Byte(0xA1,OLED_CMD);  //设置列映射，0xA0 左右反置，0xA1 正常
    OLED_WR_Byte(0xC8,OLED_CMD);  //设置行扫描方向，0xC0 上下反置，0xC8 正常
    OLED_WR_Byte(0xA6,OLED_CMD);  //设置正常/反转显示，0xA6 正常显示，0xA7 反转显示
    OLED_WR_Byte(0xA8,OLED_CMD);
    OLED_WR_Byte(0x3F,OLED_CMD);  //字段输出电流
    OLED_WR_Byte(0xD3,OLED_CMD);  //设置显示偏移
    OLED_WR_Byte(0x00,OLED_CMD);
    OLED_WR_Byte(0xD5,OLED_CMD);  //设置显示时钟分频/振荡器频率
    OLED_WR_Byte(0x80,OLED_CMD);  //设置分频比
    OLED_WR_Byte(0xD9,OLED_CMD);  //设置预充电周期
    OLED_WR_Byte(0xF1,OLED_CMD);
    OLED_WR_Byte(0xDA,OLED_CMD);
    OLED_WR_Byte(0x12,OLED_CMD);
    OLED_WR_Byte(0xDB,OLED_CMD);  //设置调整 VCOMH 输出
    OLED_WR_Byte(0x30,OLED_CMD);
    OLED_WR_Byte(0x20,OLED_CMD);
    //设置内存地址模式（页地址模式、水平地址模式和垂直地址模式）
    OLED_WR_Byte(0x02,OLED_CMD);
    OLED_WR_Byte(0x8D,OLED_CMD);
    OLED_WR_Byte(0x14,OLED_CMD);
    OLED_Clear();
    OLED_WR_Byte(0xAF,OLED_CMD);  //开启显示
}
```

③ 发送一个字节函数 OLED_WR_Byte 的程序如下。

```
void OLED_WR_Byte(u8 dat,u8 mode)
{
    I2C_Start();
    Send_Byte(0x78);
    I2C_WaitAck();
    if(mode)                        //mode 为设置数据/命令标志。0 表示命令，1 表示数据
    {
        Send_Byte(0x40);
    }
    else
    {
        Send_Byte(0x00);
    }
    I2C_WaitAck();
    Send_Byte(dat);
    I2C_WaitAck();
    I2C_Stop();
}
```

④ 底层驱动函数的程序如下。

```
void IIC_delay(void)                //延时函数
```

```
void I2C_Start(void)            //开始条件函数
void I2C_Stop(void)             //结束条件函数
void I2C_WaitAck(void)          //等待应答信号函数
void Send_Byte(u8 dat)          //写入一个字节数据函数
```

这些函数的程序与实验 4-10 的程序基本相同，函数中也定义了读写 SCL 和 SDA 的宏，以增加代码的可移植性和可阅读性，具体代码如下。

```
#define OLED_SCL_Clr() GPIO_ResetBits(GPIOB,GPIO_Pin_11)
#define OLED_SCL_Set() GPIO_SetBits(GPIOB,GPIO_Pin_11)
#define OLED_SDA_Clr() GPIO_ResetBits(GPIOB,GPIO_Pin_10)
#define OLED_SDA_Set() GPIO_SetBits(GPIOB,GPIO_Pin_10)
```

3. 实验过程与现象

实验过程：购买一块 I2C 总线接口的 OLED 显示器模块，打开配套程序工程，修改 I2C 引脚为 PB10 和 PB11，编译通过后下载到 AS-07 实验板上，连接 OLED，运行验证。

实验现象：Proteus 仿真结果如图 4-35 所示，使用 AS-07 实验板进行硬件验证，如图 4-36 所示。

图 4-36　AS-07 实验板上的 STM32F103VE 驱动 OLED 显示

实验 4-14　Proteus 仿真 STM32：24C02+OLED（模拟 I2C）

本实验将介绍如何使用 Proteus 软件仿真 STM32F103R6（作为主机）通过 I2C 总线接口读写 24C02（作为从机）。编程使用 STM32 的 GPIO 模拟 I2C 程序对 24C02 和 OLED 进行操作。实验的过程和结果将同时通过 USART1 和 OLED 显示。

1. 硬件设计

硬件设计如图 4-37 所示。

2. 软件设计（编程）

（1）设计分析。

本实验的设计分析与实验 4-10 和实验 4-11 的类似，实际上本实验就是前两个实验的结合。

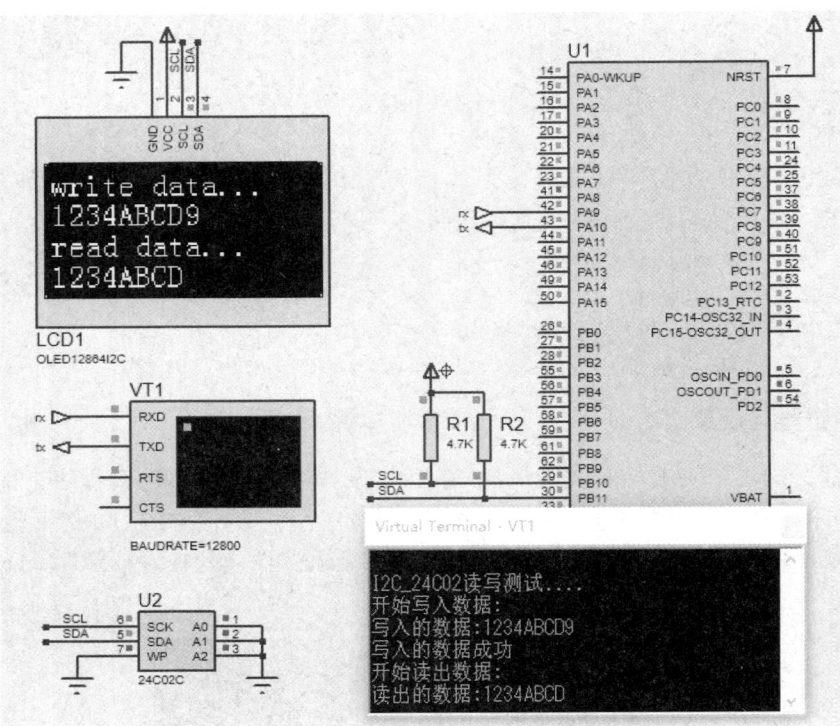

图 4-37　Proteus 仿真 STM32F103R6 读写 24C02 和控制 OLED 显示硬件设计

（2）程序源码与分析。

主函数 main 的程序如下。

```
int main(void)
{
 delay_init();
 OLED_Init();
 OLED_ColorTurn(0);
 OLED_DisplayTurn(0);

 USART_InitStructure.USART_BaudRate = 115200;
 USART_InitStructure.USART_WordLength = USART_WordLength_8b;
 USART_InitStructure.USART_StopBits = USART_StopBits_1;
 USART_InitStructure.USART_Parity = USART_Parity_No;
 USART_InitStructure.USART_HardwareFlowControl =
                                    USART_HardwareFlowControl_None;
 USART_InitStructure.USART_Mode = USART_Mode_Rx | USART_Mode_Tx;
 STM_EVAL_COMInit(COM1, &USART_InitStructure);
 USART1 printf("\r\nI2C_24C02 读写测试   ");

 I2C_EE_Init();

 printf("\n\r 开始写入数据:");
```

```
OLED_ShowString(0,0,"write data. ",16,1);
OLED_Refresh(); delay_ms(500);


I2C_Puts(0xA0,sEE_WRITE_ADDRESS,8,Tx_Buffer);        //向 24C02 写入数据


printf("\n\r 写入的数据:%s",Tx_Buffer);
OLED_ShowString(0,16,Tx_Buffer,16,1);                //显示写入数据
delay_ms(500);
printf("\n\r 写入的数据成功");
printf("\n\r 开始读出数据:");
OLED_ShowString(0,32,"read data...",16,1);           //显示写入数据
OLED_Refresh();
delay_ms(500);
I2C_Gets(0xA0,sEE_READ_ADDRESS,8,Rx_Buffer);         //从 24C02 读出数据
printf("\n\r 读出的数据:%s",Rx_Buffer);
OLED_ShowString(0,48,Rx_Buffer,16,1);                //显示读出数据
Rx_Buffer OLED_Refresh();
delay_ms(500);
while (1)
{}
}
```

其他程序与实验 4-10 和实验 4-11 的程序相同，这里不再分析。

3. 实验过程与现象

实验过程参考 3.2.5 节。

Proteus 仿真结果如图 4-37 所示。

4.4 **STM32 的 SPI 总线**

STM32 具有两个 SPI 总线接口，能够在主模式或从模式下以半/全双工、同步、串行方式通信。

4.4.1　SPI 总线的主要特点

SPI 总线的主要特点如下。

（1）支持三线制全双工同步传输模式。

（2）可配置两种单工同步传输：时钟线和双向数据线、时钟线和单向数据线（只接收或只发送）。

（3）可根据需求选择 8 位或 16 位的传输帧格式。

（4）可配置为主设备或从设备进行操作。

（5）支持多个主模式。

（6）具有 8 个主模式波特率预分频系数，最大为 $f_{PCLK}/2$。

（7）从模式下，最大频率可达 $f_{PCLK}/2$。

（8）在主模式和从模式下，都能实现快速通信。

（9）在主模式和从模式下，均可以由软件或硬件进行 NSS（Slave Select，从设备选择）管理，且可以动态切换主/从模式。

（10）可编程时钟极性和相位。

（11）数据传输的顺序可编程设定，可选择 MSB 在前或 LSB 在前。

（12）设有可触发中断的专用发送和接收标志。

（13）发送和接收请求具有 1 字节的具有 DMA 功能的发送和接收缓冲区。

4.4.2　SPI 总线的功能描述

1. SPI 引脚

通常 SPI 通过 4 个引脚与外部器件相连，具体如下。

（1）MISO（Master In/Slave Out）：主设备输入/从设备输出引脚。该引脚在从模式下发送数据，在主模式下接收数据。

（2）MOSI（Master Out/Slave In）：主设备输出/从设备输入引脚。该引脚在主模式下发送数据，在从模式下接收数据。

（3）SCK（Serial Clock）：串口时钟引脚。该引脚可作为主设备的输出时钟、从设备的输入时钟。

（4）NSS：从设备选择引脚。这是一个可选的引脚，用来选择主/从设备。它的功能是作为"片选引脚"，让主设备可以单独地与特定从设备通信，避免数据线上的冲突。

2. 4 种时序关系

SPI 控制寄存器 1 的 CPOL（Clock Polarity，时钟极性）和 CPHA（Clock Phase，时钟相位）组合成 4 种时序关系，分别是 Mode 0（CPOL，CPHA=0，0）、Mode 1（CPOL，CPHA=0，1）、Mode 2（CPOL，CPHA=1，0）、Mode 3（CPOL，CPHA=1，1），如图 4-38 所示。

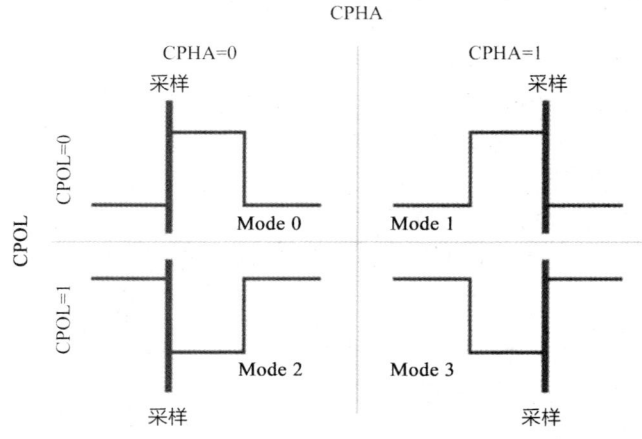

图 4-38　4 种时序关系

CPOL 控制在没有数据传输时时钟的空闲状态电平，此位对主模式和从模式下的设备都有效。当 CPOL 为 0 时，SCK 引脚在空闲状态下保持低电平；当 CPOL 为 1 时，SCK 引脚在空闲状态下保持高电平。

当 CPHA 为 0 时，SCK 时钟的第一个时钟边沿（CPOL 为 0 时是上升沿，CPOL 为 1 时是下降沿）进行数据位采样，数据在第一个时钟边沿被锁存。当 CPHA 为 1 时，SCK 时钟的第二个时钟边沿（CPOL 为 0 时是下降沿，CPOL 为 1 时是上升沿）进行数据位采样，数据在第二个时钟边沿被锁存。

3. 配置 SPI 为从模式

在从模式下，SCK 引脚用于接收来自主设备的串行时钟。

在这种配置中，MOSI 引脚用于数据输入，而 MISO 引脚用于数据输出。

4. 配置 SPI 为主模式

在主模式下，SCK 引脚产生串行时钟。

在这种配置中，MOSI 引脚用于数据输出，而 MISO 引脚用于数据输入。

5. 配置 SPI 为单工通信

SPI 模块能够以两种配置工作于单工方式。

（1）一条时钟线和一条双向数据线，在这个模式下，SCK 引脚作为时钟，主设备使用 MOSI 引脚，而从设备使用 MISO 引脚进行数据通信。

（2）一条时钟线和一条单向数据线（只接收或只发送），在这个模式下，SPI 可以作为只发送模式或只接收模式。

6. 数据发送与接收过程

在主/从模式下，SPI 可以工作在全双工模式、单向的只接收模式和双向模式下。在接收后，数据被存放在一个内部的接收缓冲器中；在发送前，数据被存放在一个内部的发送缓冲器中。

7. 利用 DMA 的 SPI 通信

为了达到最大通信速度，需要及时向 SPI 发送缓冲器填入数据，同样，接收缓冲器中的数据也必须及时读取以防溢出。为了方便进行高速率的数据传输，SPI 采取一种简单的请求/应答 DMA 机制。

4.4.3 SPI 总线存储器 W25Q32

1. 简要说明

W25Q32 是 SPI Flash 存储器，可以用双倍/四倍的 SPI 传输速率进行存储数据访问。

W25Q32 的容量是 32MB/4MB，被组织为 16384 个 256 字节的页。每页的 256 字节可通过一次页编程指令完成写入。擦除操作包括每次擦除 256 页（64KB 块）和全片擦除。

W25Q32 支持标准 SPI 和快速的双倍/四倍传输。双倍/四倍传输用的引脚包括串行时钟、片选端、串行数据 DI（I/O_0）、DO（I/O_1）、/WP（I/O_2）和/HOLD（I/O_3）。以 W25Q32FV 为例，SPI 时钟频率高达 104MHz；当用快读双倍/四倍指令时，等效时钟频率可达 208MHz/416MHz。这些传输速率比得上异步 8 位和 16 位的并行 Flash 存储器。

此外，W25Q32 支持 JEDEC（Joint Electron Device Engineering Council，联合电子器件工程委员会）标准，具有唯一的 64 位识别序列号。

2. 引脚

封装为 SOIC 208-mil 的 W25Q32FV 存储器的引脚如图 4-39 所示，引脚描述如表 4-6 所示。

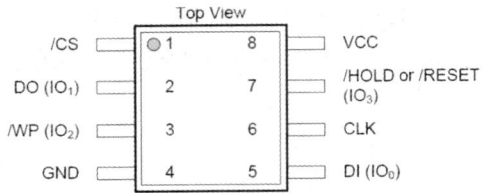

图 4-39　W25Q 系列 SPI Flash 存储器的引脚

表 4-6　W25Q 系列 SPI Flash 存储器的引脚描述

引脚编号	引脚名称	I/O	功能
1	/CS	I	片选输入
2	DO（IO_1）	I/O	数据输出（数据输入输出 1）
3	/WP（IO_2）	I/O	写保护输入（数据输入输出 2）
4	GND	—	地
5	DI（IO_0）	I/O	数据输入（数据输入输出 0）
6	CLK	I	串行时钟输入
7	/HOLD 或 RESET（IO_3）	I/O	保持或复位输入（数据输入输出 3）
8	VCC	—	电源

注：IO_0 和 IO_1 用于标签和双倍 SPI 指令；IO_0～IO_3 用于四倍 SPI 指令；/WP 和/HOLD 或/RESET 功能只在标准或双倍 SPI 传输速率时才可用。

引脚介绍如下。

（1）片选（/CS）。

/CS 引脚使能和禁止芯片操作。

（2）串行数据输入（DI）和输出（DO）。

W25Q32 支持标准 SPI、双倍 SPI 和四倍 SPI 传输。标准 SPI 传输用单向的 DI 引脚，连续写入命令、地址或数据，在 CLK 的上升沿写入芯片。标准 SPI 传输用单向的 DO 引脚，在 CLK 的下降沿从芯片中读取数据或状态。

双倍 SPI 和四倍 SPI 用双向的 I/O 引脚，在 CLK 的上升沿连续写入指令、地址或数据到芯片，在 CLK 的下降沿从芯片中读取数据或状态。

（3）写保护（/WP）。

/WP 引脚用来保护状态寄存器。状态寄存器的块保护位和状态寄存器保护位对存储器进行部分或全部的硬件保护。/WP 引脚在低电平有效。

（4）保持（/HOLD）。

当/HOLD 引脚有效时，允许芯片暂停工作。在/CS 为低电平时，若/HOLD 引脚变为低电平，则 DO 引脚将变为高阻态，在 DI 和 CLK 引脚上的信号将无效。若/HOLD 引脚变为高电平，则芯片恢复工作。

（5）串行时钟（CLK）。

CLK 引脚为串行输入和输出操作提供时序。

3．SPI 操作

W25Q32 兼容的 SPI 总线接口包含 4 个信号：串行时钟（CLK）、片选（/CS）、串行数据输入（DI）和串行数据输出（DO）。

W25Q32 支持 SPI 总线的 Mode 0 和 Mode 3 进行读写操作。

4．制造商和芯片标识

9Fh 指令用于读取 JEDEC ID，W25Q32 返回的 JEDEC ID 为 0xEF4016。

5．指令

W25Q32 的部分常用指令：02h 是页编程，03h 是读数据，04h 是禁止写入，05h 是读状态寄存器 1，06h 是写使能，D8h 是块擦除（64KB），C7h/60h 是全片擦除，90h 是读出制造商和芯片标识，9Fh 是读取 JEDEC ID。

4.4.4　SPI 总线编程应用

实验 4-15　STM32 读写 W25Q32（标准库）

本实验将使用 STM32 标准库编程实现 STM32 读写 W25Q32。

1．硬件设计

如图 4-40 所示，使用 STM32F103VE 的 SPI2 硬件接口读写 W25Q32。AS-07 实验板上焊接的是 W25Q32FVSSIQ（芯片上的丝印是 W25Q32FVSIQ），工作电压为 2.7～3.6V，采用 8 脚 SOIC 封装。

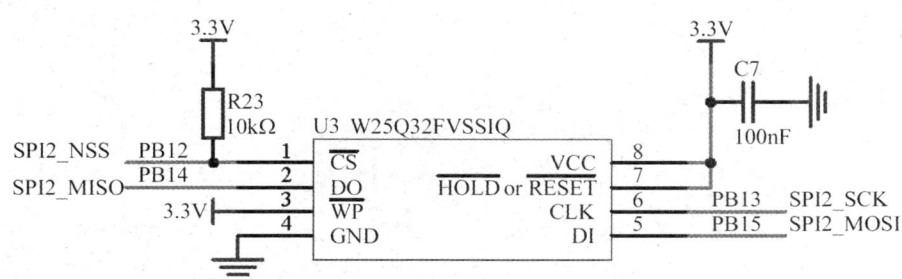

图 4-40　STM32F103VE 读写 W25Q32

2. 软件设计（编程）

（1）设计分析。

首先，初始化 SPI2 配置为 8 位数据大小的主机，设置系统时钟频率为 72MHz，SPI2 的波特率设置为 18Mbit/s。然后，读取 SPI Flash 的 ID，W25Q32 读取的 ID 是 0xEF4016，并与预设的 ID 进行对比。

程序首先对要访问的扇区执行擦除操作，然后将发送缓存 Tx_Buffer 的内容写入 W25Q32，之后读取数据并与读写数据进行比较，将比较的结果存储在 "Transferstatus1" 变量中。最后对同一扇区执行第二次擦除操作，并进行测试，以确保写入该扇区的所有数据都被擦除，读取所有数据位置并用 0xFF 值检查，将检查结果存储在 "Transferstatus2" 变量中，该变量在出现错误时显示失败。

（2）程序源码与分析。

① 定义 SPI Flash 的 ID 和 Tx_Buffer[]，程序如下。

```
#define  W25Q32_FLASH_ID         0xEF4016
u8 Tx_Buffer[] = "STM32F10x SPI Firmware Library Example: communication
                  with an W25Q32 SPI FLASH";
```

② 主函数 main 的程序如下。

```
int main(void)
{
  uint8_t Flash_ID[6];                                //存放 LCD ID 字符串

  STM3210E_LCD_Init();
  LCD_Clear(Red);
  LCD_SetBackColor(White);
  LCD_SetTextColor(Black);
  LCD_DisplayStringLine(Line0, (uint8_t *) " AS-07 experiment    ");
  LCD_DisplayStringLine(Line1, (uint8_t *) " SPI2_W25Q32         ");
  LCD_DisplayStringLine(Line3, (uint8_t *) "======  start ======");

  sFLASH_Init();                                      //初始化 SPI
  FlashID = sFLASH_ReadID();                          //读取 SPI Flash 的 ID
  //将 FLASH_ID 转为 Flash_ID 数组
  sprintf((char*)Flash_ID,"FLASH_ID:%04X",FlashID); //将 Flash_ID 转为数组
  if (FlashID == W25Q32_FLASH_ID)                    //比较 SPI Flash ID
  {
    STM_EVAL_LEDOn(LED1);
    LCD_DisplayStringLine(Line4, (uint8_t *) "                    ");
    LCD_DisplayStringLine(Line4, Flash_ID);

    sFLASH_EraseSector(FLASH_SectorToErase);          //64KB 块擦除
    sFLASH_WriteBuffer(Tx_Buffer, FLASH_WriteAddress, BufferSize); //写数据
    sFLASH_ReadBuffer(Rx_Buffer, FLASH_ReadAddress, BufferSize);   //读数据
```

```
        TransferStatus1 = Buffercmp(Tx_Buffer, Rx_Buffer, BufferSize);
                                                    //比较读写值是否一致
        if(TransferStatus1 == PASSED)               //读写成功
         {
        LCD_DisplayStringLine(Line5, (uint8_t *)" Data Transfer OK!  ");
        LCD_DisplayStringLine(Line6, (uint8_t *)"The data read out is:");
        LCD_DisplayStringLine(Line7, Rx_Buffer);
         }
         else                                       //读写失败
         {
        LCD_DisplayStringLine(Line5, (uint8_t *)"Data Transfer error!");
         }

        sFLASH_EraseSector(FLASH_SectorToErase);    //64KB 块擦除
        sFLASH_ReadBuffer(Rx_Buffer, FLASH_ReadAddress, BufferSize);
        for (Index = 0; Index < BufferSize; Index++)
        {
          if (Rx_Buffer[Index] != 0xFF)             //擦除失败
          {
            TransferStatus2 = FAILED;
            LCD_DisplayStringLine(Line8, (uint8_t *)" Flash Erase error! ");
          }
           else                                     //擦除成功
           {
            LCD_DisplayStringLine(Line8, (uint8_t *)"  Flash Erase OK!  ");
           }
}
  else
  {
    LCD_DisplayStringLine(Line4, Flash_ID);
    LCD_DisplayStringLine(Line5, (uint8_t *)"  Flash ID error!  ");
  }
  LCD_DisplayStringLine(Line9, (uint8_t *)"======== end =======");
  while (1)
  {}
}
```

③ SPI 初始化函数 sFLASH_Init 的程序如下。

```
void sFLASH_Init(void)
{
  SPI_InitTypeDef  SPI_InitStructure;
  sFLASH_LowLevel_Init();                           //初始化 SPI2 的引脚
  sFLASH_CS_HIGH();
  SPI_InitStructure.SPI_Direction = SPI_Direction_2Lines_FullDuplex;
                                                    //设置 SPI 为双线双向全双工
  SPI_InitStructure.SPI_Mode = SPI_Mode_Master;     //设置 SPI 为主模式
```

```
    SPI_InitStructure.SPI_DataSize = SPI_DataSize_8b;     //设置 SPI 数据为 8 位
    SPI_InitStructure.SPI_CPOL = SPI_CPOL_High;    //设置 CPOL，CPHA=1，1(Mode3)
    SPI_InitStructure.SPI_CPHA = SPI_CPHA_2Edge;  //设置数据在第二个时钟边沿捕获
    SPI_InitStructure.SPI_NSS = SPI_NSS_Soft;       //设置软件控制 NSS
    SPI_InitStructure.SPI_BaudRatePrescaler = SPI_BaudRatePrescaler_4;
                                                     //设置波特率预分频为 4
    SPI_InitStructure.SPI_FirstBit = SPI_FirstBit_MSB; //设置数据传输从高位开始
    SPI_InitStructure.SPI_CRCPolynomial = 7;        //设置 CRC 计算的多项式为 7
    SPI_Init(sFLASH_SPI, &SPI_InitStructure);       //初始化 SPI2

    SPI_Cmd(sFLASH_SPI, ENABLE);                    //使能 SPI2
}
```

④ SPI2 引脚初始化函数 sFLASH_LowLevel_Init 的程序如下。

```
void sFLASH_LowLevel_Init(void)
{
  GPIO_InitTypeDef GPIO_InitStructure;
  RCC_APB2PeriphClockCmd(sFLASH_CS_GPIO_CLK | sFLASH_SPI_MOSI_GPIO_CLK |
  sFLASH_SPI_MISO_GPIO_CLK |sFLASH_SPI_SCK_GPIO_CLK, ENABLE);
  RCC_APB1PeriphClockCmd(sFLASH_SPI_CLK, ENABLE); //使能 SPI2 时钟

  GPIO_InitStructure.GPIO_Pin = sFLASH_SPI_SCK_PIN;
  GPIO_InitStructure.GPIO_Speed = GPIO_Speed_50MHz;
  GPIO_InitStructure.GPIO_Mode = GPIO_Mode_AF_PP;
  GPIO_Init(sFLASH_SPI_SCK_GPIO_PORT, &GPIO_InitStructure);

  GPIO_InitStructure.GPIO_Pin = sFLASH_SPI_MOSI_PIN;
  GPIO_Init(sFLASH_SPI_MOSI_GPIO_PORT, &GPIO_InitStructure);

  GPIO_InitStructure.GPIO_Pin = sFLASH_SPI_MISO_PIN;
  GPIO_InitStructure.GPIO_Mode = GPIO_Mode_IN_FLOATING;
  GPIO_Init(sFLASH_SPI_MISO_GPIO_PORT, &GPIO_InitStructure);

  GPIO_InitStructure.GPIO_Pin = sFLASH_CS_PIN;
  GPIO_InitStructure.GPIO_Mode = GPIO_Mode_Out_PP;
  GPIO_Init(sFLASH_CS_GPIO_PORT, &GPIO_InitStructure);
}
```

上述程序中 SPI2 引脚的宏定义如下。

```
#define sFLASH_SPI                    SPI2
#define sFLASH_SPI_CLK                RCC_APB1Periph_SPI2
#define sFLASH_SPI_SCK_PIN            GPIO_Pin_13
#define sFLASH_SPI_SCK_GPIO_PORT      GPIOB
#define sFLASH_SPI_SCK_GPIO_CLK       RCC_APB2Periph_GPIOB
#define sFLASH_SPI_MISO_PIN           GPIO_Pin_14
#define sFLASH_SPI_MISO_GPIO_PORT     GPIOB
#define sFLASH_SPI_MISO_GPIO_CLK      RCC_APB2Periph_GPIOB
```

```
#define sFLASH_SPI_MOSI_PIN              GPIO_Pin_15
#define sFLASH_SPI_MOSI_GPIO_PORT        GPIOB
#define sFLASH_SPI_MOSI_GPIO_CLK         RCC_APB2Periph_GPIOB
#define sFLASH_CS_PIN                    GPIO_Pin_12
#define sFLASH_CS_GPIO_PORT              GPIOB
#define sFLASH_CS_GPIO_CLK               RCC_APB2Periph_GPIOB
```

3．实验过程与现象

实验过程参考 3.2.3 节，仿真和调试程序参考 3.2.4 节。

首先，将"Project\STM32F10x_StdPeriph_Examples\SPI"文件夹中的"SPI_FLASH"文件夹复制到"Project"文件夹中，并重命名为"4-15 SPI_FLASH"。其次，将工程模板的全部文件选中，复制到"4-15 SPI_FLASH"文件夹中，并跳过同名文件。最后，将"4-15 SPI_FLASH"文件夹中的"readme.txt"文件复制到"MDK-ARM"文件夹中，替换目标文件中的同名文件。双击打开 MDK 工程，按照上述内容修改后进行编译。编译完成后，下载到 AS-07 实验板上运行。

实验现象：AS-07 实验板上的 LCD 显示读写 W25Q32 的信息如图 4-41 所示。

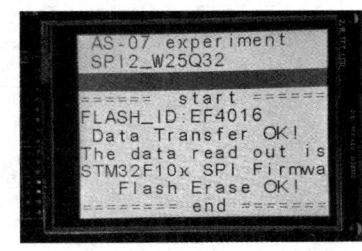

图 4-41　AS-07 实验板上的 LCD
显示读写 W25Q32 的信息

实验 4-16　STM32 读写 W25Q32（HAL 库）

本实验的内容是使用 STM32F103VE 的硬件 SPI 读写 W25Q32，利用 HAL 库的 FLASH_demo 函数进行演示。

FLASH_demo 演示实验的 SPI Flash 存储器是 M45PE40，程序与 W25Q32 兼容，但是要修改 ID。

1．硬件设计

硬件设计与实验 4-15 的相同。

2．软件设计（编程）

（1）设计分析。

首先调用 BSP_LCD_Init 函数来初始化 LCD，接着调用 FLASH_demo 函数。

（2）程序源码与分析。

① 主函数 main 的程序如下。

```
int main(void)
{
  HAL_Init();
  SystemClock_Config();
  LCD_IO_Init();            //初始化 LCD 的引脚
  BSP_LCD_Init();           //初始化 LCD
  FLASH_demo();             //调用 SPI Flash 读写演示函数
  while (1)
  {}
}
```

② SPI Flash 读写演示函数 FLASH_demo 的程序如下。

```
void FLASH_demo(void)
{
  Flash_SetHint();                                        //LCD 显示提示信息
  BSP_SERIAL_FLASH_Init();                                //初始化 SPI Flash
  FlashID = BSP_SERIAL_FLASH_ReadID();                    //读取 SPI Flash 的 ID

  /*使用 9Fh 指令读取 W25Q32 的 JEDEC ID 是 0xEF4016*/
  if (FlashID == FLASH_SPI_W25Q32_ID)
  {
    BSP_LCD_DisplayStringAt(20,100,(uint8_t*)"FLASH Initialization:OK.",
LEFT_MODE);
    /*页写，W25Q32 每页 256 字节，可一次写完*/
    BSP_SERIAL_FLASH_WritePage(FLASH_WriteSector12, Tx_Buffer, BufferSize);
    BSP_SERIAL_FLASH_EraseSector(FLASH_AddrSector12);   //64KB 块擦除
    BSP_SERIAL_FLASH_ReadData(FLASH_WriteSector12, Rx_Buffer, BufferSize);
                                                        //读数据

  …（省略部分程序语句）
  }
}
```

③ 在"stm3210e_eval.h"文件中找到第 399 自然行后，修改 SPI1 为 SPI2。

```
/*##################### SPIx ###############################*/
#define EVAL_SPIx                             SPI2
#define EVAL_SPIx_CLK_ENABLE()                __HAL_RCC_SPI2_CLK_ENABLE()

#define EVAL_SPIx_SCK_GPIO_PORT               GPIOB
#define EVAL_SPIx_SCK_PIN                     GPIO_PIN_13
#define EVAL_SPIx_SCK_GPIO_CLK_ENABLE()       __HAL_RCC_GPIOB_CLK_ENABLE()
#define EVAL_SPIx_SCK_GPIO_CLK_DISABLE()      __HAL_RCC_GPIOB_CLK_DISABLE()

#define EVAL_SPIx_MISO_MOSI_GPIO_PORT         GPIOB
#define EVAL_SPIx_MISO_MOSI_GPIO_CLK_ENABLE() __HAL_RCC_GPIOB_CLK_ENABLE()
#define EVAL_SPIx_MISO_MOSI_GPIO_CLK_DISABLE()__HAL_RCC_GPIOB_CLK_DISABLE()
#define EVAL_SPIx_MISO_PIN                    GPIO_PIN_14
#define EVAL_SPIx_MOSI_PIN                    GPIO_PIN_15
```

④ 在"stm3210e_eval.h"文件中找到第 461 自然行后，修改 SPI FLASH 的 ID 如下。

```
#define FLASH_SPI_M25P64_ID                   0x202017
#define FLASH_SPI_W25Q32_ID                   0xEF4016
```

在上述程序中，BSP_SERIAL_FLASH_WritePage 函数调用 FLASH_SPI_IO_WriteByte 函数，FLASH_SPI_IO_WriteByte 函数调用 SPIx_Write 函数，SPIx_Write 函数调用在 HAL 库文件 stm32f1xx_hal_spi.c 中的底层函数 HAL_SPI_TransmitReceive。同样地，BSP_SERIAL_FLASH_EraseSector 函数和 BSP_SERIAL_FLASH_ReadData 函数也是如此。

3．实验过程与现象

实验过程：首先将" D:\STM32\STM32Cube_FW_F1_V1.8.5\Projects\STM3210E_EVAL\ Examples"中的"BSP"文件夹复制并粘贴到当前路径，将其重命名为"4-16 W25Q32"；其次，打开 MDK 工程，参照上述内容修改 SPI1 为 SPI2，修改 M25P64 的 ID 为 W25Q32 的 ID，以确保与实际硬件相匹配。然后，编译工程，编译完成后，下载到 AS-07 实验板上运行。

如果不想修改 SPI，也可以使用 STM32CubeMX 建立一个工程。在这个工程中，对 SPI2 的参数设置后生成初始化程序，使用该程序替换本 FLASH_demo 范例的 SPI 初始化程序。

实验现象：AS-07 实验板上的 LCD 的显示信息如图 4-42 所示。

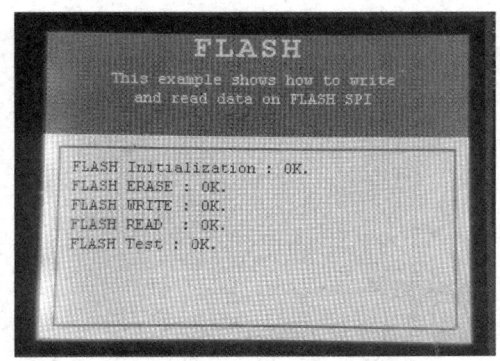

图 4-42　AS-07 实验板上的 LCD 的显示信息

实验 4-17　Proteus 仿真 STM32：OLED 显示（模拟 SPI）

本实验将使用 Proteus 仿真 STM32F103R6 驱动 SPI 总线接口的 OLED 显示图片和字符。OLED 的驱动器使用的是 SSD1306，使用 GPIO 模拟 SPI 的编程应用时，请查阅 SSD1306 数据手册的 SPI 引脚和 SPI 时序的相关内容。

1．硬件设计

购买的 SPI 总线接口的 OLED 显示器模块有 7 个引脚：GND、VCC、D0、D1、RES、DC 和 CS；在 4 线 SPI 模式下，使用 D0 充当 SCLK，D1 充当 SDIN，以及 D/C#和 CS#。对应 Proteus 仿真模块，4 线 SPI 使用的是 SCK（串行时钟）、MOSI（数据输入）、DC（数据/命令选择）和 CS（片选）。

注意：信号名称中的后缀"#"表示信号低电平有效。

2．软件设计（编程）

（1）设计分析。

使用 GPIO 模拟 SPI 的编程应用，参阅 SSD1306 的数据手册的"MCU Serial Interface (4-wire SPI)"和"Write procedure in 4-wire Serial interface mode"相关内容。

4 线 SPI 模式下的编程时序如图 4-43 所示。编程时，使用软件模拟出该时序，对 SPI 的 OLED 模块进行操作。

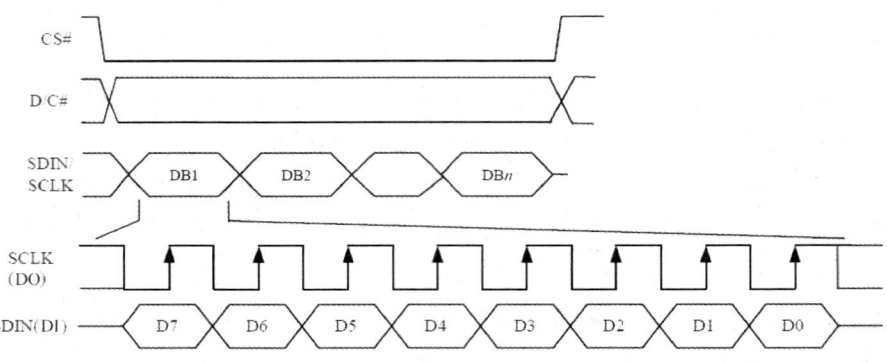

图 4-43　4 线 SPI 模式下的编程时序

OLED 显示的初始化、应用层函数与实验 4-13 的相同。

（2）程序源码与分析。

```
#include "delay.h"
#include "sys.h"
#include "oled.h"
#include "bmp.h"
```

① 主函数 main 的程序如下。

```
int main(void)
#include "delay.h"
#include "sys.h"
#include "oled.h"
#include "bmp.h"
int main(void)
{
  u8 t=' ';
  delay_init();
  OLED_Init();
  OLED_ColorTurn(0);                          //0 为正常显示，1 为反色显示
  OLED_DisplayTurn(0);                        //0 为正常显示，1 为屏幕翻转显示
  while(1)
  {
    OLED_ShowPicture(0,0,128,64,BMP1,1);      //显示图片
    OLED_Refresh();                           //显示刷新
    delay_ms(500);
    OLED_Clear();                             //清屏
    OLED_ShowChinese(0,0,0,16,1);             //显示"中"
    OLED_ShowChinese(18,0,1,16,1);            //显示"景"
    OLED_ShowChinese(36,0,2,16,1);            //显示"园"
    OLED_ShowChinese(54,0,3,16,1);            //显示"电"
    OLED_ShowChinese(72,0,4,16,1);            //显示"子"
    OLED_ShowChinese(90,0,5,16,1);            //显示"技"
    OLED_ShowChinese(108,0,6,16,1);           //显示"术"
    OLED_ShowString(8,16,"ZHONGJINGYUAN",16,1); //显示字符串
```

```
    OLED_ShowString(20,32,"2014/05/01",16,1);      //显示字符串
    OLED_ShowString(0,48,"ASCII:",16,1);            //显示字符串
    OLED_ShowString(63,48,"CODE:",16,1);            //显示字符串
    OLED_ShowChar(48,48,t,16,1);                    //显示 ASCII 码对应的字符
    t++;
    if(t>'~')t=' ';
    OLED_ShowNum(103,48,t,3,16,1);                  //显示数字
    OLED_Refresh();
    delay_ms(500);
    OLED_Clear();
  }
}
```

② OLED 初始化函数 OLED_Init 的程序如下。

```
void OLED_Init(void)
{
GPIO_InitTypeDef  GPIO_InitStructure;
RCC_APB2PeriphClockCmd(RCC_APB2Periph_GPIOA|RCC_APB2Periph_AFIO, ENABLE);

GPIO_PinRemapConfig(GPIO_Remap_SWJ_JTAGDisable, ENABLE);
GPIO_InitStructure.GPIO_Pin =
GPIO_Pin_0|GPIO_Pin_1|GPIO_Pin_2|GPIO_Pin_3|GPIO_Pin_4;
GPIO_InitStructure.GPIO_Mode = GPIO_Mode_Out_PP;
GPIO_InitStructure.GPIO_Speed = GPIO_Speed_50MHz;
GPIO_Init(GPIOA, &GPIO_InitStructure);

GPIO_SetBits(GPIOA,GPIO_Pin_0|GPIO_Pin_1|GPIO_Pin_2|GPIO_Pin_3|GPIO_Pin_4);

OLED_RES_Clr();
delay_ms(200);
OLED_RES_Set();

OLED_WR_Byte(0xAE,OLED_CMD);    //关闭显示
…（省略部分程序语句，详见实验 4-13 的 OLED 初始化函数程序）
OLED_WR_Byte(0xAF,OLED_CMD);    //开启显示
}
```

③ 发送一个字节函数 OLED_WR_Byte 的程序如下。

```
void OLED_WR_Byte(u8 dat,u8 cmd)
{
  u8 i;
  if(cmd)                        //cmd 为设置数据/命令标志。0 表示命令，1 表示数据
    OLED_DC_Set();
  else
    OLED_DC_Clr();
  OLED_CS_Clr();
```

```
for(i=0;i<8;i++)
{
  OLED_SCL_Clr();
  if(dat&0x80)
    OLED_SDA_Set();
  else
    OLED_SDA_Clr();
  OLED_SCL_Set();
  dat<<=1;
}
OLED_CS_Set();
OLED_DC_Set();
}
```

④ SPI 引脚的宏定义如下。

```
#define OLED_SCL_Clr() GPIO_ResetBits(GPIOA,GPIO_Pin_0)     //SCK
#define OLED_SCL_Set() GPIO_SetBits(GPIOA,GPIO_Pin_0)
#define OLED_SDA_Clr() GPIO_ResetBits(GPIOA,GPIO_Pin_1)     //MOSI
#define OLED_SDA_Set() GPIO_SetBits(GPIOA,GPIO_Pin_1)
#define OLED_RES_Clr() GPIO_ResetBits(GPIOA,GPIO_Pin_2)     //RESET
#define OLED_RES_Set() GPIO_SetBits(GPIOA,GPIO_Pin_2)
#define OLED_DC_Clr() GPIO_ResetBits(GPIOA,GPIO_Pin_3)      //DC
#define OLED_DC_Set() GPIO_SetBits(GPIOA,GPIO_Pin_3)
#define OLED_CS_Clr() GPIO_ResetBits(GPIOA,GPIO_Pin_4)      //CS
#define OLED_CS_Set() GPIO_SetBits(GPIOA,GPIO_Pin_4)
```

其他的函数参见具体程序。

3. 实验过程与现象

实验过程：购买一块 SPI 总线接口的 OLED 显示器模块，打开配套的程序工程文件，参照上述"④SPI 引脚的宏定义如下"修改 SPI 引脚分别为 PB11、PB10、PE4、PE3、PE2，编译通过后下载到 AS-07 实验板上。将 OLED 模块与 AS-07 实验板正确连接，运行程序并观察结果进行硬件验证。使用 Proteus 仿真 STM32F103R6 驱动 OLED 显示，此仿真实验过程不需要修改程序。

实验现象：使用 AS-07 实验板进行硬件验证，如图 4-44 所示，Proteus 仿真结果如图 4-45所示。

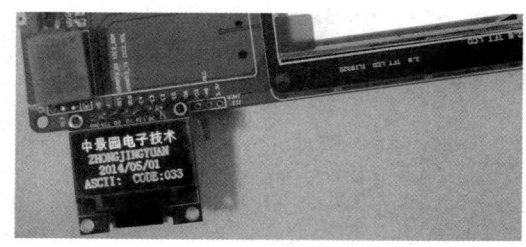

图 4-44 AS-07 实验板上的 STM32F103VE 驱动 OLED 显示

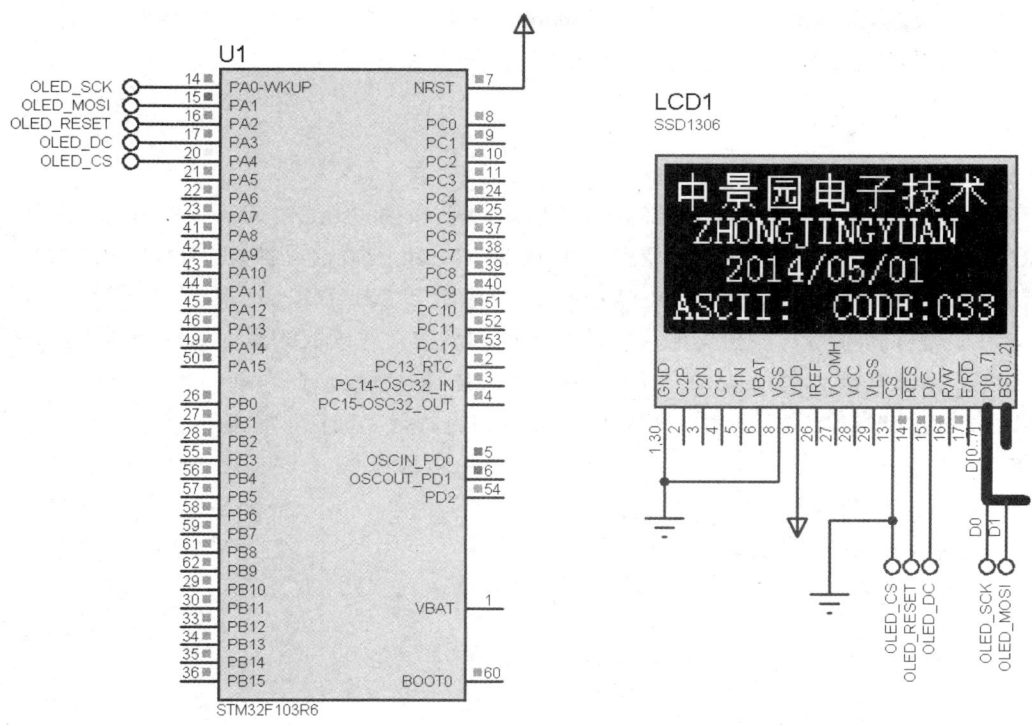

图 4-45　Proteus 仿真 STM32F103R6 驱动 OLED 显示

实验 4-18　LCD 触摸屏手写（标准库）

本实验实现 LCD 触摸屏手写。触摸屏程序移植于 STM3210E-EVAL 评估板的范例程序。

1. 硬件设计

硬件设计与实验 4-1 的相同。下面简单介绍电阻式触摸屏及其控制器。

电阻式触摸屏由触摸检测部件和触摸屏控制器组成。触摸检测部件安装在 LCD 的上方，用于检测用户的触摸动作；而触摸屏控制器的主要作用是从触摸检测部件上接收触摸信息，并将其转换成触点坐标（需要软件程序的配合）。

电阻式触摸屏利用压力感应进行控制，其主要部分是一块与显示器表面贴合的电阻式薄膜屏，它由多层复合薄膜构成，底层是一块玻璃，表面涂有一层透明导电材料。在这层导电材料之上，覆盖了一层经过硬化处理、表面光滑且耐摩擦的塑料层，其内表面也涂有一层导电材料。当用户用手指触摸屏幕时，两个导电层在触摸点位置进行了接触，从而产生一个信号。触摸屏控制器就会检测到这个信号，并计算出触摸点的 x 坐标和 y 坐标，这就是电阻式触摸屏的基本工作原理。

XPT2046 是一款专为 4 线电阻式触摸屏设计的控制器，它内置了一个 12 位 125kHz 采样的逐次逼近型 ADC。在 XPT2046 中，模拟输入是通过 4 个通道接收的，分别是 X+、X-、Y+、Y-。这 4 个通道连接到 4 线电阻式触摸屏上，当用手指触摸屏幕上的某个点时，XPT2046 通过执行两次 A/D 转换来检测触摸点位置。

此外，XPT2046 的 nPENIRQ 引脚用于输出中断信号。这个中断信号可以由外接的 STM32 捕获，并通过软件程序计算得出此时该触摸点的 x 坐标和 y 坐标。

2．软件设计（编程）

（1）设计分析。

在主函数中，首先调用了 STM32100E-EVAL 评估板的"stm32100e_eval_ioe.c"文件中的 IOE_Config 函数，该函数实际上是调用 SPI_TOUCH_Init 函数设置触摸控制的 SPI2 引脚，并完成初始化过程。接着调用 SPI_TOUCH_Read_X 函数和 SPI_TOUCH_Read_Y 函数得到触摸点的原始 x 坐标和 y 坐标。根据触摸屏的实际校准参数，对读取的坐标进行必要的修正后，调用 LCD_WriteRAM_Prepare 函数和 LCD_WriteRAM 函数，在当前触摸点处绘制一个红点。当用手连续触摸屏幕时，系统将不断重复上述过程，实时绘制出新的红点，从而形成手写效果。

（2）程序源码与分析。

① 主函数 main 的程序如下。

```
int main(void)
{
  …（省略部分程序语句）
  STM3210E_LCD_Init();
  …（省略部分程序语句）
  /*以下是触摸手写程序*/
  __disable_irq();                         //禁止中断
  IOE_Config();                            //调用 SPI_TOUCH_Init 函数，设置触摸控制
  __enable_irq();                          //允许中断
  while (1)
  {
    uint32_t  x , y;
    y = (SPI_TOUCH_Read_X()-190)/11 ;      //读取并修正触摸点的 y 坐标
    x = SPI_TOUCH_Read_Y() / 16;           //读取并修正触摸点的 x 坐标
    LCD_SetCursor(x, y);                   //设置显示坐标为当前触摸点坐标
    LCD_WriteRAM_Prepare();                //准备写入 LCD 的 GRAM
    LCD_WriteRAM(LCD_COLOR_RED);           //绘制红点
  }
}
```

② 设置触摸控制引脚和 SPI2 引脚的 SPI_TOUCH_Init 函数的程序如下。

```
void SPI_TOUCH_Init(void)
{
  SPI_InitTypeDef  SPI_InitStructure;
  GPIO_InitTypeDef GPIO_InitStructure;
  RCC_APB1PeriphClockCmd(RCC_APB1Periph_SPI2 , ENABLE);//使能 SPI2 时钟
  RCC_APB2PeriphClockCmd(RCC_APB2Periph_GPIOB, ENABLE);

  GPIO_InitStructure.GPIO_Pin = GPIO_Pin_13|GPIO_Pin_14|GPIO_Pin_15;
                                     //设置 SPI2 引脚 SCK、MISO 、MOSI
```

```
GPIO_InitStructure.GPIO_Mode = GPIO_Mode_AF_PP;
GPIO_InitStructure.GPIO_Speed = GPIO_Speed_10MHz;
GPIO_Init(GPIOB, &GPIO_InitStructure);

GPIO_InitStructure.GPIO_Pin = GPIO_Pin_9;              //设置 PB9 为 TP_/CS
GPIO_InitStructure.GPIO_Mode = GPIO_Mode_Out_PP;
GPIO_InitStructure.GPIO_Speed = GPIO_Speed_10MHz;
GPIO_Init(GPIOB, &GPIO_InitStructure);

GPIO_InitStructure.GPIO_Pin = GPIO_Pin_1;              //设置 PB1 为 TP_IRQ
GPIO_InitStructure.GPIO_Mode = GPIO_Mode_IPU;
GPIO_InitStructure.GPIO_Speed = GPIO_Speed_50MHz;
GPIO_Init(GPIOB, &GPIO_InitStructure);

SPI_TOUCH_CS_HIGH();                                   //设置 TP_/CS 为高电平（无效）

GPIO_InitStructure.GPIO_Pin = GPIO_Pin_12;
GPIO_InitStructure.GPIO_Mode = GPIO_Mode_Out_PP;
GPIO_Init(GPIOB, &GPIO_InitStructure);
GPIO_SetBits(GPIOB, GPIO_Pin_12);          //设 PB12 连接的 SPI Flash(W25Q32)无效

SPI_InitStructure.SPI_Direction = SPI_Direction_2Lines_FullDuplex;
                                           //设置 SPI 为双线双向全双工
SPI_InitStructure.SPI_Mode = SPI_Mode_Master;         //设置 SPI 为主模式
SPI_InitStructure.SPI_DataSize = SPI_DataSize_8b;//设置 SPI 数据为 8 位
SPI_InitStructure.SPI_CPOL = SPI_CPOL_Low;        //设置 CPOL, CPHA=0, 0(Mode 0)
SPI_InitStructure.SPI_CPHA = SPI_CPHA_1Edge;      //设置数据在第 1 个时钟边沿捕获
SPI_InitStructure.SPI_NSS = SPI_NSS_Soft;         //设置软件控制 NSS
SPI_InitStructure.SPI_BaudRatePrescaler = SPI_BaudRatePrescaler_32;
                                           //设置波特率预分频为 32
SPI_InitStructure.SPI_FirstBit = SPI_FirstBit_MSB;  //设置数据传输从高位开始
SPI_InitStructure.SPI_CRCPolynomial = 7;          //设置 CRC 计算的多项式为 7
SPI_Init(SPI2, &SPI_InitStructure);               //初始化 SPI2

SPI_Cmd(SPI2, ENABLE);                            //使能 SPI2
}
```

③ 触摸点坐标调用 SPI_TOUCH_Read_X 函数的程序如下。

```
uint16_t SPI_TOUCH_Read_X(void)
{
  u16 xPos = 0, Temp = 0, Temp0 = 0, Temp1 = 0;
  SPI_TOUCH_CS_LOW();                      //使能触摸控制芯片（片选信号拉低）
  SPI_TOUCH_SendByte(0x90);                //发送读取 x 坐标的命令字节 0x90
  Temp0 = SPI_TOUCH_ReadByte();            //读出 x 坐标的高字节
  Temp1 = SPI_TOUCH_ReadByte();            //读出 x 坐标的低字节
  SPI_TOUCH_CS_HIGH();                     //禁用触摸控制芯片（片选信号拉高）
  Temp = (Temp0 << 8) | Temp1;             //将高字节和低字节合并为一个 16 位的 x 坐标
```

```
    xPos = Temp>>3;                          //读出的 x 坐标右移 3 位，即除以 1000
    return xPos;                             //返回处理后的 x 坐标
}
```

3. 实验过程与现象

实验过程参考 3.2.2 节，MDK 仿真和调试程序参考 3.2.3 节。

将 "Project" 文件夹中的 "4-1 LCD(ILI9320)_FSMC_english_and_chinese" 文件夹复制并粘贴到当前文件夹中，将其重命名为 "4-18 LCD(ILI9320)_FSMC_touch"。双击打开 MDK 工程，并将 "STM32F10x_StdPeriph_Lib_V3.5.0\Utilities\ STM32_EVAL\STM32100E_EVAL" 文件夹下的 "stm32100e_eval_ioe.c" 文件添加到 MDK 工程中。按照上述内容修改后进行编译。编译完成后，下载到 AS-07 实验板上运行。

实验现象如图 4-46 所示。

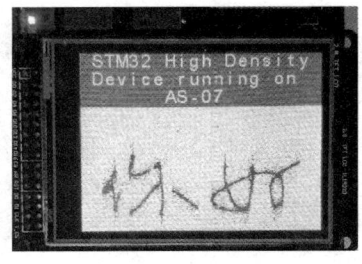

图 4-46　LCD 触摸屏手写

4.5　STM32 的 ADC

STM32F103 大存储器容量的产品内嵌了 3 个 12 位的 ADC。

12 位的 ADC 是一种逐次逼近型 ADC。它有多达 18 个通道，可测量 16 个外部信号源和 2 个内部信号源。各通道的 A/D 转换可以通过单次、连续、扫描或间断模式执行。在扫描模式下，ADC 会自动对选定的一组模拟输入进行转换。

ADC 的结果可以用左对齐或右对齐的方式存储在 16 位数据寄存器中。

ADC 接口具备多种逻辑功能，包括同步的采样和保持、交叉的采样和保持，以及单次采样。

ADC 的模拟看门狗功能允许用户非常精准地监视一个、多个或所有选中的通道。当被监视的信号超出预置的阈值时，系统将产生中断。

此外，由通用定时器（TIMx）和高级控制定时器（TIM1 和 TIM8）产生的事件可以分别内部级联到 ADC 的开始触发和注入触发。这意味着应用程序能使 A/D 转换与时钟同步。

4.5.1　ADC 的主要特性

ADC 的主要特性如下。

（1）拥有 12 位分辨率。

（2）在转换结束、注入转换结束和发生模拟看门狗事件时，能够产生中断。

（3）支持单次和连续转换模式。

（4）支持从通道 0 到通道 n 的自动扫描模式。

（5）具有自校准功能。

（6）具有带内嵌数据一致性的数据对齐功能。

（7）采样间隔可以按通道分别编程。

（8）规则转换和注入转换均有外部触发选项。

（9）支持间断模式。

（10）支持双重模式（可带 2 个或 2 个以上 ADC 的器件）。

（11）ADC 转换时间快。当时钟频率为 56MHz 时，ADC 的转换时间为 1μs。当时钟频率为 72MHz 时，ADC 的转换时间为 1.17μs。

（12）ADC 能够在 2.4～3.6V 的供电范围内正常工作。

（13）ADC 的输入范围为 $V_{REF-} \leqslant V_{IN} \leqslant V_{REF+}$。如果有 V_{REF-} 引脚（取决于封装），则其必须和 V_{SSA} 相连接。

（14）在规则转换期间，可以产生 DMA 请求。

4.5.2　ADC 编程应用

实验 4-19　ADC 采样输出（标准库）

本实验将介绍如何配置 ADC。

1. 硬件设计

AS-07 实验板上 ADC1 的 8 通道输入原理图如图 4-47 所示。

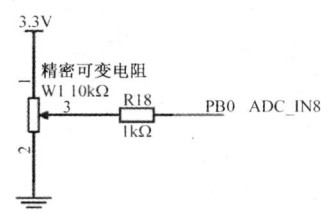

图 4-47　AS-07 实验板上 ADC1 的 8 通道输入原理图

2. 软件设计（编程）

（1）设计分析。

首先对 ADC 进行设置和初始化，以便使用 ADC1 的 8 通道进行采样。在这个循环中实现 A/D 转换，并将结果显示在 LCD 上。

（2）程序源码与分析。

① 主函数 main 的程序如下。

```
int main(void)
{
…（省略部分程序语句）
  ADC_InitStructure.ADC_Mode = ADC_Mode_Independent;   //ADC1 和 ADC2 工作在独立模式
  ADC_InitStructure.ADC_ScanConvMode = DISABLE;        //A/D 转换扫描工作在单次模式
  ADC_InitStructure.ADC_ContinuousConvMode = ENABLE;   //A/D 转换工作在连续模式
  ADC_InitStructure.ADC_ExternalTrigConv = ADC_ExternalTrigConv_None;
                                                       //转换由软件而不是外部触发启动
  ADC_InitStructure.ADC_DataAlign = ADC_DataAlign_Right;   //ADC 数据右对齐
  ADC_InitStructure.ADC_NbrOfChannel = 1;                  //1 个转换通道
  ADC_Init(ADC1, &ADC_InitStructure);                     //初始化 ADC1

  ADC_RegularChannelConfig(ADC1, ADC_Channel_8, 1, ADC_SampleTime_55Cycles5);
              //选择 ADC1，选择 ADC1 的通道 8，规则组采样顺序为 1，采样时间为 55.5 时钟周期

  ADC_Cmd(ADC1, ENABLE);                                   //使能 ADC1，并开始转换

  ADC_ResetCalibration(ADC1);                              //重置指定 ADC 的校准寄存器
```

```
while(ADC_GetResetCalibrationStatus(ADC1));        //等待 ADC 重置校准寄存器完成
ADC_StartCalibration(ADC1);                        //开始指定 ADC 的校准状态
while(ADC_GetCalibrationStatus(ADC1));             //等待校准完成
ADC_SoftwareStartConvCmd(ADC1, ENABLE);            //使能指定的 ADC1 的软件触发转换
while (1)
{
char text[40];
int AD_value1 = ADC_GetConversionValue(ADC1);      //返回最近一次 ADC1 规则组的转换结果
float AD_value2 = ADC_GetConversionValue(ADC1)* 3.3/4096;//将结果转换为电压
sprintf(text, "AD_Value = 0x%04X", AD_value1);
LCD_DisplayStringLine(LCD_LINE_5, (u8*)text);//LCD 显示 ADC1 转换值
sprintf(text, "AD_Value = %f  ", AD_value2);
LCD_DisplayStringLine(LCD_LINE_6, (u8*)text);//LCD 显示 ADC1 转换的电压
}
}
```

② 配置 PB0 为 ADC1 的通道 8 的模拟输入程序如下。

```
void GPIO_Configuration(void)
{
  GPIO_InitTypeDef GPIO_InitStructure;
  GPIO_InitStructure.GPIO_Pin = GPIO_Pin_0;
  GPIO_InitStructure.GPIO_Mode = GPIO_Mode_AIN;
  GPIO_Init(GPIOB, &GPIO_InitStructure);
}
```

3. 实验过程与现象

实验过程：首先，将" Project\STM32F10x_StdPeriph_Examples\ADC "文件夹中的
"ADC1_DMA"文件夹复制到"Project"文件夹中，并重命名为"4-19ADC1_DMA"；其次，
将工程模板的全部文件选中，复制到"4-19 ADC1_DMA"文件夹中，并跳过同名文件；最后，
将"4-19 ADC1_DMA"文件夹中的"readme.txt"文件复制到"MDK-ARM"文件夹中，替换
目标文件中的同名文件。双击打开 MDK 工程，按照上述内容修改后进行编译。编译完成后，
下载到 AS-07 实验板上运行。

实验现象：如图 4-48 所示，当调整 AS-07 实验板上的 ADC 采样电阻 W_1 时，AS-07 实验
板上的 LCD 会显示相应的 A/D 转换结果。

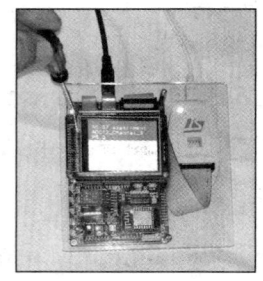 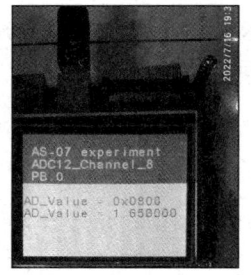

（a）调整 AS-07 实验板上的 ADC 采样电阻 W_1 （b）LCD 显示 A/D 转换结果

图 4-48　ADC 实验现象

4.6　思考与练习

（1）使用 PCtoLCD2002 软件，创建所需的汉字库，并在 LCD 上实现显示中文姓名的功能，完成实验 4-1。

（2）使用 Img2Lcd 软件，将个人照片转换为适用于 LCD 的格式，并在 LCD 上显示该照片，完成实验 4-2。

（3）使用 TIM3 产生的 PWM 信号驱动 LED1，实现呼吸灯效果。

（4）分别使用标准库和 HAL 库，读写 I2C 存储器。

（5）分别使用标准库和 HAL 库，读写 SPI 存储器。

（6）分别使用标准库和 HAL 库，通过 I2C 接口控制 OLED 来显示自己的中文姓名。

（7）分别使用标准库和 HAL 库，通过 SPI 接口控制 OLED 来显示自己的中文姓名。

（8）利用 STM32 的 ADC，结合 OLED 显示，改造手机充电器，使其具有充电电压显示功能。

第 5 章　STM32 高级应用

本章是 STM32 的高级应用篇，将简要介绍目前比较流行的嵌入式实时操作系统 RT-Thread 和嵌入式图形用户界面（Graphical User Interface，GUI）软件 LVGL。

之前介绍的 STM32 编程应用的程序都没有使用操作系统，一般称为"裸机"程序。程序基本上都是在 while 循环或 for 循环中执行的，虽然使用了中断和事件来处理不同的状况，可以完成简单的程序功能，但是程序功能一旦变得繁杂就很难实现，因此需要在操作系统中实现。

为了有良好的人机界面及交互，可以使用用户图形界面来实现。

5.1　嵌入式实时操作系统 RT–Thread

RT-Thread 是一款完全由国内团队开发维护的嵌入式实时操作系统，具有完全的自主知识产权。经过 16 年的沉淀后，随着物联网的兴起，它正演变成一个功能强大、组件丰富的物联网操作系统。

RT-Thread 的全称是 Real Time-Thread，顾名思义，它是一个嵌入式实时多线程操作系统。其基本属性之一是支持多任务，允许多个任务同时运行。然而，这并不意味着处理器核心在同一时刻真的执行了多个任务。事实上，一个处理器在某一时刻只能执行一个任务。由于每次对一个任务的执行时间很短，任务与任务之间可以通过任务调度器进行非常快速的切换（任务调度器根据优先级决定此刻该执行的任务），因此会给人带来一种多个任务在同一时刻同时执行的错觉。在 RT-Thread 中，任务是通过线程实现的，RT-Thread 中的线程调度器也就是以上提到的任务调度器。

RT-Thread 与其他许多 RTOS（Real Time Operate System，实时操作系统）（如 FreeRTOS、μC/OS）的主要区别之一在于，它不仅仅是一个实时内核，还具备丰富的中间层组件，具体包括以下部分。

（1）内核。

RT-Thread 内核是其核心部分，它包含内核系统中对象的实现，如多线程及其调度、信号量、邮箱、消息队列、内存管理、定时器等。

（2）组件。

组件是基于 RT-Thread 内核之上的上层软件，如虚拟文件系统、FinSH 命令行界面、网络框架、设备框架等。这些组件采用模块化设计，确保了组件内部的高内聚性和组件之间的低耦合性。

（3）软件包。

软件包运行于 RT-Thread 物联网操作系统平台上，针对不同应用领域提供了通用的软件组件。这些软件组件由描述信息、源代码或库文件组成。RT-Thread 提供了一个开放的软件包平台，其中存放了官方或开发者提供的软件包，该平台为开发者提供了众多可重用软件包的选择，这也是 RT-Thread 生态的重要组成部分。软件包生态对于一个操作系统的选择至关重要，因为这些软件包具有很强的可重用性，模块化程度很高，便于开发者在短时间内打造出自己想要的系统。RT-Thread 支持的软件包数量已经达到 400 多个，举例如下。

① 物联网相关的软件包：Paho MQTT、WebClient、mongoose、WebTerminal 等。

② 脚本语言相关的软件包：目前支持 Lua、JerryScript、MicroPython、PikaScript。

③ 多媒体相关的软件包：OpenMV、MuPDF。

④ 工具类软件包：CmBacktrace、EasyFlash、EasyLogger、SystemView。

⑤ 系统相关的软件包：RTGUI、Persimmon UI、lwext4、partition、SQLite 等。

⑥ 外设库与驱动类软件包：RealTek RTL8710BN SDK。

5.1.1　RT-Thread 内核

1．内核

内核是操作系统最基础也是最重要的部分。内核处于硬件层之上，主要包括内核库和实时内核。图 5-1 所示为 RT-Thread 内核架构图。

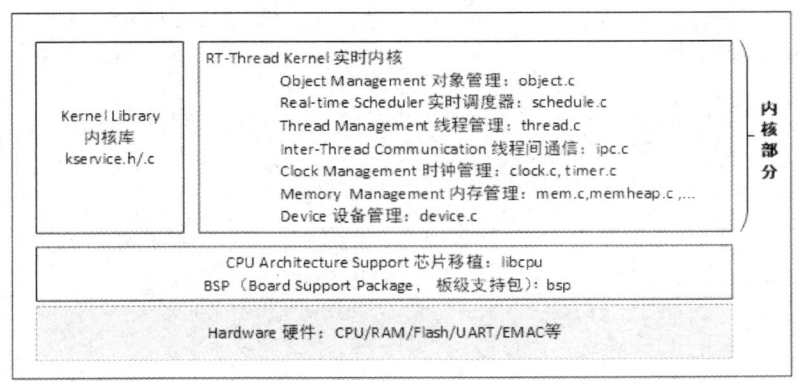

图 5-1　RT-Thread 内核架构图

内核库是为了保证内核能够独立运行的一套小型的类似 C 库的函数实现子集。实时内核的实现包括对象管理、线程管理及任务调度器、线程间通信管理、时钟管理及内存管理等，内核的最小资源占用情况是 3KB ROM、1.2KB RAM。

2．RT-Thread 启动流程

RT-Thread 支持多种平台和编译器，而 rtthread_startup 函数是 RT-Thread 规定的统一启动入口。一般的执行顺序是系统先从启动文件开始运行，然后进入 RT-Thread 的启动函数 rtthread_startup，最后进入用户入口函数 main。以 MDK-ARM 为例，用户程序入口为 main 函数，该函数位于"main.c"文件中。系统启动后先从汇编代码 startup_stm32f103xe.s 开始运行，然后跳转到 C 代码，进行 RT-Thread 启动，最后进入用户入口函数 main，在这里，用户可以

添加自己的应用程序代码。

为了在进入 main 函数之前完成 RT-Thread 功能的初始化，我们可以使用 MDK 的扩展功能 $Sub$$ 和 $Super$$。具体做法是在 main 函数前添加 $Sub$$，创建一个新功能函数 $Sub$$main，这个 $Sub$$main 函数可以先调用一些要补充在 main 函数之前的功能函数（这里添加 RT-Thread 启动，进行系统的一系列初始化），再通过调用 $Super$$main 函数跳转到 main 函数。这样可以让用户不用去管 main 函数之前的系统初始化操作。

在"components.c"文件中定义的这段代码如下。

```
/* $Sub$$main 函数 */
int $Sub$$main(void)
{
  rtthread_startup();
  return 0;
}
```

在这段代码中，$Sub$$main 函数调用了 rtthread_startup 函数，其中 rtthread_startup 函数的代码如下。

```
int rtthread_startup(void)
{
  rt_hw_interrupt_disable();
  rt_hw_board_init();              //板级初始化：需要在该函数内部进行系统堆的初始化
  rt_show_version();               //打印 RT-Thread 版本信息
  rt_system_timer_init();          //定时器初始化
  rt_system_scheduler_init();      //任务调度器初始化
  #ifdef RT_USING_SIGNALS
    rt_system_signal_init();       //信号初始化
  #endif
  rt_application_init();           //由此创建一个 main 线程
  rt_system_timer_thread_init();   //定时器线程初始化
  rt_thread_idle_init();           //空闲线程初始化
  rt_system_scheduler_start();     //启动任务调度器
  return 0;                        //不会执行至此
}
```

这部分启动代码大致可以分为以下 4 部分。

（1）初始化与系统相关的硬件。

（2）初始化系统内核对象，如定时器、任务调度器、信号。

（3）创建 main 线程，在 main 线程中对各类模块依次进行初始化。

（4）初始化定时器线程、空闲线程，并启动任务调度器。

在启动任务调度器之前，系统所创建的线程在执行 rt_thread_startup 函数后并不会马上运行，而是处于就绪状态等待系统调度；待启动任务调度器之后，系统才转入第一个线程开始运行，根据调度规则，选择的是就绪队列中优先级最高的线程。

3. RT-Thread 自动初始化机制

自动初始化机制是指初始化函数不需要被显式调用，只需要在函数定义处通过宏定义的

方式进行声明，就会在系统启动过程中被执行。

例如，在串口驱动中调用一个宏定义告知系统初始化需要调用的函数，代码如下。

```
int rt_hw_usart_init(void)                    //串口初始化函数
{
   …（省略部分程序语句）
   /* 注册串口 1 设备 */
   rt_hw_serial_register(&serial1, "uart1",RT_DEVICE_FLAG_RDWR | RT_DEVICE_
                         FLAG_INT_RX,uart);
   return 0;
}
INIT_BOARD_EXPORT(rt_hw_usart_init);          //使用组件自动初始化机制
```

示例代码最后的 INIT_BOARD_EXPORT(rt_hw_usart_init)表示使用自动初始化功能，按照这种方式，rt_hw_usart_init 函数就会被系统自动调用。

在系统启动流程中，有 rt_components_board_init 函数和 rt_components_init 函数两个函数，rt_components_board_init 函数先执行，其主要作用是初始化相关硬件环境，执行这个函数时将会遍历通过 INIT_BOARD_EXPORT(fn)申明的初始化函数表，并调用各个函数。rt_components_init 函数会在操作系统运行起来之后创建的 main 线程中被调用执行，这个时候硬件环境和操作系统已经初始化完成，可以执行应用相关代码。rt_components_init 函数会遍历剩下的其他几个宏定义的初始化函数。

更多的详细内容，参见 RT-Thread 文档中心。

5.1.2　RT-Thread Studio 开发工具软件

1．RT-Thread Studio 和 RT-Thread Env 的下载与安装

RT-Thread Studio 和 RT-Thread Env 可在 RT-Thread 官网下载。

2．RT-Thread 的构建与配置

RT-Thread 的构建与配置如图 5-2 所示。

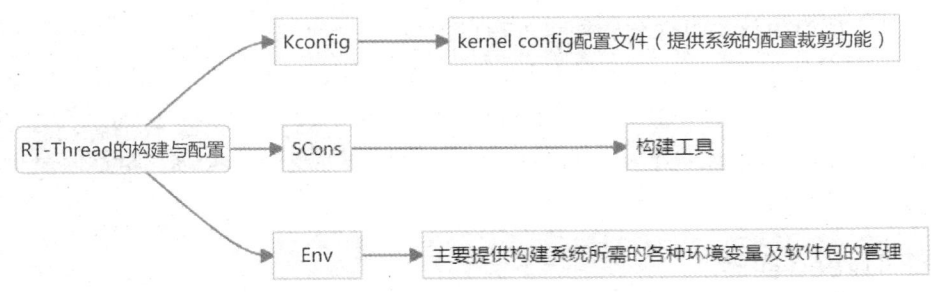

图 5-2　RT-Thread 的构建与配置

（1）Kconfig。

C 语言项目的配置裁剪本质上是通过条件编译和宏的展开来实现的，RT-Thread 借助 Kconfig

机制更方便地实现了这一功能。

Kconfig 机制包括 Kconfig 文件和配置 UI（User Interface，用户界面）。

（2）SCons。

构建工具是一种软件，它可以根据一定的规则或指令，将源代码编译成可执行的二进制程序。这是构建工具最基本也是最重要的功能。实际上，构建工具的功能不止于此，通常这些规则有一定的语法，并组织成文件。这些文件用来控制构建工具的行为，在完成软件构建之外，也可以做其他事情。

目前最流行的构建工具是 GNU Make。很多知名开源软件，如 Linux 内核就采用 GNU Make 构建。GNU Make 通过读取 Makefile 文件来检测文件的组织结构和依赖关系，并完成 Makefile 文件中所指定的命令。

由于历史原因，Makefile 文件的语法比较混乱，不利于初学者学习。此外，在 Windows 平台上使用 GNU Make 也不方便，需要安装 Cygwin 环境。因此，为了克服 GNU Make 的种种缺点，人们开发了其他构建工具，如 CMake 和 SCons 等。

SCons 是一套由 Python 语言编写的开源构建系统，类似于 GNU Make。不同于传统的 Makefile 文件，SCons 使用 SConstruct 和 SConscript 文件来替代。这些文件也是 Python 脚本，能够使用标准的 Python 语言来编写。为了使 RT-Thread 更好地支持多种编译器，以及方便地调整构建参数，RT-Thread 为每个 BSP 都单独创建了一个名为 rtconfig.py 的配置文件。因此，每个 RT-ThreadBSP 目录下都会存在 3 个文件：rtconfig.py、SConstruct 和 SConscript，它们共同控制 BSP 的构建。一个 BSP 中只有一个 SConstruct 文件，但是会有多个 SConscript 文件。可以说，SConscript 文件是组织源码的"主力军"。

RT-Thread 支持多种编译器。目前支持的编译器包括 ARM GCC、MDK、IAR、VisualStudio、Visual DSP 等。对于主流的 ARM Cortex M0、M3、M4 平台，ARM GCC、MDK 和 IAR 都是支持的。

（3）Env。

Env 是 RT-Thread 推出的开发辅助工具，专为基于 RT-Thread 的项目工程而设计。它提供编译构建环境、图形化系统配置及软件包管理功能。其内置的 menuconfig 提供了简单易用的配置裁剪工具，可对内核、组件和软件包进行自由裁剪，使系统以搭积木的方式进行构建。

打开 Env 后，如果是 ARM 平台的芯片，那么输入 SCons 命令就可以直接编译 BSP，这时默认使用的编译器是 ARM GCC，因为 Env 带有 ARM GCC。使用 SCons 命令 SCons--target=XXX 编译，可以增加一个-s 参数，如命令 SCons‐target=mdk5-s，执行此命令时不会打印具体的内部命令。

5.1.3　RT-Thread 实验

实验 5-1　RT-Thread 温湿度串口显示

本实验将使用 RT-Thread Studio 进行基于 RT-Thread 的 DHT11 温湿度串口显示实验。

1．硬件设计

STM32F103VE 控制 DHT11 温湿度传感器电路的原理图如图 5-3 所示。

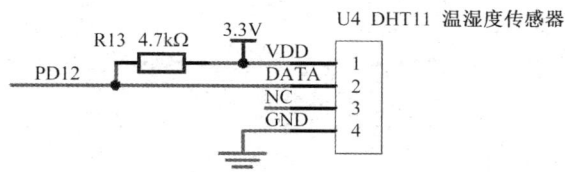

图 5-3　STM32F103VE 控制 DHT11 温湿度传感器电路的原理图

2．软件设计（编程）

（1）设计分析。

在 RT-Thread 线程中初始化 DHT11，读取温湿度，并在终端中输出显示。

（2）程序源码与分析。

```
#include <rtthread.h>
#define DBG_TAG "main"
#define DBG_LVL DBG_LOG
#include <rtdbg.h>
```

① 主函数 main 的程序如下。

```
int main(void)
{
  int count = 1;
  while (count++)
  {
    LOG_D("Hello RT-Thread!");
    rt_thread_mdelay(1000);
  }
  return RT_EOK;
}
```

② dht 范例程序文件 dht11_sample.c 的程序如下。

```
#include <rtthread.h>
#include <rtdevice.h>
#include "sensor.h"
#include "sensor_dallas_dht11.h"
#include "drv_common.h"                         //替换#include "drv_gpio.h"
#define DHT11_DATA_PIN    GET_PIN(D, 12)        //定义 DHT11 的数据引脚连接 PD12

static void read_temp_entry(void *parameter)
{
  rt_device_t dev = RT_NULL;
  struct rt_sensor_data sensor_data;
  rt_size_t res;
  rt_uint8_t get_data_freq = 1;                 //设置数据获取频率为 1Hz
```

```
  dev = rt_device_find("temp_dht11");                    //检测到 DHT11
  if (dev == RT_NULL)
  {
    return;
  }
  if (rt_device_open(dev, RT_DEVICE_FLAG_RDWR) != RT_EOK)
  {
    rt_kprintf("open device failed!\n");
    return;
  }
  rt_device_control(dev, RT_SENSOR_CTRL_SET_ODR, (void *)(&get_data_freq));
  while (1)
  {
    res = rt_device_read(dev, 0, &sensor_data, 1);   //读取温湿度
    if (res != 1)
    {
      rt_kprintf("read data failed! result is %d\n", res);
      rt_device_close(dev);
      return;
    }
    else
    {
      if (sensor_data.data.temp >= 0)
      {
        uint8_t temp = (sensor_data.data.temp & 0xffff) >> 0;     //获取温度数据
        uint8_t humi = (sensor_data.data.temp & 0xffff0000) >> 16;//获取湿度数据
        rt_kprintf("temp:%d, humi:%d\n" ,temp, humi);
      }
    }
      rt_thread_delay(1000);
    }
}


static int dht11_read_temp_sample(void)                 //创建并启动温湿度读取线程
{
  rt_thread_t dht11_thread;                             //定义 DHT11 线程
  dht11_thread = rt_thread_create("dht_tem",
                                  read_temp_entry,
                                  RT_NULL,
                                  1024,
                                  RT_THREAD_PRIORITY_MAX / 2,
                                  20);
  if (dht11_thread != RT_NULL)
  {
    rt_thread_startup(dht11_thread);
  }
  return RT_EOK;
}
```

```
INIT_APP_EXPORT(dht11_read_temp_sample);                    //加入应用自动初始化

static int rt_hw_dht11_port(void)
{
  struct rt_sensor_config cfg;
  cfg.intf.user_data = (void *)DHT11_DATA_PIN;
  rt_hw_dht11_init("dht11", &cfg);                          //初始化 DHT11
  return RT_EOK;
}
INIT_COMPONENT_EXPORT(rt_hw_dht11_port);                    //加入组件自动初始化
```

另外，程序中还使用了 dht 读取字节函数 dht11_read_byte、初始化函数 dht11_init、获取温度函数 dht11_get_temperature 等，这些函数在"sensor_dallas_dht11.c"文件中被定义。

3．实验过程与现象

打开 RT-Thread Studio，新建"RT-Thread 项目"，如图 5-4 所示。

图 5-4　在 RT-Thread Studio 中新建"RT-Thread 项目"

创建项目设置如图 5-5 所示。

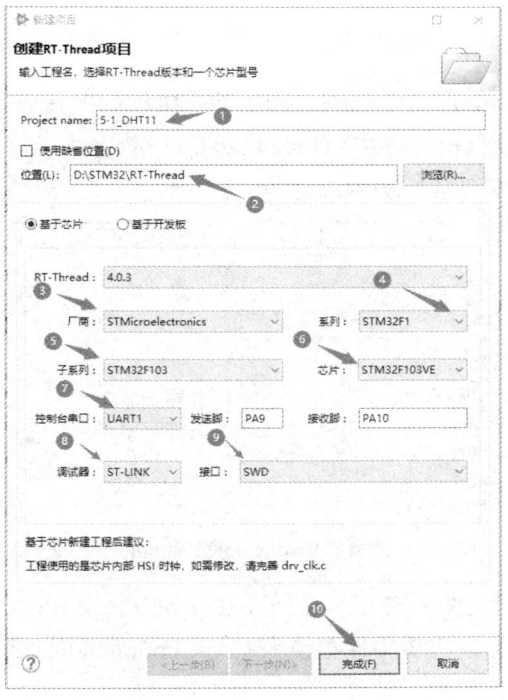

图 5-5　创建项目设置

在创建完成的项目中，双击"RT-Thread Settings"选项，对项目进行设置，如图 5-6 所示。

图 5-6　双击"RT-Thread Settings"选项

选择传感器的配置项，选择"传感器驱动"子选项，如图 5-7 所示。

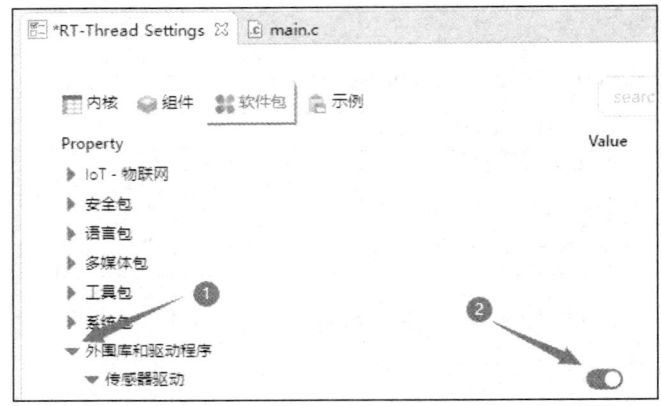

图 5-7　选择"传感器驱动"子选项

选择"Enable dht11 sample"子选项，如图 5-8 所示，保存后将下载 DHT11 的驱动软件包。注意：需要安装并设置 Git（在 RT-Thread Studio 中执行"窗口"→"首选项"→"Team-Git"→"配置"命令），填写邮箱和用户名等。

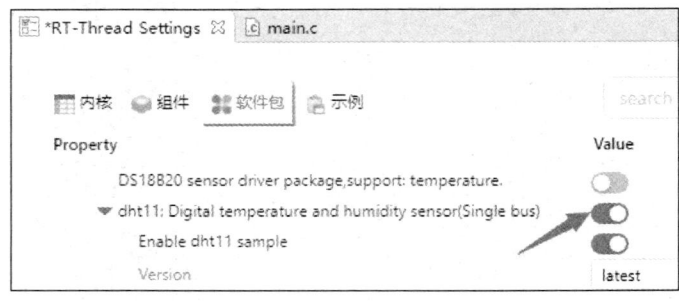

图 5-8　选择"Enable dht11 sample"子选项

修改"dht11_sample.c"文件中的引脚，另外，由于没有使用 BSP，因此无法找到"drv_gpio.h"头文件。在这种情况下，可以将头文件更换为"dev_common.h"。编译完成后，将程序下载到 AS-07 实验板上运行，打开终端，就能看见温湿度输出显示，如图 5-9 和图 5-10 所示。

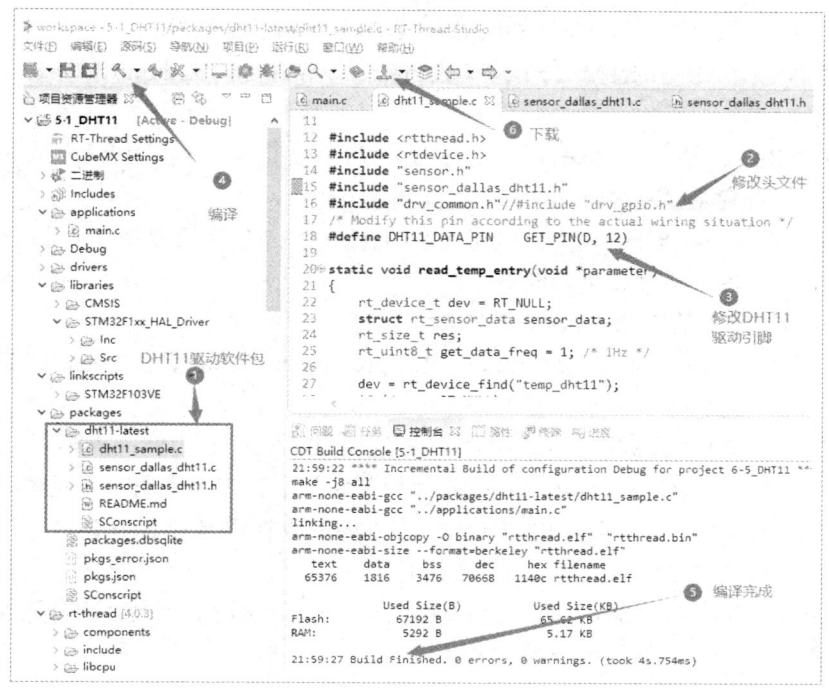

图 5-9　RT-Thread Studio 创建的 dht11 项目

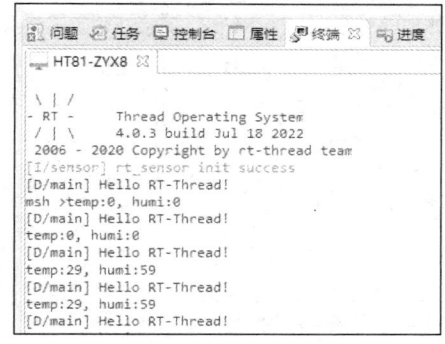

图 5-10　RT-Thread 内核架构

5.2　嵌入式图形界面 LVGL

LVGL（Light and Versatile Graphics Library，轻型多功能图形库）是目前比较流行的免费开源嵌入式图形库，可为任何 MCU、MPU 和显示器模块创建精美的 UI。

5.2.1　LVGL 概述

LVGL 是开源的嵌入式图形界面，其具有如下特点。

（1）一个流行的、开源的、独立于平台的嵌入式 GUI 库。

LVGL 是一个没有外部依赖的 C（C++兼容）库。它可以编译到任何微控制器或微处理器中，并且可以在任何操作系统中驱动 OLED、TFT LCD 和显示器等。

LVGL 可得到如 ARM、STM32、NXP、Espressif、Nuvoton、Arduino、RT-Thread、Adafruit 等主要厂商的支持。

要运行 LVGL，只需一个 C 编译器、32KB RAM 和 128KB 闪存、一个帧缓冲区，以及至少 1/10 屏幕大小的渲染缓冲区。

UI 代码是 100%可移植的，将 UI 移动到新的 MCU 或 MPU 很容易，甚至可以在 PC 上开发 UI，并在目标设备上使用完全相同的 UI。

（2）具有创建精美的类似手机的 UI 的所有功能。

LVGL 有 30 多个内置控件，如 Button、Label、Slider、Chart、Keyboard、Meter、Arc、Table 等。

LVGL 具有约 100 种样式属性，如半径、不透明度、渐变、边框、阴影等。

文本支持 CJK、泰语、印地语、阿拉伯语、波斯语等 UTF-8 编码，并且可以使用自动换行、字距调整、文本滚动、拼音和中文输入、文本中的表情符号等。

（3）易于使用的 LVGL 拖放式 UI 编辑器工具。

SquareLine Studio 是一个易于使用的 LVGL 拖放式 UI 编辑器工具，它甚至允许设计师创建功能齐全的 UI，开发人员只需要添加业务逻辑。

5.2.2 LVGL 编程应用

LVGL 目前还没有适配到 STM32 的 DEMO，需要自己移植，有以下 3 个重点。

重点 1：LVGL 的显示接口文件是 "lv_port_disp_templ.c"，将内部缓冲区的内容刷新到显示屏上的特定区域函数是 disp_flush，需要提供 LCD 按区域填充像素函数 LCD_Color_Fill，具体代码如下。

```
static void disp_flush(lv_disp_drv_t * disp_drv, const lv_area_t * area,
lv_color_t * color_p)
{
  LCD_Color_Fill(area->x1, area->y1, area->x2, area->y2, (uint16_t*)color_p);
  lv_disp_flush_ready(disp_drv);
}
```

重点 2：VGL 的物理输入接口文件是 "lv_port_indev_templ.c"，可以设置使用键盘、鼠标、按键、编码器和 LCD 触摸屏。使用 LCD 触摸屏（Touchpad）需要初始化和检测是否触摸并传递触摸点坐标，具体修改如下。

```
static void touchpad_init(void)
{
  IOE_Config();
}

static void touchpad_read(lv_indev_drv_t * indev_drv, lv_indev_data_t * data)
{
  static lv_coord_t last_x = 0;
  static lv_coord_t last_y = 0;
```

```
  if(touchpad_is_pressed())
  {
    touchpad_get_xy(&last_x, &last_y);
    data->state = LV_INDEV_STATE_PR;
  }
  else
  {
    data->state = LV_INDEV_STATE_REL;
  }
  data->point.x = SPI_TOUCH_Read_Y() / 16;
  data->point.y = (SPI_TOUCH_Read_X()-190)/11 ;
}

static bool touchpad_is_pressed(void)
{
  static TS_STATE* TS_State;
  TS_STATE   *ts;
  ts = IOE_TS_GetState();
  TS_State = IOE_TS_GetState();            //检测触摸状态
  if( !(ts->TouchDetected ) )              //检测到触摸屏被触摸
  {
    return true;
  }
  else
  {
    return false;
  }
}

static void touchpad_get_xy(lv_coord_t * x, lv_coord_t * y)
{
  (*x) = SPI_TOUCH_Read_X() ;
  (*y) =  SPI_TOUCH_Read_Y() ;
}
```

重点 3：使用 SysTick 函数的中断定时 1ms 来提供心跳节拍，具体代码如下。

```
void SysTick_Handler(void)
{
  lv_tick_inc(1);                          //每 1ms 中断 1 次，为 lvgl 提供 1ms 心跳节拍
}
```

实验 5-2　LVGL 8.2 移植到 AS-07 实验板

将基于 STM32 标准库 V3.5.0 的 MDK 工程模板和 LVGL 8.2 移植到 AS-07 实验板上运行。

1. 硬件设计

AS-07 实验板原理图参见图 2-26～图 2-28。

2．软件设计（编程）

（1）设计分析。

设置 SysTick 定时器每 1ms 中断一次，用于给 LVGL 提供 1ms 的心跳节拍。

初始化 LVGL，初始化 LVGL 显示接口，初始化 LVGL 输入接口。

（2）程序源码与分析。

```
#include "lvgl.h"
#include "lv_port_disp_template.h"
#include "lv_port_indev_template.h"
#include "lv_demo_keypad_encoder.h"
int main(void)
{
  //设置 SysTick 定时器每 1ms 中断一次，用于给 LVGL 提供 1ms 的心跳节拍
  SysTick_Config(SystemCoreClock / 1000);
  STM3210E_LCD_Init();
  LCD_Clear(LCD_COLOR_WHITE);

  lv_init();                              //初始化 LVGL
  lv_port_disp_init();                    //初始化 LVGL 显示接口
  lv_port_indev_init();                   //初始化 LVGL 输入接口

/*演示 DEMO，同时将 "lv_conf.h" 文件的#define LV_USE_DEMO_KEYPAD_AND_ENCODER 设为 1*/
  lv_demo_keypad_encoder();
  while (1)
  {
    lv_task_handler();
  }
}
```

3．实验过程与现象

实验过程如下。

（1）利用 STM32 标准库 V3.5.0 的 MDK 工程模板，因为已经适配至 AS-07 实验板，所以 LCD 触摸屏可以正常显示和触摸。将 "D:\STM32\STM32F10x_StdPeriph_Lib_V3.5.0\Project" 文件夹中的 "STM32F10x_StdPeriph_Template" 文件复制到当前文件夹中，并重命名为 "5-2 LVGL_STM32F10x_StdPeriph_Template"。

（2）先从 LVGL 官网下载 "lvgl-master.zip" 文件到 "D:\STM32\software" 文件夹中，然后解压到 "5-2 LVGL_STM32F10x_StdPeriph_Template" 文件夹中。

（3）打开 MDK-ARM 下的 "Project.uvproj" 工程文件，并在该工程文件中添加 "lvgl_src" "lvdl_porting" "lvgl_app" 3 个文件夹，如图 5-11 所示。

将 lvgl-master\src 中的所有 C 文件添加到 "lvgl_src" 文件夹中，并添加所有路径；将 lvgl-master\ examples\porting 中的所有 C 文件添加到 "lvdl_porting" 文件夹中，并添加所有路径；

将 lvgl-master\demos 中的所有 C 文件添加到 "lvgl_app" 文件夹中，并添加所有路径，如图 5-12 和图 5-13 所示。

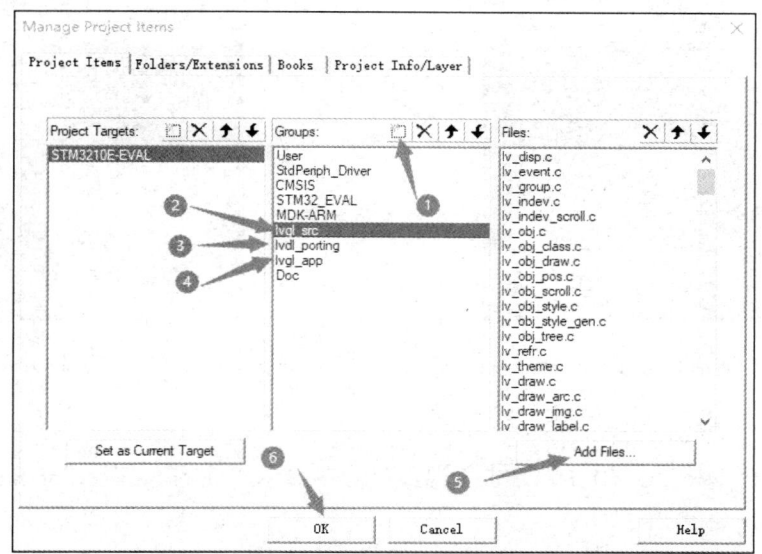

图 5-11　添加 3 个文件夹

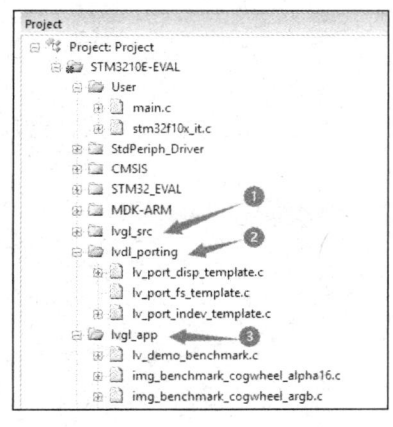

图 5-12　添加文件

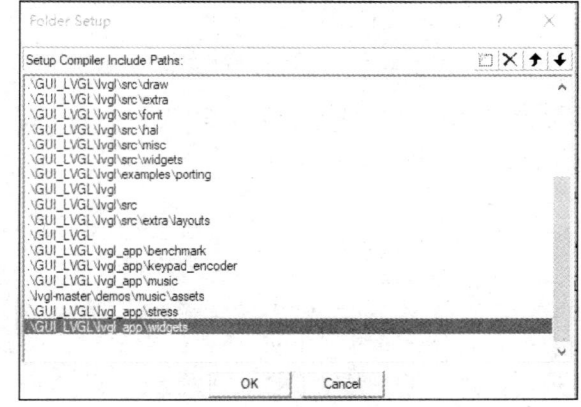

图 5-13　添加路径

（4）在编译过程中，如果有错误，如找不到 "../../lv_conf.h" 头文件，那么需要按照实际路径修改设置文件中的#if 0，改成#if 1 等。此外，在 MDK 的 "目标选项设置" 中不要勾选 "Use Micro" 复选框，需要勾选 "C/C++的 C99 Mode" 复选框等。

（5）修改显示接口配置文件 "lv_port_disp_templ.c"，参见 5.2.2 节的 "重点 1"。

（6）修改触摸接口配置文件 "lv_port_indev_templ.c"，参见 5.2.2 节的 "重点 2"。

（7）添加 LVGL 心跳函数，参见 5.2.2 节的 "重点 3"。

实验现象：AS-07 实验板上的 LCD 显示运行 DEMO（演示），如图 5-14 和图 5-15 所示，可以触摸操作。

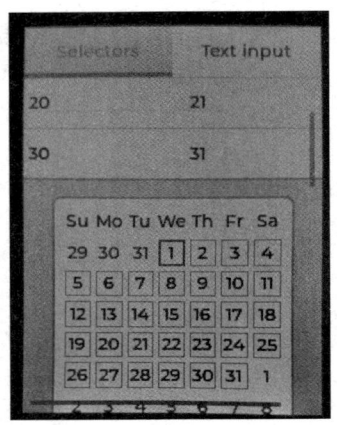

图 5-14　LVGL 演示 lv_demo_keypad_encoder 界面

图 5-15　LVGL 演示 lv_demo_stress 界面

实验 5-3　LVGL 温湿度数字显示

本实验将介绍基于 LVGL 的 DHT11 温湿度数字显示（使用 SquareLine Studio）。

1．硬件设计

硬件设计与实验 5-1 的相同。

2．软件设计（编程）

（1）设计分析。

初始化 DHT11 的引脚和 UI，读取 DHT11 的温湿度数据，定义和设置标签样式，最后将其应用到温湿度数字显示。

（2）程序源码与分析。

```
#include "DHT11.h"
#include "lvgl.h"
#include "lv_port_disp_template.h"
#include "lv_port_indev_template.h"
DHT11_Data_TypeDef DHT11_Data;
LV_IMG_DECLARE(ui_img_chengdu6_png);
void ui_init(void);

int main(void)
{
  SysTick_Config(SystemCoreClock / 1000);
  STM3210E_LCD_Init();
  LCD_Clear(LCD_COLOR_WHITE);

  lv_init();
  lv_port_disp_init();
  lv_port_indev_init();

  /*为读写 DHT11 设置 6μs 延时，重新初始化 SysTick 定时器（10μs 中断）*/
```

```
SysTick_Init(100000);

DHT11_GPIO_Config();                                  //初始化 DHT11 引脚
ui_init();                                            //初始化 UI
while (1)
{
  lv_obj_t * label1 = lv_label_create(lv_scr_act()); //定义标签 label1
  lv_obj_t * label2 = lv_label_create(lv_scr_act());
  lv_obj_t * ui_img = lv_img_create(lv_scr_act());

  Read_DHT11(&DHT11_Data);                            //读取 DHT11 温湿度

  lv_style_t style;                                   //定义样式
  lv_style_init(&style);                              //初始化样式
  lv_style_set_text_color(&style,lv_palette_main(LV_PALETTE_YELLOW));
                                                      //设置标签样式文本颜色为黄色
  lv_style_set_text_font(&style,&lv_font_montserrat_32); //样式字体大小
  //lv_style_set_text_opa(&style,50);                 //设置样式背景透明度
  lv_obj_add_style(label1,&style,0);                  //添加（应用）到标签 label1
  lv_obj_add_style(label2,&style,0);                  //添加（应用）到标签 label2

  lv_obj_set_pos(label1, 145, 35);                    //设置对象的 x 坐标和 y 坐标
  lv_label_set_text_fmt(label1, "%d", DHT11_Data.temp_int);  //显示温度

  lv_obj_set_pos(label2, 145, 68);                    //设置对象的 x 坐标和 y 坐标
  lv_label_set_text_fmt(label2, "%d", DHT11_Data.humi_int);  //显示湿度

  lv_task_handler();

  lv_obj_set_x(ui_img, 19);                           //设置对象的 x 坐标
  lv_obj_set_y(ui_img, 35);                           //设置对象的 y 坐标
  lv_img_set_src(ui_img, & ui_img_chengdu6_png );
                                                      //显示 UI 中的图片，同步显示温湿度
  }
}
```

3. 实验过程与现象

实验过程：利用实验 5-2 移植好的工程，使用 SquareLine Studio 创建 UI 文件"ui.c""ui.h"
"ui_helpers.c""ui_helpers.h"，以及图片资源文件"ui_img_chengdu6_png.c"，如图 5-16 所示。
将这些文件添加到工程的"lvgl.app"文件夹中，注意，对于头文件的包含，保留#include "lvgl.h"，
删除其他不需要的头文件。根据本实验的"（2）程序源码与分析"修改程序，编译完成后，将
程序下载到 AS-07 实验板上运行。

实验现象：如图 5-17 所示，本实验使用了小米蓝牙温湿度计作为参考对比设备，可以验
证本实验中 AS-07 实验板上的 LCD 显示的温湿度是否准确。

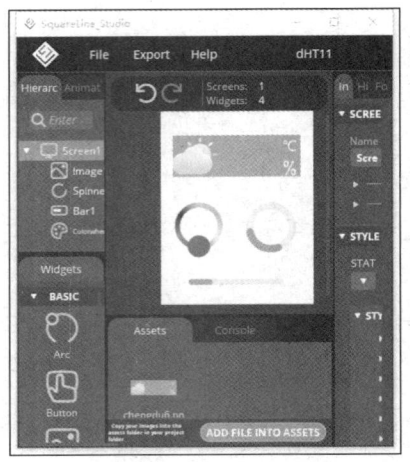

图 5-16　SquareLine Studio 创建 UI 文件

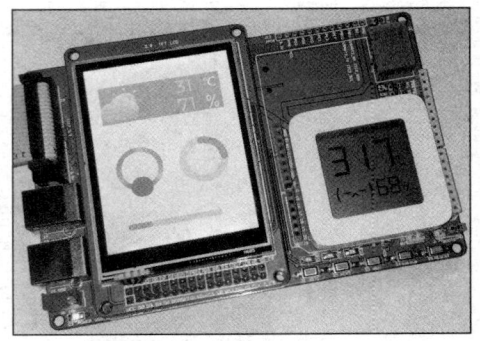

图 5-17　实验现象

5.3　思考与练习

（1）在 RT-Thread 官网的 RT-Thread 文档中心，找到"分布式温度监控系统"的 DEMO 示例，将其移植到 AS-07 实验板上运行。

（2）编程练习：使用 LVGL 图形化显示温湿度。

第 6 章　STM32 智能巡线小车设计实训

本章是 STM32 的具体应用，目的是使用 STM32 实现智能巡线小车的设计。

通过本章的学习，可为读者参与电子设计竞赛或从事实际工程项目打下坚实的基础。

基于 STM32 控制的智能巡线小车，涉及电机（又称马达）驱动、红外传感器的应用及 PID 控制等。

6.1　STM32 智能巡线小车的硬件设计

基于 STM32 控制的智能巡线小车由小车车体（底盘）、电池、主控电路（STM32 控制板）、直流减速电机、电机驱动模块、红外传感器等构成。基于 STM32 控制的智能巡线小车的硬件组成框图和实物图如图 6-1 所示。

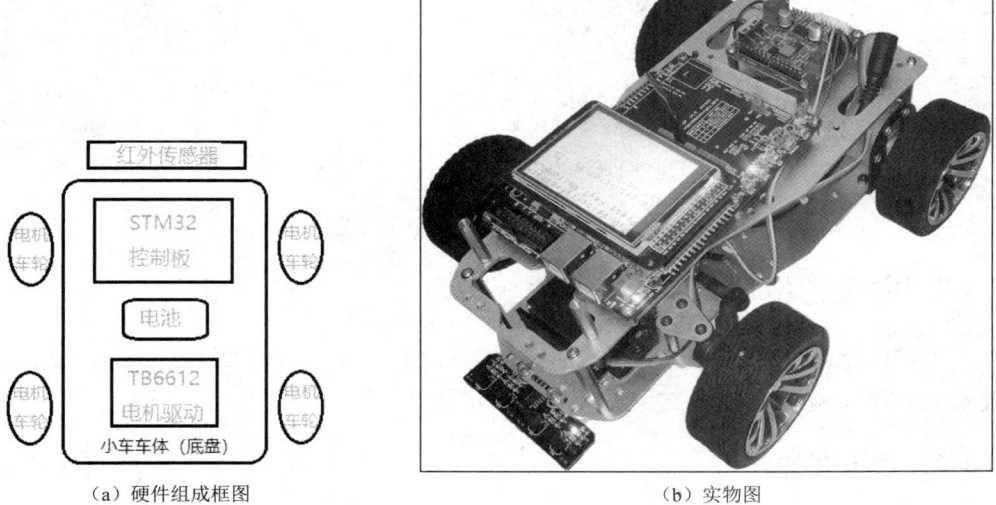

（a）硬件组成框图　　　　　　　　　　（b）实物图

图 6-1　基于 STM32 控制的智能巡线小车的硬件组成框图和实物图

在此基础上，还可以扩展超声波传感器，用于实现避障功能；扩展蓝牙模块，用于实现通信功能，以及 STM32 的无线下载功能。

6.1.1　小车车体（底盘）

小车车体（底盘）如图 6-2 所示。

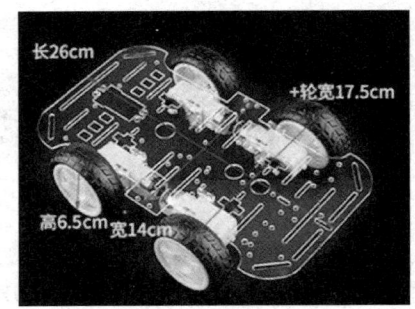

（a）阿克曼小车车体（底盘）　　　　　　（b）4WD 小车车体（底盘）

图 6-2　小车车体（底盘）

6.1.2　电池

电池是智能巡线小车的动力源，通常选择锂电池，图 6-3（a）所示为 12V、6000mAh 的锂电池组，配备 T 型放电插头；图 6-3（b）所示为由 3 节 18650 型锂电池组成的锂电池组，标称电压为 11.1V，标准容量为 2600mAh，配备 DC 型放电插头。

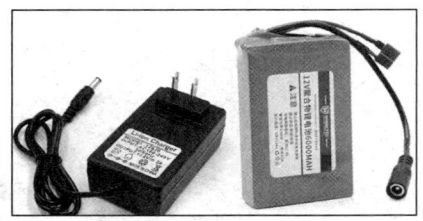

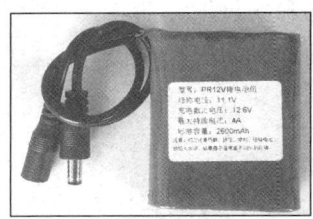

（a）6000mAh 锂电池组和充电器　　　　　　（b）18650 型锂电池组

图 6-3　电池和充电器

6.1.3　主控电路

主控电路可以使用基于 STM32F103C8T6 的 STM32 最小系统板，参见 2.2.1 节，也可以使用 AS-07 实验板，参见 2.2.4 节。

6.1.4　直流减速电机

1．TT 直流减速电机

TT 直流减速电机如图 6-4 所示，因其成本相对较低而成为许多应用的首选。

典型参数：电压为 6V，空载电流为 200mA，堵转电流为 1.5A，减速比为 1∶48，减速后空载转速为 245（1±10%）r/min，减速前空载转速为 12000（1±10%）r/min，扭矩为 0.8N·m。

2．编码减速电机

MG513 霍尔编码器直流减速电机如图 6-5 所示。

图 6-4　TT 直流减速电机

典型参数：电压为 12V，电流为 0.36A，堵转电流为 3.2A，减速比为 1∶30，减速后空载转速为（366±26）r/min，扭矩约为 1N・m（堵转约为 3.8N・m），接线数为 13。

（a）实物图

1—电机线−；
2—编码器电源；
3—编码器输出A相；
4—编码器输出B相；
5—编码器地线；
6—电机线+。

（b）接线示意图

图 6-5　MG513 霍尔编码器直流减速电机

6.1.5　电机驱动模块

STM32 可以实现直流电机的启动、停转、正转或反转控制，但是 GPIO 的带负载能力较弱，而直流电机是大电流感性负载，所以需要功率放大器件，如用三极管和 MOS 管组成 H 桥电路来驱动电机，如图 6-6 所示。在图 6-6 中，VT1 和 VT4 导通时电机正转（此时 VT3 和 VT2 截止），反之 VT3 和 VT2 导通时电机反转（此时 VT1 和 VT4 截止）。为了简便，也可以使用 L298N 或者 TB6612FNG 集成电机驱动电路。

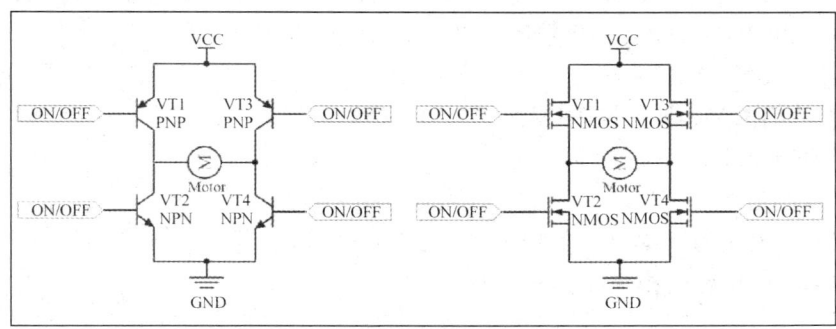

图 6-6　H 桥电路

1. L298N

L298N 是一款双 H 桥直流电机驱动集成电路。L298N 电机驱动模块如图 6-7 所示，其主要参数如下。

（1）驱动部分端子的供电范围为 5～35V；若需要板内取电，则供电范围为 7～35V。

（2）驱动部分峰值电流为 2A。

（3）逻辑部分端子供电范围为 5～7V（可板内取电 5V）。

（4）该驱动板可驱动 2 路直流电机。

当 A 通道使能和 B 通道使能为高电平时，若单片机 I/O 控制输入 IN1 和 IN2 为 10 或 01，则电机正转或反转；若单片机 I/O 控制输入 IN1 和 IN2 为 00 或 11，则电机处于停转或刹车状态，不会转动。

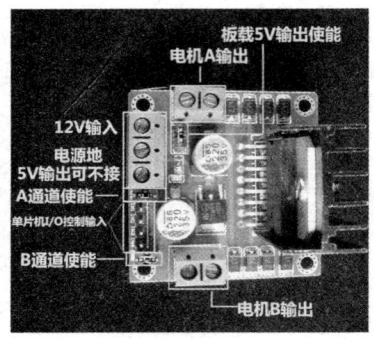

图 6-7　L298N 电机驱动模块

当 A 通道使能和 B 通道使能为低电平时，电机处于停转状态。

此外，通过在使能端输入 PWM 脉冲，可以实现调速。

2．TB6612FNG

TB6612FNG 是一款直流电机驱动器件，它具有以下特点和优势。

（1）具有大电流 MOSFET-H 桥结构，双通道电路输出，可同时驱动 2 个电机。

（2）相比 L298N 的热耗性和外围二极管续流电路，TB6612FNG 无须外加散热片，外围电路简单，只需要外接电源滤波电容就可以直接驱动电机，有利于缩小系统尺寸。

（3）TB6612FNG 支持高达 100kHz 的 PWM 信号输入频率。

（4）内置正反转、短路刹车、停转功能模式。

（5）内置过热保护和低压检测电路。

以下是 TB6612FNG 的主要参数。

① 最大输入电压为 15V。

② 最大输出电流为 1.2A（平均电流）或 3.2A（峰值电流）。

TB6612FNG 电机驱动模块如图 6-8 所示。

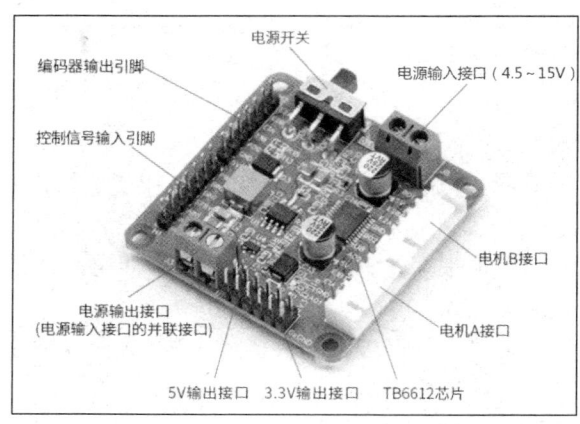

图 6-8　TB6612FNG 电机驱动模块

TB6612FNG 的典型应用原理图如图 6-9 所示。

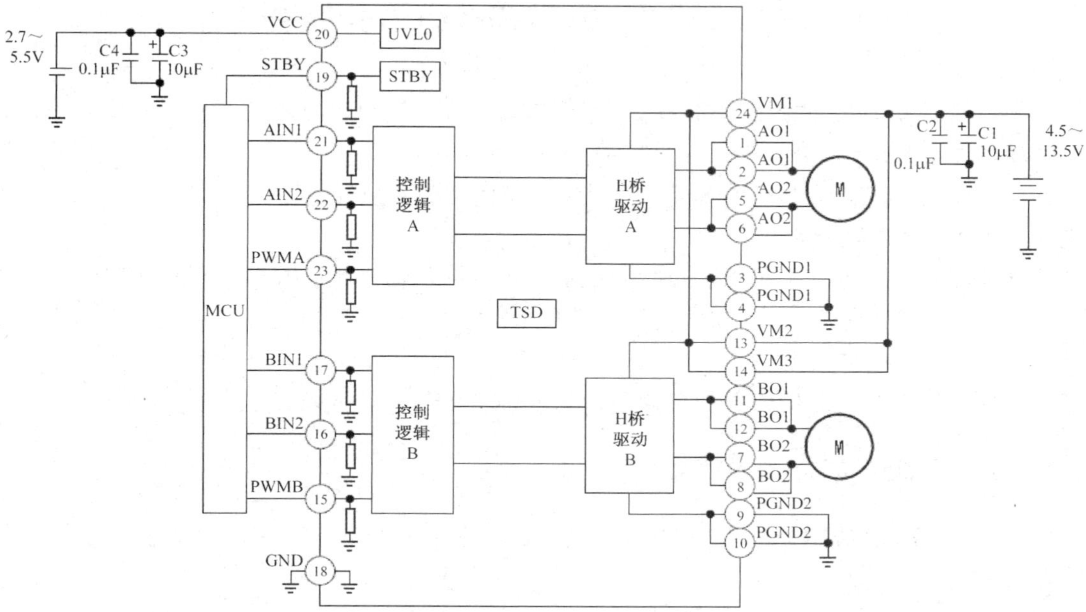

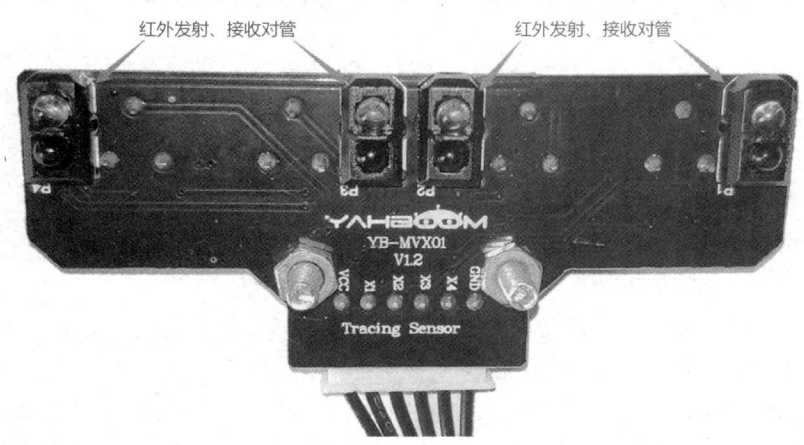

图 6-9　TB6612FNG 的典型应用原理图

6.1.6　红外传感器

红外传感器的基本原理是利用物体的反射性质，当红外传感器的红外发射管发射红外线到黑线上时，会被黑线吸收掉，而发射到其他颜色的材料上时，这些材料会将一部分红外线反射回来，反射的红外线会被红外传感器的红外接收管接收。据此，通过编写相应的控制程序就可以实现小车巡黑线运动行驶。

4 路红外巡线模块使用 4 对红外发射和接收管，如图 6-10 所示。此外，也可以使用 5 路数字量巡线传感器，它与红外传感器相比，对光照的抗干扰性更强，巡线检测性能更优。

图 6-10　4 路红外巡线模块

STM32 智能巡线小车的软件设计

　　首先，使用 STM32 的定时器编程，产生 PWM 波形，实现动电机正反转，实现前进、后退、转向和停止等运动。

　　其次，使用红外传感器检测黑线，通过编程得到巡线对应控制 2 轮或 4 轮差速转向的控制逻辑，可以实现巡线运动。

　　若电机配有编码器，则可以通过检测电机转动时编码器产生的脉冲波形来实现测速，进而计算出行驶的速度和距离。同时，可以实现 PID 控制电机的速度，以实现稳定流畅的行驶速度。

　　对于使用舵机控制前轮转向的阿克曼小车，它能实现更好的运动控制性能。

6.2.1　小车前进、后退及差速转向

　　可以使用 TB6612FNG 驱动 2 路直流减速电机，驱动小车前进、后退及差速转向。

1．电机控制逻辑

　　使用 STM32F103VE 的 GPIIO 输出连接 TB6612FNG 的输入引脚 AIN1、AIN2、BIN1、BIN2 的电平高低来控制电机的正转、反转、停转和刹车，控制逻辑如表 6-1 所示。其中，电机的转速由 STM32F103VE 的 TIM2 的 1、2 通道输出 PWM 到 TB6612FNG 的 PWMA、PWMB 引脚来改变。

表 6-1　TB6612FNG 电机的控制逻辑

AIN1→PB4	AIN2→PB5	BIN1→PA4	BIN2→PA5	PWMA→PA0 (TIM2_CH1)	PWMB→PA1 (TIM2_CH2)	AO1/AO2 (连接电机)
1	0	1	0	1	1	正转
0	1	0	1	1	1	反转
1	1	1	1	1	1	刹车
0	0	0	0	1	1	停转
x	x	x	x	0	0	刹车

注：x 表示 1 或者 0；→表示连接关系。

2．PWM 编程

　　STM32F103VET6 包含 2 个高级控制定时器（TIM1、TIM8），4 个通用定时器（TIM2、TIM3、TIM4、TIM5），以及 2 个基本定时器（TIM6、TIM7）。

　　STM32F103C8T6 包含 1 个高级控制定时器（TIM1）和 3 个通用定时器（TIM2、TIM3、TIM4），没有基本定时器。

　　在 STM32 的定时器中，除了基本定时器 TIM6 和 TIM7，其他都可以用来产生 PWM 输出。其中，高级定时器 TIM1 和 TIM8 可以同时产生多达 7 路 PWM 输出，而通用定时器也能同时产生多达 4 路 PWM 输出。STM32 最多可以同时产生 30 路 PWM 输出。

在采用 AS-07 实验板作为主控板并配合 TB6612FNG 电机驱动模块的小车控制系统中，通过 PB4 和 PB5 控制左电机 A 的转动方向，TIM2 的 1、2 通道输出 PWM 改变电机的转速。

引脚连接关系简要表示如下。

左电机 A：AIN1→PB4，AIN2→PB5。

PWM 频率为 72000000/7200=10kHz，使用 TIM2_CH1=PA0→PWMA。

特别说明：TIM2_CH1=PA0 或 PA0=TIM2_CH1，表示 TIM2 的 1 通道的引脚是 PA0，这样简明表示，便于写程序的注释。

通过改变 TIM2_CCR1 的值可以改变 PA0 输出的 PWM 的占空比，继而控制电机的转速。使用 STM32 标准库时，是由 TIM_SetCompare1 函数实现的。

实训 1　电机驱动

STM32 的 TIM2 产生 PWM 驱动电机转动 1s、停转 1s，让小车前进 1s、停止 1s，并重复循环这一过程。

1．硬件连接关系

左电机（A）转向控制：AIN1→PB4，AIN2→PB5。
右电机（B）转向控制：BIN1→PA4，BIN2→PA5。
左电机（A）转速控制：PWMA→PA0=TIM2_CH1。
右电机（B）转速控制：PWMB→PA1=TIM2_CH2。

2．程序代码

（1）main 函数。

main 函数的程序如下。

```
int main(void)
{
  delay_init();                  //初始化延时函数
  MOTOR_GPIO_Init();             //初始化电机转动方向控制引脚
  Motor_PWM_Init(7199,0);        //初始化 TIM2，PWM 的频率为 72000000/7200=10kHz
  while (1)
  {
    Car_Forward(3600);           //小车前进，取值范围为 0~7200
    delay_ms(1000);              //延时
    Car_Stop();                  //小车停止
    delay_ms(1000);
  }
}
```

（2）初始化电机转动方向控制引脚。

初始化电机转动方向控制引脚的程序如下。

```
void MOTOR_GPIO_Init(void)
{
  GPIO_InitTypeDef GPIO_InitStructure;
  RCC_APB2PeriphClockCmd(MotorA_RCC | MotorB_RCC, ENABLE);
```

```
    GPIO_InitStructure.GPIO_Pin = Left_MotorA_Pin | Left_MotorB_Pin;
    GPIO_InitStructure.GPIO_Mode = GPIO_Mode_Out_PP;
    GPIO_InitStructure.GPIO_Speed = GPIO_Speed_50MHz;
    GPIO_Init(MotorA_Port, &GPIO_InitStructure);

    GPIO_InitStructure.GPIO_Pin = Right_MotorA_Pin | Right_MotorB_Pin;
    GPIO_Init(MotorB_Port, &GPIO_InitStructure);

    /*将控制引脚置为高电平，电机刹车*/
    GPIO_SetBits(MotorA_Port, Left_MotorA_Pin | Left_MotorB_Pin );
    GPIO_SetBits(MotorB_Port, Right_MotorA_Pin | Right_MotorB_Pin);

    /*要使用 PB4 为 GPIO，需要禁用 JTAG*/
    RCC_APB2PeriphClockCmd(RCC_APB2Periph_GPIOB | RCC_APB2Periph_AFIO, ENABLE);

    GPIO_PinRemapConfig(GPIO_Remap_SWJ_JTAGDisable, ENABLE);
}
```

电机转动方向控制引脚的宏定义程序如下。

```
/*左电机 A 的转动方向控制引脚 PB4 和 PB5*/
#define MotorA_RCC          RCC_APB2Periph_GPIOB
#define MotorA_Port         GPIOB
#define Left_MotorA_Pin     GPIO_Pin_4
#define Left_MotorB_Pin     GPIO_Pin_5

/*右电机 B 的转动方向控制引脚 PA4 和 PA5*/
#define MotorB_RCC          RCC_APB2Periph_GPIOA
#define MotorB_Port         GPIOA
#define Right_MotorA_Pin    GPIO_Pin_4
#define Right_MotorB_Pin    GPIO_Pin_5
```

（3）初始化电机转速控制 PWM。

初始化电机转速控制 PWM 的程序如下。

```
void Motor_PWM_Init(u16 arr, u16 psc)
{
    GPIO_InitTypeDef          GPIO_InitStructure;
    TIM_TimeBaseInitTypeDef   TIM_TimeBaseStructure;
    TIM_OCInitTypeDef         TIM_OCInitStructure;

    RCC_APB1PeriphClockCmd(RCC_APB1Periph_TIM2, ENABLE);
    RCC_APB2PeriphClockCmd(RCC_APB2Periph_GPIOA | RCC_APB2Periph_AFIO, ENABLE);

    GPIO_InitStructure.GPIO_Pin = GPIO_Pin_0|GPIO_Pin_1;
    GPIO_InitStructure.GPIO_Mode = GPIO_Mode_AF_PP;    //配置为复用推挽输出模式
    GPIO_InitStructure.GPIO_Speed = GPIO_Speed_50MHz;
    GPIO_Init(GPIOA, &GPIO_InitStructure);       //初始化 TIM2 的 1 通道和 2 通道的引脚
```

```
    TIM_TimeBaseStructure.TIM_Period = arr;                    //设置定时器周期
    TIM_TimeBaseStructure.TIM_Prescaler = psc;
    TIM_TimeBaseStructure.TIM_ClockDivision = TIM_CKD_DIV1;   //设置时钟分频系数
    TIM_TimeBaseStructure.TIM_CounterMode = TIM_CounterMode_Up;
    TIM_TimeBaseInit(TIM2, &TIM_TimeBaseStructure);            //初始化定时器TIM2时基
    TIM_OCInitStructure.TIM_OCMode = TIM_OCMode_PWM1;
    TIM_OCInitStructure.TIM_OutputState = TIM_OutputState_Enable;
    TIM_OCInitStructure.TIM_OCPolarity = TIM_OCPolarity_High;
    TIM_OCInitStructure.TIM_Pulse = 0;
    TIM_OC1Init(TIM2, &TIM_OCInitStructure);                   //初始化 TIM2 通道 1
    TIM_OC1PreloadConfig(TIM2, TIM_OCPreload_Enable);          //使能 CCR1 预装载

    TIM_OC2Init(TIM2, &TIM_OCInitStructure);                   //初始化 TIM2 通道 2
    TIM_OC2PreloadConfig(TIM2, TIM_OCPreload_Enable);          //使能 CCR2 预装载
    TIM_Cmd(TIM2, ENABLE);                                     //使能 TIM2
}
```

（4）小车运动函数。

小车运动函数的程序如下。

```
void Car_Forward(int Speed)                               //小车前进
{
    LeftMotor_Go();
    RightMotor_Go();
    LeftMotorPWM(Speed);
    RightMotorPWM(Speed);
}

void Car_Backward(int Speed)                              //小车后退
{
    LeftMotor_Back();
    RightMotor_Back();
    LeftMotorPWM(Speed);
    RightMotorPWM(Speed);
}

void Car_Left(int Speed)                                  //小车左转
{
    LeftMotor_Stop();
    RightMotor_Go();
    LeftMotorPWM(0);
    RightMotorPWM(Speed);
}

void Car_Right(int Speed)                                 //小车右转
{
    LeftMotor_Go();
```

```
  RightMotor_Stop();
  LeftMotorPWM(Speed);
  RightMotorPWM(0);
}

void Car_Stop(void)                                      //小车刹车
{
  LeftMotor_Stop();
  RightMotor_Stop();
  LeftMotorPWM(0);
  RightMotorPWM(0);
}

void Car_SpinLeft(int LeftSpeed, int RightSpeed)     //小车左旋转
{
  LeftMotor_Back();
  RightMotor_Go();
  LeftMotorPWM(LeftSpeed);
  RightMotorPWM(RightSpeed);
}

void Car_SpinRight(int LeftSpeed, int RightSpeed)    //小车右旋转
{
  LeftMotor_Go();
  RightMotor_Back();
  LeftMotorPWM(LeftSpeed);
  RightMotorPWM(RightSpeed);
}
```

上述程序中的宏定义如下。

```
#define LeftMotor_Go()   {GPIO_SetBits(MotorA_Port, Left_MotorA_Pin);
                          GPIO_ResetBits(MotorA_Port, Left_MotorB_Pin);}
#define LeftMotor_Back() {GPIO_ResetBits(MotorA_Port, Left_MotorA_Pin);
                          GPIO_SetBits(MotorA_Port, Left_MotorB_Pin);}
#define LeftMotor_Stop() {GPIO_ResetBits(MotorA_Port, Left_MotorA_Pin);
                          GPIO_ResetBits(MotorA_Port, Left_MotorB_Pin);}

#define RightMotor_Go() {GPIO_SetBits(MotorB_Port, Right_MotorA_Pin);
                          GPIO_ResetBits(MotorB_Port, Right_MotorB_Pin);}
#define RightMotor_Back(){GPIO_ResetBits(MotorB_Port, Right_MotorA_Pin);
                          GPIO_SetBits(MotorB_Port, Right_MotorB_Pin);}
#define RightMotor_Stop(){GPIO_ResetBits(MotorB_Port, Right_MotorA_Pin);
                          GPIO_ResetBits(MotorB_Port, Right_MotorB_Pin);}

#define  LeftMotorPWM(Speed)          TIM_SetCompare1(TIM2, Speed);
#define  RightMotorPWM(Speed)         TIM_SetCompare2(TIM2, Speed);
```

6.2.2 巡线原理与编程

当红外传感器检测到黑线时，巡线模块相应的指示灯会亮起，同时端口电平为低；当红

外传感器未检测到黑线时，巡线模块相应的指示灯会熄灭，同时端口电平为高。

使用 4 路红外传感器时，4 路红外巡线模块的 X1、X2、X3、X4 分别连接至 STM32 主控板上的 PC1、PC2、PC3、PC4 引脚。其中，若中间的两路巡线一直在黑线上，则小车会直行，当任意一路偏离时，小车将进行纠正。若最外面的红外传感器检测到黑线，则小车会以更大速度纠正到正确的黑线上面。

调节红外传感器的灵敏度，保证红外传感器位于黑线上时，指示灯亮起（LineL1 = 0）；小车位于黑线外时，指示灯熄灭（LineL1 = 1）。振动小车调节红外传感器，保证小车运动过程中，红外传感器检测黑线的精确度。

以下为处理直线、转弯、直角、锐角的传感器状态分析，如图 6-11 所示。

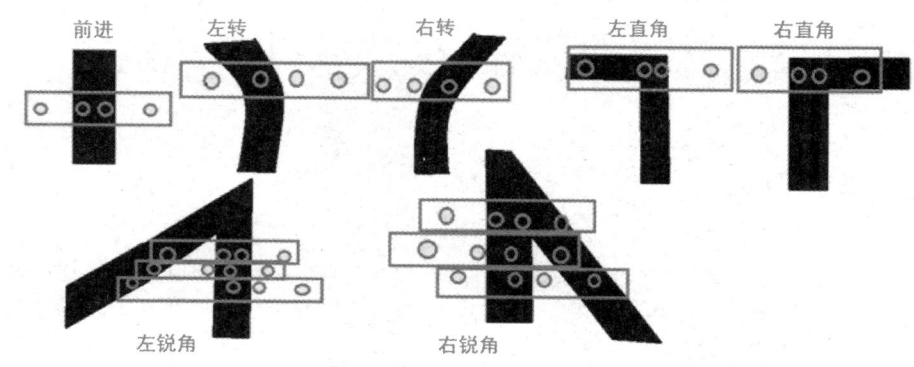

前进　　左转　　右转　　左直角　　右直角

左锐角　　右锐角

图 6-11　巡线原理

实训 2　两轮驱动小车后轮差速转向巡线

在四轮驱动小车设计中，同一侧的 2 个电机通常被并联。四轮驱动小车的差速转向巡线效果通常优于二轮驱动小车，后者仅在后轮上实现差速转向。

1．硬件连接关系

使用 4 路红外巡线模块时，4 路红外巡线模块的红外接收管分别为 X1、X2、X3、X4，对应连接至 STM32 主控板上的 PC1、PC2、PC3、PC4 引脚。

> **注意**：若红外巡线模块的 X1、X2、X3、X4 连接的红外对管顺序存在问题，比如左边的 2 个红外对管的顺序是反的或颠倒的，则应在程序中进行修正。

2．程序代码

以下程序在使用 AS-07 实验板、TB6612PNG 和阿克曼小车时，未使用舵机转向进行调试。

（1）main 函数。

main 函数的程序如下。

```
#include "stm32f10x.h"
#include "app_motor.h"
#include "app_linewalking.h"
```

```
#include "bsp.h"
#include "sys.h"
int main(void)
{
  delay_init();
  MOTOR_GPIO_Init();
  Motor_PWM_Init(7199,0);

  LineWalking_GPIO_Init();//初始化巡线传感器

  while (1)
  {
  /*调用巡线算法，使用 4 路红外线巡线模块*/
   app_LineWalking();
  }
}
```

（2）初始化巡线传感器。

初始化巡线传感器的程序如下。

```
void LineWalking_GPIO_Init(void)                    //初始化巡线传感器连接的引脚
{
 GPIO_InitTypeDef GPIO_InitStructure;
 RCC_APB2PeriphClockCmd(LineWalk_RCC, ENABLE);

 GPIO_InitStructure.GPIO_Pin = LineWalk_L1_PIN | LineWalk_L2_PIN |
                               LineWalk_R1_PIN | LineWalk_R2_PIN;
 GPIO_InitStructure.GPIO_Mode = GPIO_Mode_IPU;
 GPIO_InitStructure.GPIO_Speed = GPIO_Speed_50MHz;
 GPIO_Init(LineWalk_PORT, &GPIO_InitStructure);
}
```

上述程序中的宏定义如下。

```
#define LineWalk_RCC          RCC_APB2Periph_GPIOC
#define LineWalk_L1_PIN       GPIO_Pin_2
//注意：巡线模块的接头 X1、X2 与红外接收对管的连接是对调了的，这里反过来
#define LineWalk_L2_PIN       GPIO_Pin_1
//注意：巡线模块的接头 X1、X2 与红外接收对管的连接是对调了的，这里反过来
#define LineWalk_R1_PIN       GPIO_Pin_3
#define LineWalk_R2_PIN       GPIO_Pin_4
#define LineWalk_PORT         GPIOC
```

（3）巡线逻辑程序。

巡线逻辑程序如下。

```
void app_LineWalking(void)
{
  int LineL1 = 1, LineL2 = 1, LineR1 = 1, LineR2 = 1;
  bsp_GetLineWalking(&LineL1, &LineL2, &LineR1, &LineR2);  //获取黑线检测状态
```

```
//红外传感器检测到黑线，由 STM32 主控板上的 PC1、PC2、PC3、PC4 引脚读取出来
//检测到黑线时，巡线模块相应的指示灯亮，端口电平为低（LOW）
//未检测到黑线时，巡线模块相应的指示灯灭，端口电平为高（HIGH）

//处理左锐角和左直角的转向，4 路巡线引脚电平状态
// 0 0 X 0（"1"表示高电平，"0"表示低电平，"X"表示不确定）
// 1 0 X 0
// 0 1 X 0
//在以上 6 种电平状态时，小车原地左转，根据不同的小车体（底盘）、电机和赛道需要调整速度和延时
if( (LineL1 == LOW || LineL2 == LOW) && LineR2 == LOW)        //左大弯
{
    Car_SpinLeft(2000, 3500);                                //左旋转
    delay_ms(100);
}

//处理右锐角和右直角的转向，4 路巡线引脚电平状态
// 0 X 0 0
// 0 X 0 1
// 0 X 1 0
//在以上 6 种电平状态时，小车原地右转，根据不同的小车（底盘）、电机和赛道需要调整速度和延时
else if ( LineL1 == LOW && (LineR1 == LOW || LineR2 == LOW)) //右大弯
{
    Car_SpinRight(3500, 2000);              //右旋转
    delay_ms(100);
}
else if( LineL1 == LOW )                    //0111，左外侧的传感器检测到黑线，向左转
//0111，左侧最外侧检测到黑线，向左转
{
    Car_SpinLeft(2000, 3500);              //左旋转
    delay_ms(100);
}
else if ( LineR2 == LOW)                    //1110，右外侧的传感器检测到黑线，向右转
{
    Car_SpinRight(3500, 2000);
    delay_ms(100);
}
else if (LineL2 == LOW && LineR1 == HIGH)   //1011，中间偏右，微调车左转
{
    Car_Left(1500);
    delay_ms(10);
}
else if (LineL2 == HIGH && LineR1 == LOW)   //1101，中间偏左，微调车右转
{
    Car_Right(1500);
    delay_ms(10);
}
```

```
//1001，中间的传感器同时检测到黑线，不偏，直线前进
else if(LineL2 == LOW && LineR1 == LOW)
{
  Car_Run(1500);
}
}
```

其中，获取黑线检测状态函数 bsp_GetLineWalking 的程序如下。

```
void bsp_GetLineWalking(int *p_iL1, int *p_iL2, int *p_iR1, int *p_iR2)
{
  *p_iL1 = GPIO_ReadInputDataBit(LineWalk_PORT, LineWalk_L1_PIN);
  *p_iL2 = GPIO_ReadInputDataBit(LineWalk_PORT, LineWalk_L2_PIN);
  *p_iR1 = GPIO_ReadInputDataBit(LineWalk_PORT, LineWalk_R1_PIN);
  *p_iR2 = GPIO_ReadInputDataBit(LineWalk_PORT, LineWalk_R2_PIN);
}
```

6.2.3　舵机控制

本次实训采用的舵机是 180°伺服舵机。

1．舵机的工作原理

控制信号由接收机的通道进入信号调制芯片，获得直流的偏置电压。它内部有一个基准电路，产生周期为 20ms、宽度为 1.5ms 的基准信号。这个基准信号用于将获得的直流偏置电压与电位器的电压进行比较，获得电压差输出。最后将电压差的正负值输出到电机驱动芯片，决定电机的正反转。当电机转速一定时，通过级联减速齿轮带动电位器旋转，使得电压差为0，电机停止转动。

2．舵机的控制

舵机的控制就是向舵机控制端输入一定的 PWM 值，然后舵机就转动到对应 PWM 值的角度。舵机的控制信号 PWM 为 50Hz（周期为 20ms），高电平的范围为 0.5～2.5ms（占空比为 2.5%～12.5%），对应舵机转动角度为 0°～180°。设高电平时间为 t，那么 t 对应的角度关系如下。

t=0.5ms，对应 0°；

t=1.0ms，对应 45°；

t=1.5ms，对应 90°；

t=2.0ms，对应 135°；

t=2.5ms，对应 180°。

STM32 的 TIM1_CLK 时钟为 72MHz，设置 TIM1_Prescaler 预分频等于 719，TIM1_Period（TIM1 周期，即 ARR）=1999，则 TIM1 产生 PWM 的频率= TIM1_CLK/（TIM1_Period +1）=（72000000/720）/2000 = 100000 /2000 = 50（Hz），即周期为 20ms。

设置捕获比较寄存器 CCR 的值，产生占空比等于以下值的 PWM 信号。

TIM1 通道 1 占空比= TIM1_CCR1/ TIM1_Period =TIM1_CCR1/2000。不同的 CCR 值对应

的占空比如下。

（50/2000）×100%=2.5%（脉冲宽度为 0.5ms，对应 0°或者-90°）；

（100/2000）×100%=5.0%（脉冲宽度为 1.0ms，对应 45°或者-45°）；

（150/2000）×100%=7.5%（脉冲宽度为 1.5ms，对应 90°或者 0°）；

（200/2000）×100%=10.0%（脉冲宽度为 2.0ms，对应 135°或者 45°）；

（250/2000）×100%=12.5%（脉冲宽度为 2.5ms，对应 180°或者 90°）。

实训 3　舵机控制

本次实训中，将使舵机从 0°连续转到 180°，再从 180°连续转回 0°，并重复循环这一过程。

1. 硬件连接关系

舵机的控制端（一般为橙色线）连接 PA8，舵机电源线（一般为红色线）连接 5V，舵机地线（一般为棕色线）连接 GND。

2. 程序代码

（1）主函数 main。

主函数 main 的程序如下。

```
#include "stm32f10x.h"
#include "Delay.h"
#include "PWM.h"

uint16_t pwm = 50;
int main(void)
{
  PWM_Init();                   //初始化 PWM，配置 TIM1_CH1 为 PA8，连接舵机的橙色线

  while(1)
  {
    for(pwm = 50; pwm <= 250; pwm++ )   //舵机从 0°转到 180°
    {
      PWM_SetCompare1(pwm);
      Delay_ms(5);
    }

    for(pwm = 250; pwm >= 50; pwm-- )   //舵机从 180°转回 0°
    {
      PWM_SetCompare1(pwm);
      Delay_ms(5);
    }
  }
}
```

在上述程序中，TIMx 输入捕获 1 的预分频函数为 PWM_SetCompare1，相关代码如下。

```
void PWM_SetCompare1(uint16_t Compare)
{
  TIM_SetCompare1(TIM1,Compare);
}
```

（2）通过定时器 TIM1 生成 PWM 信号，以控制舵机转动，程序如下。

```
#include "stm32f10x.h"
void PWM_Init()
{
  RCC_APB2PeriphClockCmd(RCC_APB2Periph_TIM1|RCC_APB2Periph_GPIOA,ENABLE);
  GPIO_InitTypeDef GPIO_InitStructure;

  GPIO_InitStructure.GPIO_Mode = GPIO_Mode_AF_PP;
  GPIO_InitStructure.GPIO_Pin = GPIO_Pin_8;              //TIM1_CH1 引脚为 PA8
  GPIO_InitStructure.GPIO_Speed = GPIO_Speed_50MHz;
  GPIO_Init(GPIOA,&GPIO_InitStructure);

  TIM_InternalClockConfig(TIM1);
  TIM_TimeBaseInitTypeDef TIM_TimeBaseInitStructure;
  TIM_TimeBaseInitStructure.TIM_ClockDivision = TIM_CKD_DIV1;
  TIM_TimeBaseInitStructure.TIM_CounterMode = TIM_CounterMode_Up;
  TIM_TimeBaseInitStructure.TIM_Period = 2000 -1;            //周期为 2000-1
  TIM_TimeBaseInitStructure.TIM_Prescaler = 720 -1;         //预分频为 720-1

  TIM_TimeBaseInitStructure.TIM_RepetitionCounter = 0;
  TIM_TimeBaseInit(TIM1,&TIM_TimeBaseInitStructure);

  TIM_OCInitTypeDef TIM_OCInitStructure;
  TIM_OCStructInit(&TIM_OCInitStructure);
  TIM_OCInitStructure.TIM_OCMode = TIM_OCMode_PWM1;
  TIM_OCInitStructure.TIM_OCPolarity = TIM_OCPolarity_High;
  TIM_OCInitStructure.TIM_OutputState = TIM_OutputState_Enable;
  TIM_OCInitStructure.TIM_Pulse =0;
  TIM_OC1Init(TIM1,&TIM_OCInitStructure);

  TIM_CtrlPWMOutputs(TIM1,ENABLE);
  TIM_Cmd(TIM1,ENABLE);
}
```

6.2.4　速度检测与 PID 控制

1．电机转速检测

编码器将角位移或直线位移转换成数字脉冲，通过这些数字脉冲可以测量电机转动的位移或转速。编码器主要分为光电编码器（光学式）和霍尔编码器（磁式）。

霍尔编码器的霍尔码盘与电机同轴，当电机旋转时，霍尔元件检测输出脉冲信号，如图 6-12 所示，可以利用 A 相的上升沿计数或者下降沿计数来实现测速。同时，在 A 相的上升沿或下降沿再结合 B 相此时的电平状态判断转向。例如，当 A 相出现一个跳变沿时，如果此时 B 相是高电平，那么认为电机正转；如果 B 相是低电平，那么认为电机反转。

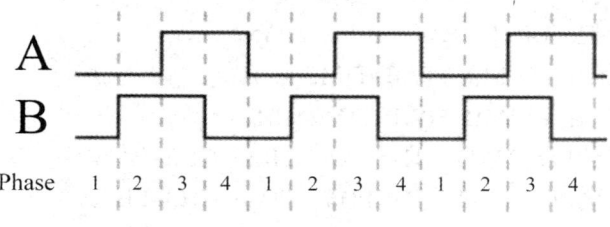

图 6-12　编码器输出波形

四倍频则是指同时计算 A 相和 B 相的每个时钟边沿，这样在 A 相计数的一个脉冲周期内就实现了 4 次计数，从而实现了精度的提升。

因为编码器输出的是标准的正交方波，所以可以使用 STM32 的编码器硬件接口（如定时器 TIM3 和 TIM4 的 CH1、CH2 通道）计数，从对应的寄存器（如 TIM3_CNT、TIM4_CNT）就可以读出相应的计数；编程时，初始化 STM32 定时器，配置 TIM3 和 TIM4 为编码器模式。

2．PID 控制

PID 即 Proportional（比例）、Integral（积分）、Differential（微分）的缩写。PID 控制广泛应用于各个领域，它通过将误差信号 $e(t)$ 的比例（P）、积分（I）和微分（D）通过线性组合，生成控制量来进行控制，其公式为

$$u(t) = K_P \left[e(t) + \frac{1}{T_I} \int_0^t e(t) \mathrm{d}t + T_D \frac{\mathrm{d}e(t)}{\mathrm{d}t} \right]$$

式中，K_P 是比例系数；T_I 是积分时间常数；T_D 是微分时间常数；$e(t)$ 是误差；$u(t)$ 是控制量。

当得到系统的输出后，PID 控制将比例、积分、微分 3 种运算方式的结果叠加到输入中，从而控制系统，达到减小偏差的目的。

当 PID 控制应用于离散系统时，公式为

$$u(k) = K_P e(k) + K_I \sum_{n=0}^k e(n) + K_D \left[e(k) - e(k-1) \right]$$

比例、微分、积分每项都有系数，其简单的解释如下。

K_P 能提高系统的动态响应速度，使系统能迅速反映误差，从而减小误差，但是不能消除误差（系统稳态误差），可能会超调不稳定或者过慢。

K_I 为积分控制，误差积分作用会不断积累，可以通过输出控制量来消除误差（让系统稳定）。如果 K_I 值过高，那么会使得超调量加大，使系统出现振荡。

K_D 为微分控制，通过减小超调量来克服振荡，从而提高系统稳定性，同时，它还能加快响应速度，使系统更快，并具有更好的动态性能（消除静态偏差）。自动控制系统通常存在惯性或滞后，导致调节误差过程的变化总是落后于误差本身的变化。

实训 4　编码器电机测速

在本次实训中，将使用编码器检测电机的转速。

1. 硬件连接关系

左电机 A 转向控制：AIN1→PB4，AIN2→PB5。

右电机 B 转向控制：BIN1→PA4，BIN2→PA5。

左电机 A 转速控制：PWMA→PA0=TIM2_CH1。

右电机 B 转速控制：PWMB→PA1=TIM2_CH2。

左电机 A 编码器接口：TIM3_CH1=PA6，TIM3_CH2=PA7。

右电机 B 编码器接口：TIM4_CH1=PB6，TIM4_CH2=PB7。

2. 程序代码

（1）主函数 main。

主函数 main 的程序如下。

```
#include "ENCODER.h"
#include "usart.h"
#include "delay.h"
int main(void)
{
  delay_init();
  uart_init(9600);
  Encoder_Init_TIM4(0xffff,0);
  while(1)
  {
    delay_ms(200);//每隔200ms读取一次编码器计数值
    printf("Encoder=%d\r\n", Read_Encoder_TIM4());
  }
}
```

（2）初始化编码器。

初始化编码器的程序如下。

```
/*将TIM4初始化为编码器接口*/
void Encoder_Init_TIM4(u16 arr,u16 psc)
{
  GPIO_InitTypeDef GPIO_InitStructure;
  TIM_TimeBaseInitTypeDef TIM_TimeBaseStructure;
  TIM_ICInitTypeDef TIM_ICInitStructure;

  RCC_APB1PeriphClockCmd(RCC_APB1Periph_TIM4, ENABLE);
  RCC_APB2PeriphClockCmd(RCC_APB2Periph_GPIOB, ENABLE);

  GPIO_InitStructure.GPIO_Pin = GPIO_Pin_6|GPIO_Pin_7;
  GPIO_InitStructure.GPIO_Mode = GPIO_Mode_IN_FLOATING;
  GPIO_Init(GPIOB, &GPIO_InitStructure);

  TIM_TimeBaseStructure.TIM_Period = arr;
  TIM_TimeBaseStructure.TIM_Prescaler = psc;
```

```
TIM_TimeBaseStructure.TIM_ClockDivision = TIM_CKD_DIV1;
TIM_TimeBaseStructure.TIM_CounterMode = TIM_CounterMode_Up;
TIM_TimeBaseInit(TIM4, &TIM_TimeBaseStructure);
TIM_EncoderInterfaceConfig(TIM4, TIM_EncoderMode_TI12, TIM_ICPolarity_Rising,
    TIM_ICPolarity_Rising);          //使用编码器模式3：CH1 和 CH2 同时计数，4 分频
TIM_ICStructInit(&TIM_ICInitStructure);
TIM_ICInitStructure.TIM_ICFilter = 10;
TIM_ICInit(TIM4, &TIM_ICInitStructure);          //初始化定时器 TIM4 为编码器模式

TIM_Cmd(TIM4, ENABLE);
}
```

（3）读取编码器计数。

读取编码器计数的程序如下。

```
int Read_Encoder_TIM4(void)
{
  int Encoder_TIM;
  Encoder_TIM=TIM4->CNT;       //读取 TIM4 的计数值
  if(Encoder_TIM>0xefff)       //转化计数值为有方向的值，若大于 0 则为正转，若小于 0 则为
                               //反转，TIM4_CNT 的范围为 0～0xffff，初值为 0
  Encoder_TIM=Encoder_TIM-0xffff;
  TIM4->CNT=0;                 //读取完后，将计数值清零
  return Encoder_TIM;          //返回计数值
}
```

实训 5　电机速度闭环 PID 控制

在本次实训中，将实现直流电机的速度闭环 PID 控制，从而使电机平稳运行。

1．硬件连接关系

与实训 4 相同。

2．程序代码

（1）主函数 main。

主函数 main 的程序如下。

```
int main(void)
{
  NVIC_PriorityGroupConfig(NVIC_PriorityGroup_2);
  delay_init();
  LED_Init();
  KEY_Init();
  STM3210E_LCD_Init();                //LCD 初始化，适配 AS-07 实验板
  uart_init(9600);                    //串口初始化

  /*初始化 PWM 驱动电机并改变转速，不分频，PWM 频率 72000000/7200=10kHz*/
```

```
/*电机转动方向控制引脚初始化。左电机（A）控制 AIN1=PB4，AIN2=PB5；
                              右电机（B）控制 BIN1=PA4，BIN2=PA5。
  使用 TIM2_CH1=PA0=PWMA, TIM2_CH2=PA1=PWMB*/
 TB6612_Init(7199, 0);

/*初始化编码器（TIM3 的左电机编码器接口模式，TIM3_CH1=PA6,TIM3_CH2=PA7）*/
MotorEncoder_Init();

/*10ms 读取一次编码器(100Hz)，电机减速比为30，霍尔编码器精度为13，AB 双相组合得到 4 倍频，
  则转 1 圈编码器读数为 30×13×4=1560，电机转速=Encoder×100/1560 r/s,使用定时器 2*/
EncoderRead_TIM5(7199, 99);

delay_ms(2000);                          //延迟等待初始化完成
while(1)
{
  delay_ms(200);
  LED=!LED;                              //LED 闪烁
  if(KEY_Scan())MortorRun=!MortorRun;   //按下按键 MortorRun 取反，控制电机的启动
                                         //或停止
  LCD_Show();                            //LCD 显示内容
  printf("TargetVelocity: %d\r\n",TargetVelocity);//串口打印目标速度和当前速度
  printf("Encoder: %d\r\n",Encoder);
  printf("编码器计数: %.3fr/s\r\n", Encoder/1.04);
  printf("电机: %.3fr/s\r\n", Encoder*0.064);
   /*(650mm 橡胶轮,10ms 计算一次, Speed = Encoder*1000*100 *0.000130900)*/
  printf("轮子: %.3fmm/s\r\n", Encoder*13.09);

}
}
```

（2）定时读取编码器数值并进行速度闭环控制。

TIM5 中断服务函数定时读取编码器数值并进行速度闭环控制，10ms 进入一次，程序如下。

```
void TIM5_IRQHandler()
{
  if(TIM_GetITStatus(TIM5, TIM_IT_Update)==1)    //发生中断
  {
    Encoder=Read_Encoder();                      //读取当前编码器读数，即转速
    if(MortorRun)                                //若按键按下，则运行电机控制程序
    {
      PWM=Velocity_FeedbackControl(TargetVelocity, Encoder);//速度环闭环控制
      SetPWM(PWM);                               //设置 PWM
    }
    else PWM=0,SetPWM(PWM);                       //若按键再次按下，则电机停止
    TIM_ClearITPendingBit(TIM5, TIM_IT_Update);
  }
}
```

（3）速度闭环 PID 控制（实际为 PI 控制）。

速度闭环 PID 控制程序如下。

```
/**********************************************************************
函数功能：速度闭环 PID 控制（实际为 PI 控制）
入口参数：目标速度、当前速度
返回值：速度控制值
    增量式离散 PID 公式 ：
    ControlVelocity+=KP[e（k）-e(k-1)]+KI*e(k)+KD[e(k)-2e(k-1)+e(k-2)]
    e(k)代表本次偏差
    e(k-1)代表上一次的偏差
    ControlVelocity 代表增量输出
    在我们的速度控制闭环系统中，只使用 PI 控制，公式如下。
    ControlVelocity+=KP[e(k)-e(k-1)]+KI*e(k)
**********************************************************************/
int Velocity_FeedbackControl(int TargetVelocity, int CurrentVelocity)
{
  int Bias;                            //定义相关变量
  static int ControlVelocity, Last_bias;    //静态变量，函数调用结束后其值依然存在
  Bias=TargetVelocity-CurrentVelocity;      //求速度偏差

  /*Velcity_Kp*(Bias-Last_bias) 用来限制加速度，Velcity_Ki*Bias 速度控制值由 Bias
  不断积分得到，差越大加速度越大*/
  ControlVelocity+=Velcity_Kp*(Bias-Last_bias)+Velcity_Ki*Bias;//增量式 PI 控制器
  Last_bias=Bias;
  return ControlVelocity;              //返回速度控制值
}
```

实训结果如图 6-13 所示。

 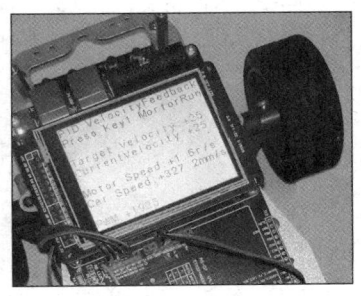

图 6-13　电机速度闭环 PID 控制实训结果

6.2.5　舵机控制转向的阿克曼小车巡线

通过控制前轮转向，并结合后轮转向，可以实现小车在各种情况下的运动。

实训 6　无测速无 PID 的阿克曼小车巡线

在本次实训中，采用了舵机来控制小车的前轮转向，但没有控制后轮的差速。与实训 2 的

后轮差速转向不同，类似一辆后驱的汽车，前轮控制小车的转角，后轮控制小车的速度。

1. 硬件连接关系

电机驱动的硬件连接与实训 4 相同，舵机的硬件连接关系与实训 3 相同。

2. 程序代码

（1）main 函数。

main 函数的程序如下。

```
int main(void)
{
  delay_init();
  MOTOR_GPIO_Init();
  Motor_PWM_Init(7199,0);
  Servo_GPIO_Init();              //舵机控制引脚初始化
  TIM1_Int_Init(9, 71);
  LineWalking_GPIO_Init();  //巡线传感器初始化
  Angle = 90-15; //小车舵机初始角度为90°，让前轮正向前。可以通过加/减一定的角度来校正
  delay_ms(5000);
  Car_Run(1500);                  //小车前进
  while (1)
  {
    app_LineWalking();          //调用巡线逻辑程序
  }

}
```

（2）舵机控制前轮转向的巡线逻辑。

舵机控制前轮转向的巡线逻辑程序如下。

```
void app_LineWalking(void)
{
  int LineL1 = 1, LineL2 = 1, LineR1 = 1, LineR2 = 1;
  bsp_GetLineWalking(&LineL1, &LineL2, &LineR1, &LineR2);

  if( (LineL1 == LOW || LineL2 == LOW) && LineR2 == LOW)          //左大弯
  {
    Angle = (90-15-50);
  }
  else if ( LineL1 == LOW && (LineR1 == LOW || LineR2 == LOW))     //右大弯
  {
    Angle = (90-15+50+20);
  }
  else if( LineL1 == LOW )               //0111，左外侧的传感器检测到黑线，向左转
  {
    Angle = (90-15-50);
  }
```

```
else if ( LineR2 == LOW)                     //1110，右外侧的传感器检测到黑线，向右转
{
  Angle = (90-15+50+20);
}
else if (LineL2 == LOW && LineR1 == HIGH)      //1011，中间偏右，微调车左转
{
  Angle = (90-15-10);
}
else if (LineL2 == HIGH && LineR1 == LOW)       //1101，中间偏左，微调车右转
{
  Angle = (90-15+10);
}

else if(LineL2 == LOW && LineR1 == LOW)//1001，中间的传感器同时检测到黑线，直线前进
{
  Angle = (90-15);
}
}
```

（3）在定时器 1 中断服务程序中控制舵机运行。

控制舵机运行的程序如下。

```
int num = 0;
void TIM1_UP_IRQHandler(void)                        //TIM1 中断
{
if (TIM_GetITStatus(TIM1, TIM_IT_Update) != RESET)  //检查 TIM1 更新中断是否发生
  {
    TIM_ClearITPendingBit(TIM1, TIM_IT_Update);      //清除 TIM1 更新中断标志
    num++;

    if(num <= (Angle * 11 + 500)/10)
    {
      GPIO_SetBits(Servo_PORT, Servo_PIN );          //将舵机接口电平拉高
    }
    else
    {
      GPIO_ResetBits(Servo_PORT, Servo_PIN );        //将舵机接口电平拉低
    }

    if(num == 2000)                                  //20ms 一个周期
    {
      num = 0;
    }
  }
}
```

上述程序中的宏定义如下。

```
#define Servo_PIN        GPIO_Pin_8
```

```
#define Servo_PORT        GPIOA
#define Servo_RCC         RCC_APB2Periph_GPIOA
```

实训 7　无测速有 PID 的阿克曼小车巡线

在本次实训中，使用了结合 BangBang 算法的积分分离 PI 控制策略来调节电机的转速。同时通过运用分段控制的概念，实现了舵机转向的 PD 控制。

在小车的转向系统中，配合使用差速转向和舵机转向，显著提高了小车的灵活性。

小车利用差速电机实现转弯，其原理是利用两个电机的不同转速构成转速差；舵机控制的前轮是从动轮，不需要有转速。

舵机位于两个前轮的中间，并控制这两个前轮的转向。

1. 硬件连接关系

与实训 6 相同。

2. 程序代码

（1）主函数 main。

主函数 main 的程序如下。

```
int main(void)
{
  delay_init();                            //延时函数初始化
  NVIC_PriorityGroupConfig(NVIC_PriorityGroup_2);
  MOTOR_GPIO_Init();                       //电机转动方向控制引脚初始化
  TIM2_PWM_Motor_Init(7199,0);             //初始化 PWM 的频率为 72MHz/7200=10kHz
  TIM1_PWM_Servo_Init(19999,71);
  TIM6_PID_Init(99,7199);
  Sensor_Init();                           //红外传感器的初始化
  while(1)
  {
    Read_Sensor();                         //红外传感器巡线逻辑
  }
}
```

（2）红外传感器巡线逻辑。

红外传感器巡线逻辑的程序如下。

```
void Read_Sensor(void)
…（省略部分程序语句，参见实验程序）
```

（3）PID 控制。

PID 控制的程序如下。

```
void TIM6_IRQHandler(void)
…（省略部分程序语句，参见实验程序）
```

实训 8　有测速有 PID 的阿克曼小车巡线

在本次实训中，将通过编码电机检测实时速度，以及通过巡线模块检测黑线，并运用 PID 算法调节电机的转速和舵机的转向角度，从而实现对智能巡线小车在运动过程中速度和方向的闭环控制。

阿克曼小车模仿了汽车的转向机制，其中电机通过驱动后轮的差速来实现转弯功能，但是同时需要舵机控制前轮的转角，否则小车将无法立即正确地完成转弯。

阿克曼小车的设计优势是可以使用普通轮子，而不需要使用全向轮，但是缺点是受限于前轮的转角幅度，无法进行零半径转弯。阿克曼小车的设计要求 4 个轮子的运动方向的垂线必须相交于一点，即 4 个轮子都围绕同一个圆心进行旋转。

1. 硬件连接关系

与实训 6 相同。

2. 程序代码

（1）主函数 main。

主函数 main 的程序如下。

```
int main(void)
{
  delay_init();
  MOTOR_GPIO_Init();                //电机转动方向控制引脚初始化
  Motor_PWM_Init(7199,0);           //初始化 PWM 驱动电机并改变电机转速
  LineWalking_GPIO_Init();          //初始化巡线传感器
  Servo_PWM_Init(9999,71);          //初始化 PWM 驱动舵机
  SERVO=1500-150;                   //舵机转动 90°，前轮朝向正前方
  Timer5_Init(49,7199);
  while (1)
  {
  }
}
```

（2）巡线逻辑。

巡线逻辑的程序如下。

```
void app_LineWalking(void)
{
  int LineL1 = 1, LineL2 = 1, LineR1 = 1, LineR2 = 1;
  bsp_GetLineWalking(&LineL1, &LineL2, &LineR1, &LineR2);  //获取黑线检测状态
  if( (LineL1 == LOW || LineL2 == LOW) && LineR2 == LOW)        //左大弯
  {
    Sensor= -50;
  }
  else if ( LineL1 == LOW && (LineR1 == LOW || LineR2 == LOW))//右大弯
  {
    Sensor = 60;
```

```
    }
    else if( LineL1 == LOW )                        //0111，左外侧的传感器检测到黑线
    {
      Sensor = -50;
    }
    else if ( LineR2 == LOW)                        //1110，右外侧的传感器检测到黑线
    {
      Sensor = 60;
    }
    else if (LineL2 == LOW && LineR1 == HIGH)       //1010，微调车左转
    {
      Sensor = -20;
    }
    else if (LineL2 == HIGH && LineR1 == LOW)       //1101，微调车右转
    {
      Sensor = 20;
    }
    else if(LineL2 == LOW && LineR1 == LOW)         //1001，小车前进
    {
      Sensor = 0;
    }
}
```

（3）利用小车运动学模型计算后轮速度和前轮转角。

计算后轮速度和前轮转角的程序如下。

```
void Kinematic_Analysis(float velocity,float angle)
{
  Target_A=velocity*(1+T*tan(angle)/2/L);
  Target_B=velocity*(1-T*tan(angle)/2/L);          //后轮差速
  Servo=SERVO_INIT+angle*K;                        //舵机转向
}
```

（4）控制程序。

控制程序如下。

```
void TIM5_IRQHandler(void)              //所有的控制代码都在这里面，5ms 定时中断执行 1 次
{
  if(TIM_GetFlagStatus(TIM5,TIM_FLAG_Update)==SET) //5ms 定时中断
  {
    TIM_ClearITPendingBit(TIM5,TIM_IT_Update);            //清除定时器 1 中断标志位

    Encoder_Left=-Read_Encoder(3);
                        //为了保证 M 法测速的时间基准，首先读取编码器的值
    Encoder_Right=-Read_Encoder(4);                       //读取编码器的值
    app_LineWalking();                                    //巡线逻辑
    Get_RC();                        //通过巡线逻辑获取红外传感器的值，从而提取前轮的转向偏差

    Kinematic_Analysis(Velocity,Turn);
```

```
                                    //舵机小车运动学分析，计算后轮速度和前轮转角
    Motor_A=Incremental_PI_A(Encoder_Left,Target_A);
                                    //速度闭环控制计算电机 A 的最终 PWM
    Motor_B=Incremental_PI_B(Encoder_Right,Target_B);
                                    //速度闭环控制计算电机 B 的最终 PWM
    Xianfu_Pwm();                   //PWM 限幅
    Set_Pwm(Motor_A,Motor_B);       //赋值给 PWM 寄存器
    SERVO=Servo-150;                //TIM1_CCR1 赋值 SERVO，改变舵机的方向
  }
}
```

上述程序中的 Get_RC 和 Set_Pwm 函数的程序如下。

```
void Get_RC(void)                   //通过巡线逻辑获取 Sensor，从而提取前轮转向偏差
{
  static float Bias,Last_Bias;
  Velocity=25;                      //巡线模式下的速度
  Bias=10-Sensor;                   //提取偏差
  Turn=-myabs(Bias)*Bias*0.0003-Bias*0.005-(Bias-Last_Bias)*0.005;
  Last_Bias=Bias;                   //上一次的偏差
}
void Set_Pwm(int motor_a,int motor_b)  //赋值给 CCR
{
  if(motor_a>0)motor_a=0;
  if(motor_b>0)motor_b=0;

  if(motor_a>0) AIN1=0, AIN2=1;     //Left_MotorA 正转，顺时针转动
  else  AIN1=1, AIN2=0;
  PWMA=myabs(motor_a);              //TIM2_CCR1 赋值 PWMA，改变电机 A 的转速

  if(motor_b>0) BIN1=1, BIN2=0;     //Right_MotorB 反转，逆时针转动
  else          BIN1=0, BIN2=1;
  PWMB=myabs(motor_b);              //TIM2_CCR1 赋值 PWMB，改变电机 B 的转速
}
```

（5）增量 PI 控制器。

增量 PI 控制器，输入编码器测量值，计算出目标速度的 PWM，程序如下。

```
int Incremental_PI_A (int Encoder,int Target)
{
  static int Bias,Pwm,Last_bias;
  Bias=Encoder-Target;                              //计算偏差
  Pwm+=Velocity_KP*(Bias-Last_bias)+Velocity_KI*Bias;  //增量式 PI 控制器
  Last_bias=Bias;                                   //保存上一次偏差
  return Pwm;                                        //增量输出
}
int Incremental_PI_B (int Encoder,int Target)
{
  static int Bias,Pwm,Last_bias;
```

```
Bias=Encoder-Target;                                      //计算偏差
Pwm+=Velocity_KP*(Bias-Last_bias)+Velocity_KI*Bias;      //增量式 PI 控制器
Last_bias=Bias;                                          //保存上一次偏差
return Pwm;                                               //增量输出
}
```

3. 实训现象

基于 STM32 控制的智能巡线小车测速和 PID 控制巡线实训的视频截图如图 6-14 所示，注意观察前轮的转向角度和红外接收指示灯的状态。

图 6-14　基于 STM32 控制的智能巡线小车测速和 PID 控制巡线实训的视频截图

6.3　思考与练习

（1）将实训 1 的 STM32F103VE 程序移植到 MSPM0G3507xPM 上运行。
（2）将实训 2 的 STM32F103VE 程序移植到 MSPM0G3507xPM 上运行。
（3）将实训 3 的 STM32F103VE 程序移植到 MSPM0G3507xPM 上运行。
（4）将实训 4 的 STM32F103VE 程序移植到 MSPM0G3507xPM 上运行。
（5）将实训 5 的 STM32F103VE 程序移植到 MSPM0G3507xPM 上运行。
（6）将实训 6 的 STM32F103VE 程序移植到 MSPM0G3507xPM 上运行。
（7）将实训 7 的 STM32F103VE 程序移植到 MSPM0G3507xPM 上运行。
（8）将实训 8 的 STM32F103VE 程序移植到 MSPM0G3507xPM 上运行。